高等学校机械工程类专业教学辅导用书

机械制造技术基础

习 题 集

合肥工业大学机械制造工艺教研室 编

主 编 张崇高 唐火红

参 编 李旗号 朱政红 丁 志

合肥工业大学出版社

图书在版编目(CIP)数据

机械制造技术基础习题集/张崇高，唐火红主编．—合肥：合肥工业大学出版社，2007.4

ISBN 978-7-81093-563-0

Ⅰ．机…　Ⅱ．①张…②唐…　Ⅲ．机械制造工艺—高等学校—习题　Ⅳ．TH16-44

中国版本图书馆 CIP 数据核字(2007)第 049429 号

机械制造技术基础习题集

张崇高　唐火红　主编　　　　责任编辑　汤礼广

出　版	合肥工业大学出版社	版　次	2007 年 5 月第 1 版
地　址	合肥市屯溪路 193 号	印　次	2007 年 5 月第 1 次印刷
邮　编	230009	开　本	787×1092　1/16
电　话	总编室：0551-2903038	印　张	12.5
	发行部：0551-2903198	字　数	300 千字
网　址	www.hfutpress.com.cn	印　刷	合肥现代印务有限公司
E-mail	press@hfutpress.com.cn	发　行	全国新华书店

ISBN 978-7-81093-563-0　　　　定价：20.00 元

前　言

机械制造技术基础课程是高等学校近年来将多门课程进行整合而成的一门内容丰富、实践性强，并反映本学科领域新科技成果的课程。它是机械工程类专业技术基础课程。

由于机械制造技术基础课程内容较为繁杂，学生在学习本课程时对课程内容不易把握，因此不同程度地影响了学生分析问题和解决问题的能力的培养。为了提高本课程的教学质量，引导学生自主学习和主动学习，因此编写了该课程的习题集。本习题集既反映了当前教学内容要求，同时又便于学生课外学习。

本习题集涉及课程内容、实验、课程设计、生产实习以及生产现场技术问题等方面的内容。在本习题集中，首先对课程内容进行设问，以调动学生思考问题的积极性，培养学生解决问题的能力，其中还提出了一些拓展课程内容的问题，以便开发学生创新思维的能力；其次列出一些让学生进一步理解课程内容的例题，并解疑和解题，使学生在获得机械制造方法、设备和工艺技术的基本知识同时，提高工艺分析的基本能力和工程素养，为学生今后从事机械设计与制造方面的工作奠定扎实的理论基础。

本习题集的章节基本符合本课程教学大纲的要求；兼容各种版本教材的内容，并有所取舍；在保证具有完整的基本内容的基础上还尽量做到系统化；在习题的选择和安排上尽量紧密联系实际，做到由浅入深。

在习题集中凡带有“*”的题目一般综合性较强，有一定难度，可供学有余力的学生完成。

本习题集由合肥工业大学机械制造工艺教研室编写，其中张崇高、唐火红任主编，参与编写的还有李旗号、朱政红、丁志等。在编写本习题集过程中，我们引用了某些教材的有关资料，在此对相关教材的编者谨致以谢意。

本书难免有不足之处，敬请读者批评指正。

编　者

2007年4月

目　录

第一章　机械加工方法

第一节　工件表面成形运动和切削参数

一、工件表面的形成方法

知识要点设问

1. 机械零件大多由哪些表面构成?
2. 从几何学和切削运动学两方面分析工件表面的成形运动。
3. 试分析车、铣、刨、钻和磨削加工方法的表面成形运动。
4. 车削外圆和车螺纹的表面成形运动有什么区别?
5. 试分析车螺纹、铣螺纹、滚齿和插齿的表面成形运动。

思考与练习

1. 举例说明什么是表面成形运动。

2. 举例说明何谓简单的成形运动?何谓复合的成形运动?其本质区别是什么?

3. 成形表面的形状取决于哪些因素?

4. 画出简图表示下列方法加工所需表面时,需要哪些成形运动?其中哪些是简单运动?哪些是复合运动?

(1)用普通外圆车刀车外圆锥面;

(2)用成形车刀车削外圆锥面;

(3)用尖刃车刀纵横向同时走刀车削外锥面;

(4)麻花钻钻孔;

(5)拉刀拉削圆柱孔;

(6)用插齿刀插削直齿圆柱齿轮;

(7)三角形螺纹车刀车螺纹;

(8)用丝锥攻螺纹;

(9)用(窄)砂轮磨(长)圆柱表面;

(10)用单片薄砂轮磨螺纹。

5. 常见的工件表面形状有哪些?为什么?

6. 试述工件表面形成的基本原理。在什么情况下,两条发生线——母线和导线才可以互换?

7. 发生线的形成与切削刃的形状有何关系?它有哪几种形成方法?

8. 母线和导线形成方法各有几种?为什么导线形成方法中没有成形法?

9*. 表面成形运动的分析可以创造新的加工方法,你有什么设想?

二、切削运动

知识要点设问

1. 什么是主运动和进给运动？如何区别主运动和进给运动？
2. 车、铣、刨、钻和磨削加工方法的主运动和进给运动是什么？
3. 切削运动中的主运动都是由刀具完成的吗？合成速度是指什么？
4. 车孔和镗孔有什么区别？
5. 牛头刨床和龙门刨床的切削运动有什么区别？
6. 切削加工中，工件上形成哪三个表面？

三、切削用量

知识要点设问

1. 什么是切削用量？
2. 写出车、铣、刨、钻、磨削加工的切削用量计算公式和单位。
3. 切削速度 v_c 与机床主轴转速 n 有什么关系？与工件或刀具旋转直径有关吗？
4. 进给速度 v_f 与机床主轴转速 n 有什么关系？与进给量 f 或每齿进给量 f_z 有关吗？
5. 切削深度(背吃刀量)a_p 的测量方向与 v_c 和 v_f 的方向有关吗？

思考与练习

1. 欲将一外径为 ϕ100mm 的圆钢型材一次车削加工为直径 ϕ90mm 的工件，选用 $f=0.5$mm/r，$n=240$r/min。试求切削速度 v_c，进给速度 v_f 和切削深度 a_p。

四、切削层参数

知识要点设问

1. 什么是切削层？切削层参数包含哪些内容？
2. 切削厚度 h_D、切削宽度 b_D 与车削用量中的 f、a_p 有什么关系？
3. 名义切削面积 A_D 和已加工表面上的残留面积 ΔA_D 与哪些参数有关？
4. 画图表示出车、钻、铣削的切削厚度 h_D 和切削宽度 b_D。
5. 金属切除率 Z_w 是什么指标？写出车、钻、铣和磨削加工的金属切除率公式。
6. 一次走刀的切削时间 t_m 与哪些因素有关？求出车、铣和钻削的 t_m 公式。

思考与练习

1. 车削直径 ϕ100mm、长度 $L=200$mm 的棒料外圆，若选用 $a_p=4$mm、$f=0.5$mm/r、$n=240$r/min，使用主偏角 $\kappa_r=75°$的车刀，试问切削速度 v_c、切削时间 t_m、金属切除率 Z_w、切削厚度 h_D、切削宽度 b_D、名义切削面积 A_D 各为多少？

2. 欲将一外径为 ϕ100mm 的圆钢型材一次车削加工为直径 ϕ90mm 的工件，使用主偏角$\kappa_r=65°$的车刀，选用 $f=0.5$mm/r，$n=240$r/min。试计算切削厚度 h_D、切削宽度 b_D、名义切削面积 A_D 各为多少？

3. 车削加工时，如果进给量 f 和切削深度 a_p 不变，那么是否能表明切削层形状和切削厚度 h_D，切削宽度 b_D 的大小不变？

第二节　刀具结构和刀具角度

一、刀具的组成及构造要素

知识要点设问

1. 刀具由几部分组成？各起什么作用？

2. 分析外圆车刀、钻头和圆柱铣刀的组成。为什么说外圆车刀的切削部分可以作为各种刀具切削部分的基本形态？

3. ISO 3002/1—1977 规定刀具的构造要素有哪些？

4. 如何定义刀面、切削刃和刀尖？

二、刀具角度参考系

知识要点设问

1*. ISO 3002/1—1977 规定标注（工作）角度参考系及标注（工作）角度定义和符号有哪些？

2. 刀具角度参考系如何建立？为什么分静止和工作参考系？

3. 如何定义刀具静止角度参考系的参考平面 P_r 和 P_s？

4. 何谓正交平面（主剖面）参考系？它决定外圆车刀主要标注角度有哪些？

5. 法剖面参考系由哪些参考平面组成？什么情况下使用法剖面参考系？

6. 假定进给切深（工作平面）参考系由哪些参考平面组成？它是正交参考系吗？

7. 画出 75°外圆车刀进给切深（工作平面）参考系的各个参考平面。

思考与练习

1. 如图 1－1 所示 45°弯头车刀车端面，试指出其假定主运动方向、假定进给运动方向和车刀切削部分的组成要素，绘出并注明正交平面、法平面、假定进给（工作）平面、假定切深（背）平面。

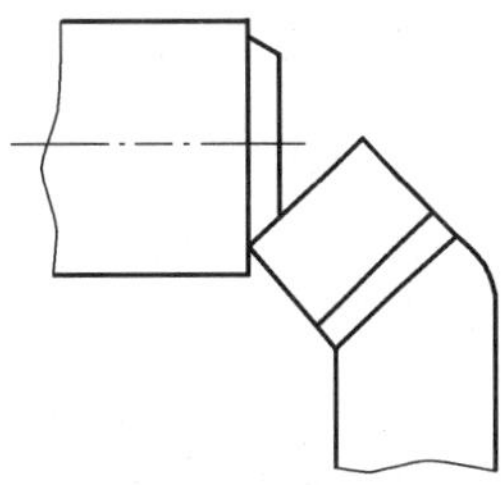

图 1－1

三、刀具角度定义

知识要点设问

1. 刀具角度符号及下标表示什么？为什么刀具角度是对切削刃选定点而言？

2. 确定前刀面、后刀面及主切削刃的角度分别需要几个？

3. 外圆车刀在正交平面(主剖面)参考系中基本标注角度有哪几个？其定义是什么？正负如何确定？

4. 外圆车刀在正交平面(主剖面)参考系中的派生角度有哪几个？与基本标注角度有什么关系？什么时候有用？

5. 画出 75°直头外圆车刀、90°偏刀、45°弯头车刀、切断刀和车孔刀的标注角度。

思考与练习

1. 已知切断刀的几何角度为 $\gamma_o=10°$，$\alpha_o=6°$，$\alpha'_{oL}=\alpha'_{oR}=2°$，$\kappa_r=100°$，$\kappa'_{rR}=\kappa'_{rL}=2°$，$\lambda_s=-5°$，试绘制其刀具工作图。

2. 试标注图 1-1 中 45°弯头车刀在各参考系中的基本标注角度。设刃倾角为正。

3. 画出外圆车刀的倒角刀尖和倒棱刀尖参数。

4. 试标出图 1-2 所示切断刀正交剖面(主剖面)参考系中的角度 γ_o、α_o、λ_o、κ_r、κ'_r、α'_o 以及切削时的切削深度 a_p、进给量 f 及切削层参数中的切削厚度 h_D 及切削宽度 b_D。

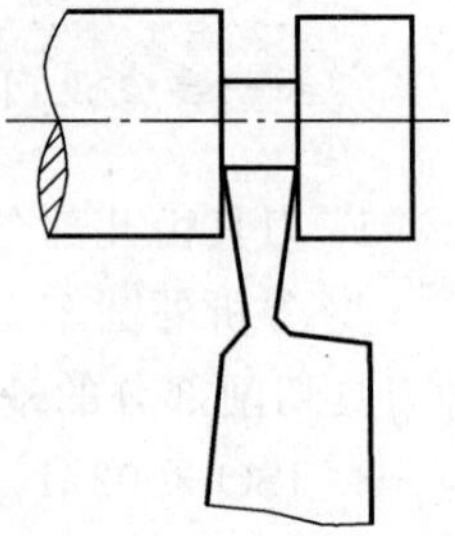

图 1-2

四、刀具角度换算

知识要点设问

1. 为什么要进行刀具各参考系角度的换算？

2. 为什么说刃倾角 λ_s 是切削平面 P_s 内测量的前角？

3. 为什么说平面型前刀面外圆车刀的副切削刃上的前角是派生角度？

4. 推导任意剖面前角公式时，如何画出前刀面？推导出的关系式有什么用？

五、刀具的工作角度

知识要点设问

1. 什么场合必须考虑刀具工作角度？试举例说明。

2. 试以横车(切断)为例说明车刀工作角度与标注角度的关系？

3. 端面车削时，刀尖高(或低)于工件中心时工作前后角有何变化？

4. 试述刀具的标注角度与工作角度的区别。为什么横向切削时，进给量不能过大？

5. 车螺纹时，左右侧刃的工作前后角有什么变化？刃磨螺纹车刀时应有什么相应措施？

6. 车锥面时，车刀工作主偏角、副偏角与刃磨主偏角、副偏角有什么变化？

思考与练习

1. 如图 1-3 所示车削直径为 D 的内环槽，刃磨角度为

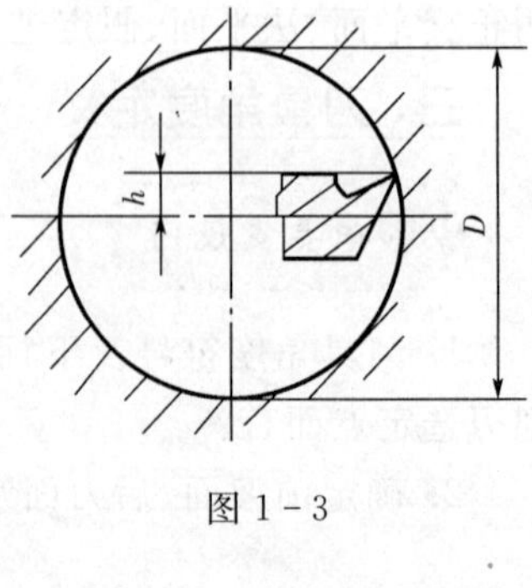

图 1-3

γ_o、α_o，当刀刃($\lambda_s=0°$)高于工件中心高 h 时，其工作角度 γ_{oe} 和 α_{oe} 各有什么变化？作图表示。

2*. 用螺纹车刀车外径 $d=36$mm、螺距 $t=6$mm 的螺纹，若螺纹车刀的刃磨角度左刃 $\gamma_{fL}=0°$，$\alpha_{fL}=12°$，右刃 $\gamma_{fR}=12°$，$\alpha_{fR}=6°$，试问工件外径处车刀左右刃的工作角度各为多少？

3*. 在车床上要切断的工件直径 $d=50$mm。安装切断刀时，若主切削刃高出工件中心 0.2mm，切断刀的刃磨角度 $\gamma_0=0°$、$\alpha_0=12°$，此切断刀将会在何处挤断工件？（提示：$\alpha_{0e}=0°$ 时，将挤断工件。）

4*. 车削外径 36mm、中径 33mm、内径 29mm、螺距 6mm 的梯形螺纹。若要保证左右侧刃工作后角 $\alpha_{feL}=\alpha_{feR}=8°$，试设计左右侧刃的刃磨后角 α_{fL} 和 α_{fR} 的大小。

5. 试画图表示 $\gamma_o=15°$、$\alpha_o=\alpha_o'=6°$、$\kappa_r=90°$、$\kappa_r'=10°$、$\lambda_s=-5°$的外圆车刀。

6. 试画图表示 $\gamma_o=10°$、$\alpha_o=8°$、$\alpha_o'=3°$、$\kappa_r=90°$、$\kappa_r'=2°$、$\lambda_s=0°$的切断车刀。

第三节　刀具材料

一、刀具切削部分材料应具备的性能

知识要点设问

1. 刀具切削部分材料应具备什么性能？
2. 刀具材料为什么要求耐热性？通常刀具材料耐热性用什么指标？
3. 分别写出高速钢、硬质合金、陶瓷、金刚石和立方氮化硼的硬度和耐热性数值。

二、刀具切削部分材料

知识要点设问

1. 什么是高速钢？为什么小型和复杂刀具要用高速钢制造？
2. 写出硬质合金的分类、牌号，并与 ISO 标准对照，说明如何选取。
3. 陶瓷和超硬材料刀具目前大多在什么场合使用？
4. 在刀具材料的发展进程中，刀具切削性能的提高主要表现在哪些方面？

思考与练习

1. 高速钢刀具材料具有哪些性能和特点？适应于什么加工场合？

2. 粗车下列工件材料外圆时，可选择哪些刀具材料：

(1)45 钢；(2)灰铸铁；(3)黄铜；(4)铸铝；(5)不锈钢；(6)钛合金；(7)高锰钢；(8)高温合金。

3. 切削刀具在什么条件下工作？刀具切削部分材料必须具备哪些性能？为什么？

4. 高速钢、硬质合金、陶瓷、金刚石、立方氮化硼各有何性能特点？适用于何处？

5. 常用高速钢有哪些牌号？其化学成分及性能特点如何？目前可通过哪些途径来提高高速钢的切削性能？

6. 常用硬质合金有哪几类？各有哪些常用牌号？其性能特点如何？加工钢料和加工

铸铁、粗加工和精加工以及加工高温合金等难加工材料时应如何选择硬质合金？为什么？

7. 涂层刀具有些什么优点？常用涂层方法和涂层材料有哪些？

8. 按下列条件选择刀具材料类型或牌号：

(1)45 钢锻件粗车；

(2)HT200 铸件精车；

(3)低速精车合金钢蜗杆；

(4)高速精车调质钢长轴；

(5)中速切削硬钢轴；

(6)加工 65HRC 冷硬铸铁。

三、刀具材料的发展趋势

知识要点设问

1*. 刀具材料的发展过程你了解多少？发展趋势怎样？

2. 整体硬质合金刀具目前有哪几种？

3. 复杂刀具的镶齿结构有哪些？为什么采取镶齿结构？

4*. 你了解的涂层刀具有哪些？金黄色的刀具是什么涂层？还具有哪些涂层的刀具？

四、刀体材料

知识要点设问

1*. 刀体材料是否也有性能要求？

2*. 在高精度小孔镗削时为什么用硬质合金刀杆？

第四节　机床分类、型号及运动分析

知识要点设问

1. 机床按什么分类？我国机床型号编制方法中将机床分为哪些大类？这些机床类别代号分别是什么？

2. 车床、铣床、钻床和磨床的主参数和设计序号如何表示？第二主参数分别是什么？

3. 机床运动有哪几类？实现这些运动的传动原理图如何表示？试举例。

4. 什么叫机床传动链、外联系传动链和内联系传动链？外联系传动链和内联系传动链的本质区别是什么？对这两种传动链有何不同要求？

5. 机床传动系统图如何画法？(GB/T4460—1984)

例题解析

1. 分析图 1-4 所示万能升降台铣床的主运动传动系统，并按照图示齿轮的啮合位置，计算主轴的转速。

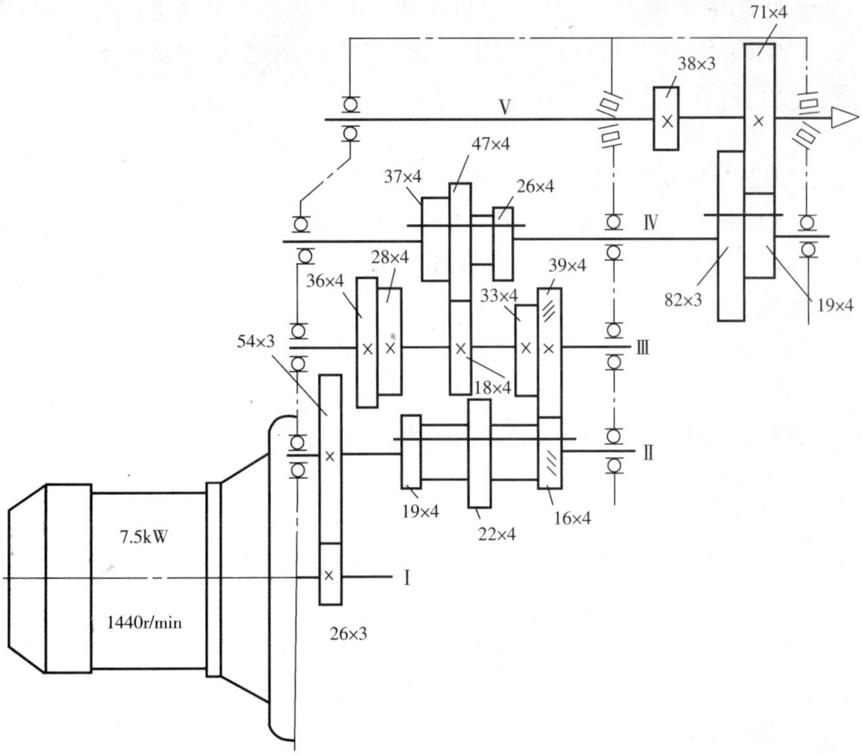

图 1-4

【解】 万能升降台铣床上，主运动传动链的两端件是主电动机(7.5kw，1440r/min)和主轴Ⅴ，由图可知，电动机的运动经弹性联轴器传给轴Ⅰ，然后经轴Ⅰ　Ⅱ之间的定比齿轮副26/54以及轴Ⅱ—Ⅲ、Ⅲ、Ⅳ和Ⅳ—Ⅴ之间的三个滑移齿轮变速机构，带动主轴Ⅴ旋转，并使其获得3×3×2=18级不同的转速。主运动传动链的传动路线表达式为

$$\text{电动机}—\text{Ⅰ}—\frac{26}{54}—\text{Ⅱ}—\begin{bmatrix}\frac{16}{39}\\ \frac{19}{36}\\ \frac{22}{33}\end{bmatrix}—\text{Ⅲ}—\begin{bmatrix}\frac{18}{47}\\ \frac{28}{37}\\ \frac{39}{26}\end{bmatrix}—\text{Ⅳ}—\begin{bmatrix}\frac{19}{71}\\ \frac{82}{38}\end{bmatrix}—\text{Ⅴ(主轴)}$$

根据图1-4所示齿轮啮合位置，可以得出主轴转速为

$$n_i=1450\times\frac{26}{54}\times\frac{16}{39}\times\frac{18}{47}\times\frac{19}{71}=30\text{r/min}$$

思考与练习

1. 什么是金属切削机床？
2. 金属切削机床的技术性能主要包括哪几项？
3. 通用机床按加工性质和所用的刀具不同分为哪十二大类？其类别代号是什么？

4. 举例说明通用(万能)机床、专门化机床和专用机床的主要区别、它们的适用范围。

5. 机床上有哪些运动？它们的特点和作用是什么？哪些运动是必不可少的？哪些运动在什么情况下可以省略？

6. 机床传动系统的基本组成部分有哪些？各部分的作用是什么？

7. 传动原理图与传动系统图有何区别？

8. 按 GB/T1838－1985 规定，写出下列机床的型号：

(1)最大车削直径为 2000mm 的单柱立式车床；

(2)最大插削长度为 125mm 的插床；

(3)最大磨削直径为 120mm 的精密半自动外圆磨床；

(4)最大车削直径为 250mm 的高精度滑鞍转塔车床；

(5)最大棒料直径为 32mm 的四轴自动车床。

9. 解释下列机床型号的含义：

Y3150E；C1312；CA6140；Z3040；T4140；MBG1432；L6120；B2010A；X5032；DK7725。

10. 说出下列机床的名称和主参数(第二主参数)，并说明它们各具有何种通用或结构特性：

CM6132，C1336，C2150×6，Z3040×16，T6112，T4163B，XK5040，B2021A，MGB1432。

11. 按图 1－5a、图 1－5b 所示传动系统图做下列题目：

(1)写出传动路线表达式；

(2)分析主轴的转速级数；

(3)计算主轴的最高、最低转速。

(注：图中 M_1 为齿轮式离合器，M_2、M_3 为摩擦离合器。)

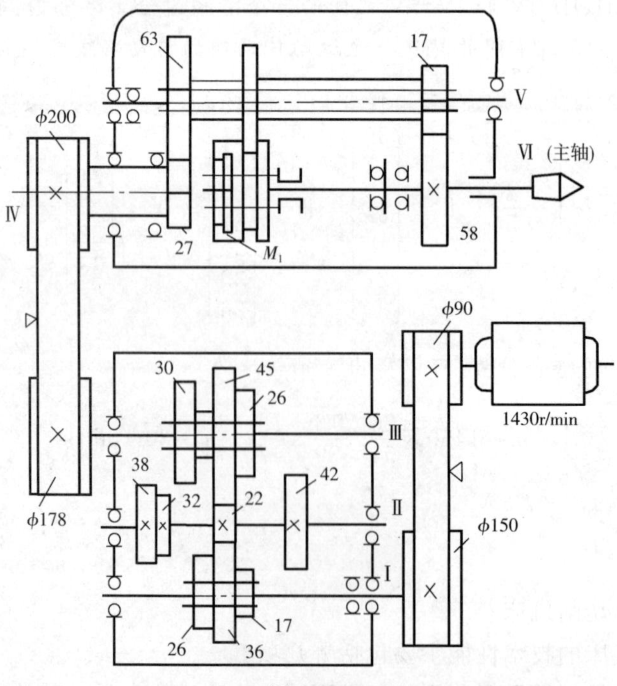

图 1－5a

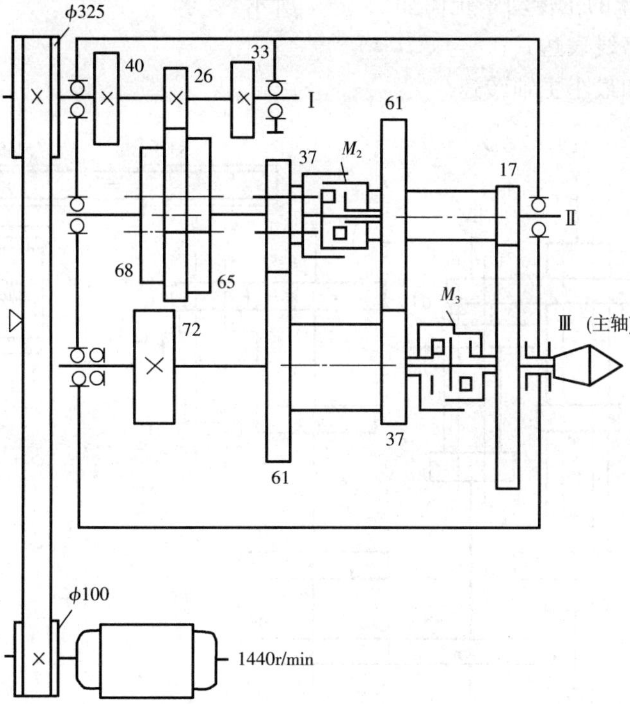

图 1－5b

12. 按图 1－6 所示传动系统图，试计算：

(1)轴 A 的转速(r/min)；

(2)轴 A 转 1 转时，轴 B 转过的转数；

(3)轴 B 转 1 转时，螺母 C 移动的距离。

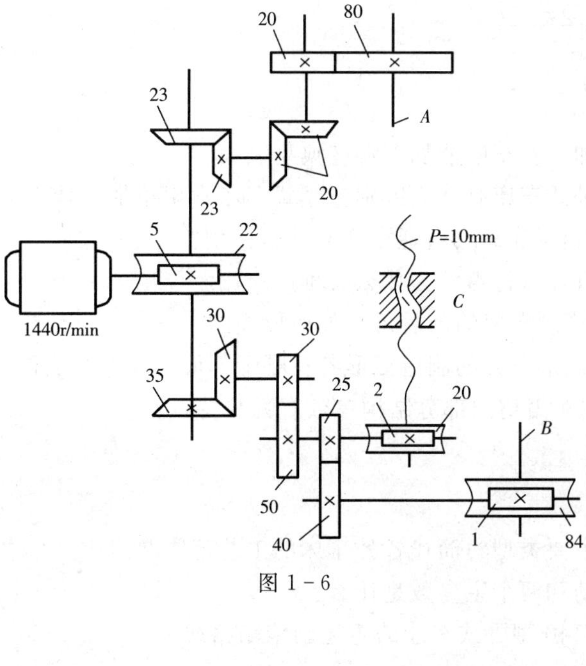

图 1－6

13. 某立式钻床的主传动系统图如图 1－7 所示，要求：

(1)列出传动路线表达式；

(2)计算最大和最小主轴转速。

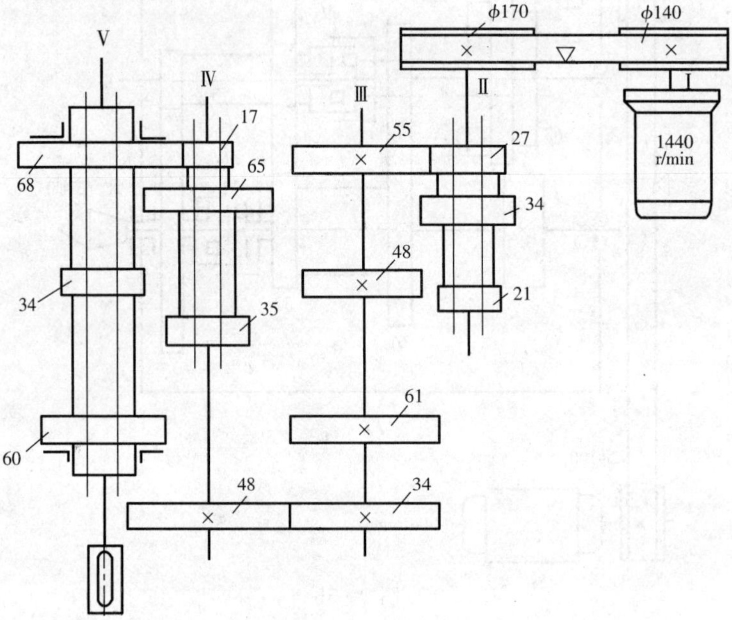

图 1－7

第五节　常用机械加工方法

一、车削加工与车刀

知识要点设问

1. 什么是车削加工？车削能加工哪些典型表面？
2. 立式车床与卧式车床有什么区别？立式车床常用于加工什么类型工件？
3. 转塔、多刀和自动车床与普通车床有什么区别？
4. 可转位车刀有什么特点？为什么要推广应用？

5*. 棱体和圆体成形车刀的前后角是如何形成的？

6*. 棱体和圆体成形车刀的制造截形各在哪个剖面？什么是成形车刀的双曲线误差？

7*. 75°强力切削车刀切削部分结构参数有哪些特点？

思考与练习

1. 车床有哪些主要类型？简述各种车床的工艺范围及组成。
2. 车床的主运动和两个主参数是什么？

3*. 试写出 CA6140 型卧式车床的主运动传动路线表达式。

4*. 在 CA6140 型车床的主传动系统中，轴Ⅰ上为什么采用双向片式摩擦离合器 M_1 实现主轴的换向？是否可用双向牙嵌式离合器代替双向片式摩擦离合器？进给传动系统中的齿轮式离合器 M_3、M_4、M_5 是否可改为单向牙嵌式离合器？为什么？

5*. 在 CA6140 型卧式车床的主运动、车螺纹运动、纵向和横向进给运动、快速运动等传动链中，哪条传动链的两端件之间具有严格的传动比？哪条传动链是内联系传动链？

6*. 画出 CA6140 型卧式车床主轴箱轴Ⅰ上带轮的卸荷结构示意图，并结合该图说明其工作原理。

7*. 试分析 CA6140 型卧式车床的主轴组件在主轴箱内怎样定位。其径向和轴向间隙怎样调整？

8. 立式车床与卧式车床的技术性能有什么不同？

9. 什么是自动和半自动车床？各有哪些类型？适用于什么场合？

10. 比较各种可转位刀片夹固结构的优缺点。

11. 试述可转位刀片的型号及选择原则。

12*. 试述可转位车刀的几何角度的形成方法。设计刀槽参数与验算车刀角度时的计算步骤如何？

13. 成形车刀有何特点？不同类型的成形车刀各应用在什么场合？

14*. 成形车刀的前、后角是怎样形成的？规定在哪个平面内测量，为什么？

15*. 成形车刀切削刃上各点的前后和后角是否相同？为什么？

16. 试述成形车刀切削刃在正交剖面内后角的变化特征及避免其过小的措施。

17*. 试述成形车刀廓形设计的必要性，用作图法和计算法求成形车刀廓形的步骤。

18*. 分析用成形车刀加工圆锥体表面时产生双曲线误差的原因及控制措施。

19*. 简述成形车刀的装夹方法。

20*. 对成形车刀的样板有何要求？

二、磨削加工与砂轮

知识要点设问

1. 磨削轴类零件外圆有几种方法？它们的磨削用量是什么？

2. 磨削工件的平面有几种方法？各有什么优缺点？

3. 为什么内圆磨床的主轴转速很高？

4. 砂轮硬度与磨粒硬度是一回事吗？

5*. 超硬磨料的砂轮有硬度和组织的标志吗？浓度是什么指标？

6. 砂轮的粒度与粒度号是一样吗？

7*. 你所了解的先进磨削方法有哪些？试举例说明。

思考与练习

1. 磨床的特点是什么？有哪些主要类型？各有何工艺特点？

2. 内圆磨削的方法有哪几种？各适用于什么场合？

3. 万能外圆磨床上磨削圆锥面有哪几种方法？各适用于什么场合？

4. 在万能外圆磨床上，用顶尖支承工件磨削外圆和用卡盘夹持工件磨削外圆，哪一种情况的加工精度高？为什么？

5. 无心外圆磨床工件托板的顶面为什么做成倾斜的？工件中心为什么必须高于砂轮与导轮的中心连线？

6. 试分析无心外圆磨床和普通外圆磨床在布局、磨削方法、生产率及适用范围方面各有什么不同？

7. 在万能外圆磨床上磨削内外圆时，工件有哪几种装夹方法？各适用于何种场合？采用不同装夹方法时，头架的调整状况有何不同？工件怎样获得圆周进给（旋转）运动？

8. 试比较磨削和单刃刀具切削机理的异同。

9*. 为什么磨削的单位切削能高于其他切削方式？

10. 砂轮的正确选择和对砂轮的修整对提高加工质量有何作用？

11*. 试比较同等砂轮直径及同等径向进给量下外圆、平面、内圆磨削的接触弧长度、接触时间及其对砂轮磨耗的影响。

12. 试分析磨削烧伤的产生原因及其解决办法。

13*. 什么叫高速磨削？高速磨削有什么特点？应注意什么问题？试分析提高磨削效率的途径。

14. 对磨削过程进行控制应考虑哪些问题？

15. 砂轮有哪些组成要素？

16. 常用的磨料有哪几种？各有何特性？磨料的粒度怎样表示？如何选择？

17. 何谓砂轮硬度？砂轮硬度与磨料硬度和结合剂强度各有何关系？

18. 砂轮硬度对磨削质量和生产率有什么影响？如何选择砂轮硬度？

19. 砂轮组织号表示什么意思？组织号对砂轮的性能有什么影响？如何选择？

20. 磨削过程分为哪三个阶段？如何运用这一规律来提高磨削效率和表面质量？

21*. 磨削表面质量包括哪些方面？为提高磨削质量应采取哪些措施？

三、孔加工及孔加工刀具

知识要点设问

1. 什么叫钻孔？什么叫扩孔？

2. 孔的精加工方法有哪些？铰孔和镗孔分别适合什么场合？

3*. 什么是珩孔？发动机缸套和连杆孔的最后加工方法是什么？为什么？

4. 深孔钻应满足哪些要求？你所知道的深孔钻有哪几种？

5. 麻花钻的制造结构参数有哪些？这些参数的参考平面在哪里？

6. 画图表示麻花钻主切削刃上选定点的螺旋角，它与名义螺旋角有什么关系？

7. 中型标准群钻修磨了麻花钻何处？为什么？

8. 锪钻可以加工哪些表面？

9. 复合孔加工刀具有什么特点？适合什么场合？

思考与练习

1. 试分析麻花钻在钻床上钻孔时的主运动、进给运动并根据基本定义指出工件上的已加工表面与待加工表面和麻花钻的各刀面与刀刃。

2. 试分析钻孔的切削厚度、切削宽度及其与进给量、背吃刀量的关系。

3. 试分析钻孔时每分钟金属切除量与切削层参数的关系。

4. 综述钻床的主要类型及其工艺特点、应用范围。

5. 试述孔加工刀具的类型及其用途。

6. 车图表示麻花钻切削部分的组成和结构参数。

7. 画图表示标准高速钢麻花钻主切削刃上某选定点主剖面参考系中前角、后角、主偏角和刃倾角，并分析各个角度的变化规律。

8*. 麻花钻的结构参数的主要缺点有哪些？试述改善麻花钻切削性能的主要途径。

9. 为什么要对麻花钻进行修磨？有哪些修磨方法？

10*. 加工钢材的基本型群钻的几何参数有哪些特征？

11. 深孔加工的特点是什么？试述深孔钻(任选一种)的结构特点。

12. 深孔钻有哪几种类型？它们在结构与应用方面有何特点？

13. 铰削过程的特点是什么？铰刀设计有哪些要点？

14. 铰刀直径公差如何确定？

15. 镗床有哪些主要类型？主要用于加工什么类型的工件？

16. 试述浮动镗刀的用途及工作特点。

四、铣削加工与铣刀

知识要点设问

1. 画图表示周铣和端铣的铣削用量，正确标注出 a_p，a_e。并了解其与工件铣削宽度异同？

2. 铣削的切削层参数有什么特点？与铣削过程的特点有什么关系？

3. 什么是顺铣和逆铣？有什么优缺点？它们分别适合什么场合？

4. 什么是对称铣和不对称铣？它们分别适合什么场合？

5. 建立铣刀角度参考系，画出圆柱铣刀和端铣刀的主要几何角度？

6. 大多数标准铣刀是尖齿铣刀吗？重磨哪个表面？

7*. 成形铣刀为什么要设计成铲齿铣刀？重磨哪个表面？重磨后截形为什么不变？

8*. 画图表示铲齿过程，分析重磨前刀面使截形不变和后角变化很少的原因？

9*. 在圆柱面上铣削螺旋槽需要哪些切削运动？如何安装工件？如何调整机床？如何设计成形铣刀的制造截形？

思考与练习

1. 铣床有哪些主要类型？简述铣床的工艺范围及组成。

2. 铣床的主运动和第一主参数是什么？

3*. 铣削加工的特点是什么？对机床有何要求？试分析主轴部件为适应这一特点在结构上采取了哪些措施？

4. 指出立式铣床、卧式铣床、仿形铣床各适宜加工哪些零件表面？

5. 为什么铣床的主轴都是空心的，而钻床主轴是实心的？

6. 试按铣刀用途及结构特点叙述铣刀的类型及其适应范围。

7. 尖齿铣刀和铲齿铣刀各有何优缺点？

8*. 为什么在圆柱铣刀上要标注法剖面前角 γ_n 和主后角 α_o？

9. 在铣削平面时硬质合金面铣刀较圆柱铣刀使用广泛的原因是什么？

10. 铣削中的总切削力的大小和方向是变化的，如何分解和测量铣削力的大小？

11. 在相同的切削用量条件下，顺铣和逆铣对切削力及零件表面质量有何影响？

12. 高速钢铣刀和硬质合金铣刀的磨损方式有何不同？它们失去切削能力的主要原因有哪些？

13*. 铲背曲线采用阿基米德螺旋线的原因是什么？

14*. 铲齿时凸轮的升程是根据哪些因素来确定的？

15*. 当铲齿成形铣刀刀刃上某点处出现 $\alpha_o = 0°$ 时，可采取哪些改进措施？

16*. 对于正前角铲齿成形车刀，为什么要求出其轴向剖面形状和尺寸？又为何要求出其前刀面形状及尺寸？

五、拉削加工与拉刀

知识要点设问

1. 拉削加工时的主运动和进给运动如何完成？

2. 拉削加工时如何保证工件与拉刀的正确位置？

3. 拉削方式和拉削图形是一回事吗？如何定义？

4. 拉削方式有几种？各有什么优缺点？

5. 圆孔拉刀的粗切齿和精切齿各采取什么拉削方式比较好？

6. 拉刀上的分屑槽深度可以小于齿升量吗？

7*. 为什么内孔拉刀的后角都非常小？外表面拉刀的后角可以大些吗？

8*. 推刀常在什么场合使用？

9*. 见过旋转拉刀吗？拉削丝锥是怎么回事？车拉刀的主运动和进给运动分别是什么？

思考与练习

1. 拉削方式适用范围是什么？

2. 拉刀齿升量的选择原则是什么？它对拉削过程有何影响？

3*. 综合轮切式圆孔拉刀的各部分(粗切、过渡、精切和校准)刀齿齿升量是如何确定的？

4. 拉刀齿距是怎样确定的？拉刀同时工作齿数的多少对拉削过程有何影响？

5. 在设计或使用拉刀时应校验哪几个项目？如何去解决？

6. 拉削后孔径扩张或收缩是由哪些原因造成的？如何去解决？

7*. 设计综合轮切式圆孔拉刀。已知条件：拉削工件材料为45钢，HBS=170～197，预加工孔径 $\phi 34^{+0.2}_{0}$ mm，拉削后孔径 $\phi 36^{+0.05}_{0}$ mm，拉削长度 $L=85$mm，拉削后表面粗糙度 $R_a 1.6\mu$m，使用拉床为 $L6110$。

8. 拉削后工件表面有环状波纹和局部划痕时，试分析产生原因并提出防止措施。

六、螺纹加工与螺纹刀具

知识要点设问

1. 外螺纹加工方法有哪些？用哪些刀具？

2. 内螺纹加工方法有哪些？用哪些刀具？

3. 螺纹挤压加工方法有哪些？它比切削加工的螺纹有什么优缺点？

4. 试述螺纹刀具的种类及其用途。

七、齿轮加工和齿轮刀具

知识要点设问

1. 成形法切齿刀具有几种？如何选择模数铣刀的刀号？

2. 插齿刀前后刀面如何形成？插齿刀有哪些结构参数？

3. 插齿时的切削运动有哪些？插齿可加工什么类型齿轮？

4. 滚刀前后刀面如何形成？何谓滚刀的产形蜗杆？

5. 蜗轮滚刀与齿轮滚刀在工作原理和结构上有什么区别？

6. 剃齿、珩齿和磨齿的工作原理是什么？

7. 锥齿轮有几种？有哪些加工方法？

思考与练习

1. 分析比较展成法与成形法加工圆柱齿轮的特点？

2. 滚齿机和插齿机各有何工艺特点？简述它们各自的特点及主要应用范围。

3. 磨齿有哪些方法？各有什么特点？

4. 滚齿机上加工直齿和斜齿圆柱齿轮时，如何确定滚刀刀架安装角度与方向？若安装角度有误差或方向有误，将会产生什么后果？

5. 在滚齿机上加工齿轮时，如果滚刀的刀齿相对于工件的轴心线不对称，将会产生什么后果？如何解决？

6. 分别指出下列零件上齿面适合在什么齿轮机床上加工：

(1)外接直齿圆柱齿轮；

(2)外接斜齿圆柱齿轮；

(3)内接直齿圆柱齿轮；

(4)蜗轮；

(5)齿条；

(6)扇形齿轮；

(7)人字齿轮。

7. 按齿轮齿形加工原理，齿轮刀具有哪两大类？各包含哪些刀具？

8*. 用盘形齿轮铣刀加工模数 $m=3\text{mm}$，齿数分别为 $z_1=34$、$z_2=36$ 的两个齿轮，试选择齿轮铣刀刀号。在相同切削条件下，哪个齿轮加工精度高？为什么？

9. 何谓滚刀基本蜗杆？基本蜗杆有哪几种？常用哪种？为什么？

10. 用阿基米德蜗杆为基本蜗杆的滚刀加工齿轮，理论上存在何种误差，为减小这个误差采取哪些措施？

11. 试比较直槽滚刀和螺旋槽滚刀的特点，并指出它们各适用于什么类型的滚刀。

八、刨削和插削加工

思考与练习

1. 综述刨床的主要类型及其工艺范围和应用场合。

2. 粗加工下列零件表面时，应选用哪一类型的机床：

(1)普通车床变速箱上盖的结合平面；

(2)普通车床床身上的导轨面(矩一山型组合的导轨)，溜板箱上的燕尾槽导轨；

(3)车床方刀架的四侧平面；

(4)套筒内孔中的直键槽。

3. 牛头刨床由哪些主要部件和机构组成？并说明刀架的结构及作用。

4. 龙门刨床与牛头刨床的主运动有何区别？

5. 插床和牛头刨床的最大不同点是什么？指出外形相似的插刀和刨刀的前后刀面。

九、组合机床与数控机床简介

知识要点设问

1. 随着机械加工技术的发展，在什么状况下产生了组合机床和数控机床？

2. 成组技术是在什么生产状况下产生的？

3. 组合机床与专用、通用机床相比有什么特点？

4. 数控机床有什么特点？什么是加工中心？

5. 数控机床如何分类？

6. 为什么常见车削加工中心和镗铣加工中心？

7. 什么是柔性生产线？有什么特点？

思考与练习

1. 什么叫组合机床？它有哪些特点？

2. 什么是数控机床？其工艺特点怎样？

3. 简要说明微型计算机数控装置的工作原理。

4. 简要说明数控机床伺服系统的构成及其功能，并说说什么是脉冲当量。

5. 什么是插补？简要说明逐点比较法进行直线插补和圆弧插补的工作原理。

6. 什么是数控编程？其基本内容是什么？

7. 简要说明数控程序编制的方法。

8. 简要说明自动换刀装置的组成、换刀过程及其构造。

9. 什么是 DNC？试述其基本类型和特点。

10. 什么是 FMS 和 FMC？试述 FMS 系统的基本结构及其功能。

11. 什么是 CIMS？试述构成 CIMS 的基本功能模块。

第二章　金属切削过程的基本规律和应用

第一节　研究金属切削过程的意义和方法

一、意义

知识要点设问

1. 为什么要研究金属切削过程？金属切削过程中有哪些物理现象？
2. 用刀具切削金属与用斧子劈柴和用菜刀切菜有什么区别？

二、方法

知识要点设问

1*. 快速落刀试验的目的是什么？你见过切屑根部的金相照片吗？

2*. 有限元分析是建立在什么基础上的？在力学课程里有相关内容吗？

3. 切削过程中的力、热的产生与测量与一般的力和温度测量有什么不同？

4. 为什么采用直角自由切削的方式研究金属切削变形过程？

第二节　金属切削变形过程

一、金属切削变形的基本特征和三个变形区

知识要点设问

1. 如何描述金属切削变形过程？能用简单的模型表示吗？
2. 切削变形区如何划分？各有什么特点？
3. 对剪切区、剪切平面和剪切角 Φ 的分析有什么意义？

思考与练习

1. 金属切削过程的实质是什么？
2. 研究金属切削机理对生产有何意义？
3. 怎样研究金属切削过程？
4. 金属切削过程有何特征？用什么参数来表示和比较？
5. 金属切削原理对设计机床、工艺和刀具有何应用意义？
6. 切屑与前刀面的摩擦对第一变形区的剪切变形有何影响？

7. 画图表示三个变形区，并简述各个变形区的特点。
8. 简述切屑形成过程。

二、衡量切削变形程度的指标

知识要点设问

1. 变形系数、相对滑移和剪切角之间有什么关系？
2. 如何测定变形系数？
3. 理论切削力公式说明切削力与哪些因素有关？
4. 怎样衡量金属切削变形程度？
5. 分析生产中各因素对切削变形的影响。

三、切屑种类和卷断屑机理

知识要点设问

1. 切屑有哪些种类？各种类切屑有什么特征？它们是在什么条件下形成？
2. 切屑形态与切屑形状有什么区别？
3. 较为理想的切屑形状有哪几种？适合什么生产情况？
4. 断屑机理是什么？有哪些断屑方式？
5. 影响切屑卷曲与折断的因素有哪些？

四、前刀面上的摩擦和积屑瘤

知识要点设问

1. 切屑在刀具前刀面上流过时为什么会发生滞留和粘结？
2. 在刀具前刀面上形成积屑瘤有何利弊？如何控制和消除？
3*. 知道可控接触长度刀具吗？这种刀具具有什么特点？
4. 刀——屑接触区以内摩擦为主是什么意思？内摩擦力与什么有关？
5. 为什么在钢材上铰孔时易产生积屑瘤？

思考与练习

1. 概述刀——屑接触区磨擦特点。
2. 试述积屑瘤的成因、影响及控制方法。
3*. 试述鳞刺的成因，分析对加工表面质量的影响。

五、影响切削变形的因素

知识要点设问

1. 影响切削过程的各种影响因素可以从哪几个方面进行分析？
2. 前角、切削速度和进给量对切削变形有什么影响？

第三节　切削力

一、切削力来源、分力和作用

知识要点设问

1. 为什么要研究切削力？切削力是如何产生的？

2. 为什么将切削力进行分解？各分力对切削过程的影响及应用价值有哪些？画图表示车、钻、铣削时各切削分力，并说明各分力的作用。

3. 分析讨论切屑形成理论与切削力形成的紧密联系。

二、切削力计算

知识要点设问

1. 测力仪原理是什么？测力试验时的测量值和标定值是什么关系？

2. 在测力试验的基础上建立的切削力公式与手册上的公式差别何在？为什么？

3. 切削深度和进给量对车削力的影响有何不同？为什么？

4. 画图表示主偏角对进给分力和背向力的影响。

5. 单位切削力与哪些因素有关？应用单位切削力计算切削力时需注意什么？

思考与练习

1. 什么是单位切削力？它有何用途？

2. 如何计算切削力及切削功率？

3. 影响切削力的因素有哪些？说明切削用量对切削力的影响规律及其原因。

4. 当 $a_{p1}\times f_1=a_{p2}\times f_2$ 时，若 $f_2>f_1$，则哪种情况切削力大？它对生产有何积极意义？

5. 写出 F_c 的经验公式，说明系数、指数和修正系数的含义。

6. 车削 45 钢(调质 187HBS)时，使用 YT15 焊接外圆车刀，$\gamma_o=18°$、$\kappa_r=90°$、$\lambda_s=-5°$、$b_{r1}=0.2\text{mm}$、$\gamma_{o1}=-10°$、VB＝0.4mm。试问可否在 C620 车床上采用 $a_p=4\text{mm}$，$f=0.3\text{mm/r}$，$v_c=100\text{m/min}$ 的用量车削外圆？若不能，应采取什么措施？

7. 用硬质合金车刀粗车外圆，工件材料为 45 钢(调质 229HBS)，已知 $v_c=100\text{m/min}$、$a_p=3\text{mm}$、$f=0.3\text{mm/r}$、$\gamma_o=15°$、$\kappa_r=60°$、$\lambda_s=-5°$，试求主切削力 F_c 和切削功率 P_c。

8. 在 CA6140 型车床上粗车 ϕ68mm×420mm 的圆柱体。已知工件材料为 45 钢，$\sigma_b=0.637\text{GPa}$，刀具材料牌号 YT15，刀具切削部分几何参数：$\gamma_o=15°$、$\alpha_o=8°$、$\alpha'_o=6°$、$\lambda_s=0°$、$\kappa_r=60°$、$\kappa'_r=10°$，刀尖圆弧半径 $r_\varepsilon=0.5\text{mm}$，切削用量：$a_p=3\text{mm}$、$f=0.56\text{mm/r}$、$v_c=106.8\text{m/min}$，试求三向切削分力 F_c、F_p、F_f 及切削功率 P_c。

9*. 用一把直径 $d=200\text{mm}$ 的硬质合金可转位面铣刀加工宽度 $a_p=120\text{mm}$，材料为 45 钢的工件，选用的铣削用量为：$n=457\text{r/min}$、$a_p=10\text{mm}$、$f_z=0.2\text{mm/z}$，铣刀几何参数为：$\gamma_o=5°$、$\kappa_r=75°$，试求主切削力 F_c、进给分力 F_f 和垂直进给分力 F_p 的大小。

三、影响切削力的因素

知识要点设问

1. 用单因素图解法建立切削力经验公式时，选定哪些切削条件？变化哪些因素？当选定因素发生变化，需采取什么措施？

2. 你了解正交试验和线性回归建立切削力经验公式的方法吗？

3. 测量切削力试验时，如何进行试验设计？如何调试机床和仪器？试验数据如何处理？

第四节　切削热和切削温度

一、切削热的产生和传导

知识要点设问

1. 切削热的产生和哪些因素有关？热量的传导与哪些因素有关？

2. 切削温度与切削速度有什么关系？高速切削为什么有实现可能？

二、切削温度的测量

知识要点设问

1. 测量切削温度有哪些方法？

2. 用热电偶测量温度的原理是什么？什么是自然热电偶？什么是人工热电偶？各用于测量何处的温度？

3. 车刀切削时温度场中最高温度在何处？为什么？

三、影响切削温度的因素

知识要点设问

1. 切削用量中影响切削区平均温度最大的是哪一个参数？为什么？

2. 降低切削温度应从哪些方面着手？

思考与练习

1. 切削塑性材料时，切削区的温度有何分布规律？

2. 切削温度对切削过程有何影响？

3. 为什么要研究切削热的产生和传出？仅从切削热产生的多少能否说明切削区温度的高低？

4. 为什么要进行切削温度的理论分析和计算？在什么样的假设条件下来推导切削温度的理论公式？

5. 研究切削区温度场的意义何在？用什么方法测出切削区温度场？

6. 背吃刀量和进给量对切削力和切削温度的影响是否一样？为什么？如何运用这一规律指导生产实践？

7. 增大前角可以使切削温度降低的原因是什么？是不是前角越大切削温度越低？

8. 加工钢材等塑性材料和加工铸铁等脆性材料时，前刀面和后刀面的哪一方面切削温度高？

9. 简述前角 γ_o、主偏角 κ_r 对切削温度的影响规律。

第五节　刀具磨损和使用寿命

一、刀具磨损形态

知识要点设问

1. 切削试验时，你所使用的刀具磨损形态是什么样？你怎么发现刀具已经磨损？
2. 刀具后刀面的磨损是均匀的吗？何处比较严重？
3. 切削铸铁时前刀面会有月牙洼磨损吗？为什么？

二、刀具磨损原因

知识要点设问

1. 手用合金钢刀具磨损的主要原因是什么？
2. 高速钢刀具磨损的主要原因是什么？
3. 硬质合金刀具磨损的主要原因是什么？
4. 为什么硬质合金刀具不适合中低速切削加工？
5. 刀具为什么会发生热电磨损？有什么方法减少此类磨损？

思考与练习

1. 加工工件材料不同对刀具磨损形态有什么影响？
2. 刀具磨损的主要原因是什么？刀具材料不同，其磨损原因是否相同，为什么？
3. 何谓粘结磨损与扩散磨损？影响它们的主要因素是什么？
4. 简述刀具磨损的各种原因并画出刀具的磨损强度与切削速度（温度）的关系曲线。
5. 刀具破损有哪几种形态？刀具材料对破损形态有什么影响？
6. 刀具破损的原因是什么？它与刀具磨损的原因有什么本质上的区别？减少刀具破损的主要措施有哪些？

三、刀具磨损过程与磨钝标准

知识要点设问

1. 刀具磨损过程可分为几个阶段？各阶段的特点是什么？

2. 刀具磨损过程与一般机器零件的磨损过程有什么异同？

3. 刀具磨钝标准是什么意思？它与哪些因素有关？

4. 为什么用 VB 或 VB_{max} 作为磨钝标准指标？

四、刀具使用寿命的经验公式

知识要点设问

1. 什么是刀具使用寿命？它与刀具总的寿命有什么关系？

2. 切削速度对刀具使用寿命有何影响？在 $vT^m=A$ 关系中，指数 m 的物理意义是什么？不同刀具材料的 m 值为什么不同？

3. 刀具使用寿命与切削用量之间的经验公式如何得出？

4. 刀具使用寿命允许的切削速度 $v_T=\dfrac{C_v}{T^m a_p^{x_v} f^{y_v}}\cdot K_v$ 通常在什么场合使用？

5. 刀具使用寿命除与切削用量有关外，还与哪些因素有关？

思考与练习

1. 粗加工和精加工所选用的刀具使用寿命是否相同，为什么？

2. 刀具破损使用寿命是什么意思？为什么它具有随机的特性？

3. 用 YG8 硬质合金车刀切削灰铸铁(250HBS)零件的外圆，采用的切削用量为：$v_c=80$m/min、$a_p=3$mm、$f=0.3$mm/r、车刀的 $\kappa_r=60°$，试求 $T=60$min 和 $T=30$min 时的切削速度 v_{60} 和 v_{30}。

4. 已知金属切除率 $Z_w(Q)=B\cdot v_c\cdot a_p\cdot f$，切削速度 $v_c=\dfrac{C}{a_p^{0.15}\cdot f^{0.4}}$，其中 B、C 为常数，试问：

(1)若将 a_p 增大三倍，v_c 将降低多少？金属切除率将增加多少？

(2)若将 f 增大三倍，v_c 将降低多少？金属切除率将增加多少？

五、合理刀具使用寿命的选择

知识要点设问

1. 什么是合理刀具使用寿命？最大生产率和最低成本的刀具使用寿命与什么因素有关？各适合什么情况？

2. 普通焊接车刀的刀具使用寿命 $T=60$min～90min 表示什么意思？

3. 可转位车刀的刀具使用寿命 $T=30$min～45min 是否表示可转位车刀所允许的切削速度 v_c 比焊接车刀高？

4. 合理的刀具使用寿命与技术革新、生产管理、先进的生产方法有什么关系？

六、刀具的破损

知识要点设问

1. 刀具在切削过程中非正常磨损(失效)的形态有哪些？
2. 对陶瓷和超硬刀具材料的磨损和破损是否同等重要？

第六节 切削用量选择

一、切削用量选择原则

知识要点设问

1. 为兼顾生产率和刀具使用寿命，选择切削用量时的顺序是什么？
2. 精加工时限制切削用量的提高因素是什么？

二、切削用量的选择步骤

知识要点设问

1. 粗车和半精车时选择切削用量的步骤有什么不同？
2. 切削用量优化选择的目标函数是哪些？约束条件有哪些？
3. 选定 a_p 和 f 后，根据刀具使用寿命 T 计算出的切削速度与机床转速有关吗？如何修正？
4. 钻削用量选择与车削用量选择有什么不同？
5. 铣削时选定了每齿进给量 f_z 后，还能采取什么措施提高金属切除率吗？

思考与练习

1. 什么是合理的切削用量？如何确定切削用量的选择顺序？
2. 合理选择切削用量对生产有何意义？
3. 从刀具使用寿命出发时，按什么顺序选择切削用量？从机床动力出发时，按什么顺序选择切削用量？为什么？
4. 粗加工时进给量的选择受哪些因素的限制？当进给量受到表面粗糙度限制时，采用什么措施增加进给量，而保证表面粗糙度要求？
5. 如果选完切削用量后，发现超过机床功率时，应如何解决？
6. 切削速度的提高受哪些因素影响？为什么？
7. 用 YT15 硬质合金车刀($\gamma_o=15°$，$\kappa_r=30°$，$\kappa'_r=15°$，$r_\varepsilon=1.5$mm)，车削 $\sigma_b=0.45$GPa 的 45 钢轴，$a_p=3$mm，$f=0.5$mm/r，$T=60$min。当切削速度 $v_c=150$m/min，如在同样条件下以 $\kappa_r=90°$ 的车刀加工时，刀具使用寿命变化怎样？

8. 用 YT5 硬质合金车刀加工 $\sigma_b=0.55$GPa 的钢轴外圆，$a_p=1.5$mm，$f=0.36$mm/r，在 $T=60$min 时的切削速度 $v_c=180$m/min，如果 $a_p=1.5$mm 时的 f 分别为 0.6mm/r、0.9mm/r、1.2mm/r 或 $f=0.3$mm/r，而 a_p 分别为 3mm、4.5mm、6mm 时，刀具使用寿命变化如何？绘出分别以 f、a_p 为横坐标、T 为纵坐标的图形，解释所得图形的意义。

9. 甲、乙、丙三个工人采用不同的切削用量高速车削 $\sigma_b=0.65$GPa 的钢轴，$a_p\times f$ 分别为 10mm×0.2mm/r、5mm×0.4mm/r、10mm×0.4mm/r，T=60min，求各人使用的切削速度，并比较其生产率，解释三人所得生产率不同的原因。

第七节　刀具几何参数选择

一、刀具几何参数

知识要点设问

1. 所有的刀具的前刀面和后刀面都是平面吗？
2. 刀具切削刃的刃形和刃区是指什么？试举例说明。
3. 为什么刀具角度都是以切削刃上选定点为依据？
4. 可转位车刀上具有各种形式的卷屑槽和断屑台，为什么？

思考与练习

1. 刀具几何参数包含哪些内容？
2. 说出下列情况下车刀几何角度应具有的特点：

(1)锐中求固；

(2)散热条件良好；

(3)系统刚性不足；

(4)抗冲击；

(5)精加工；

(6)加工高硬高强材料。

二、刀具角度选择

知识要点设问

1. 简述前角的作用和选择。
2. 简述后角的作用和选择。
3. 简述主偏角、副偏角的作用和选择。
4. 简述刃倾角的作用和选择。
5. 什么是倒角刀尖、修圆刀尖和修光刀刃？其参数有哪些？各适合什么场合？

思考与练习

1. 为什么高速钢刀具随主偏角的减小，刀具使用寿命会提高？而硬质合金刀具的主偏角如太小，在有些情况下刀具使用寿命反而会降低？

2. 刀具的过渡刃和修光刃有何作用？它们的大小如何选择？

3. 为什么硬质合金车刀的刀尖圆弧半径选择得比高速钢车刀小一些？为什么多刃刀具一般不采用圆弧形过渡刃？

4. 试说明在下列不同情况下刀具几何参数的选择有何不同：

(1)加工灰铸铁和碳素结构钢；

(2)加工不锈钢和中碳钢；

(3)加工高硬度高强钢和中碳钢。

5. 何谓斜角切削？试述刃倾角对切削加工的影响及其选择原则。

6. 修光刃和副切削刃有什么关系？

7. 合理刀具几何参数与生产效率有无关系？

8. 合理刀具几何参数的选择原则是什么？生产中怎样选择刀具的前角 γ_o、后角 α_o、主偏角 κ_r、副偏角 κ'_r、刃倾角 λ_s？

9. 刀具前刀面形式的不同，在加工中的影响主要体现在哪些方面？

10. 刀具切削刃口形式对切削过程有哪些影响？

第八节 工件材料的切削加工性

一、概念和指标

知识要点设问

1. 工件材料的切削加工性的好坏在任何情况下都是一样评价吗？

2. 常用的切削加工性指标 K_r 或 v_{60} 表示什么意思？

二、影响因素和改善措施

知识要点设问

1. 改善工件材料的切削加工性有什么途径？

2. 低碳钢切削前，通常要正火，为什么？

3. 什么是难加工材料？举例说明。

4. 什么是易切钢？你知道哪些易切钢？

思考与练习

1. 什么叫相对加工性指标？

2. 工件材料切削加工性为什么是相对的？通常用什么指标来衡量工件材料切削加工性？

3. 试举例说明工件材料切削加工性的含义。

4. 还有哪些衡量工件材料切削加工性的方法？

5. 影响加工性的因素主要有哪些？

6. 试述难切削材料切削技术的新发展。

7. 怎样通过分析影响工件材料的切削加工性的因素来探讨改善工件材料切削加工性的途径？

8. 举例说明难加工金属材料的切削加工性，并归纳出其特点是什么？

第九节　切削液

知识要点设问

1. 切削液的作用机理是什么？提高什么性能才能起润滑作用？

2. 切削液有哪些种类？

3. 切削液的主要添加剂有哪几种？有什么作用？什么是极压添加剂？

4. 为什么要少用或不用切削液？

5. 如何正确使用切削液？

6. 影响切削液能否进入切削变形区和刀——屑、刀——工件接触面的主要原因是什么？

第三章 机床夹具设计

第一节 工件的安装

一、安装

知识要点设问

1. 什么叫安装？正确的安装需达到什么要求？
2. 获得尺寸、位置和形状精度的方法有哪些？

二、基准

知识要点设问

1. 什么是基准？零件图上的设计尺寸标注的起点是什么基准？
2. 加工过程中所使用的基准称什么基准？工序卡上工序简图中工序尺寸的标注起点是什么基准？加工时直接获得加工尺寸的起点是什么基准？
3. 定位基准面和定位基准是一回事吗？

三、安装方法

知识要点设问

1. 何谓找正？直接找正和划线找正各适合什么场合？
2. 用夹具安装工件的目的是否也是找正？
3. 从夹具安装工件的过程说明夹具的作用。

第二节 夹具的组成和分类

一、夹具的组成

知识要点设问

1. 夹具由哪些元件和装置组成的？各元件有什么作用？
2. 从夹具的组成分析夹具设计原理。

二、夹具的分类

知识要点设问

1. 只有机械加工需要夹具吗？试举例。
2. 机床夹具有哪几种？机床附件是夹具吗？
3. 可调夹具与成组夹具有什么区别？
4. 自动线上为什么常见随行夹具？
5. 组合夹具的特点是什么？
6. 在什么生产类型下设计专用夹具？为什么？

第三节　定位原理和定位方案设计

一、六点定位原理

知识要点设问

1. 什么叫六点定位原理？有几种表述方式？
2. 工件定位面与夹具上定位元件的定位工作面脱离接触或配合时，还起定位作用吗？
3. 工件被夹紧了，是否就定位了？
4. 在平板工件上铣平面，铣通槽和铣不通槽，各需限制几个自由度？

思考与练习

1. 为什么说夹紧不等于定位？

2. 为什么说六点定位原理只能解决工件自由度的限制问题，即解决“定与不定”的矛盾，而不能解决定位精度问题，即不能解决“准与不准”的矛盾？

3. 工件装夹在夹具中，凡是有六个定位支承点，即为完全定位，凡是超过六个定位支承点就是过定位，不超过六个定位支承点就不会出现过定位，这种说法对吗？为什么？

4. 不完全定位、欠定位和过定位是否均不允许存在？为什么？

5. 根据加工要求应予以限制的自由度或工件六个自由度都被限制了就不会出现欠定位或过定位吗？试举例说明。

6. 不完全定位和欠定位有什么本质区别？

二、定位元件及其所限制的自由度

知识要点设问

1. 工件以已加工平面定位时，用四个固定支承钉或用两个支承板，限制了几个自由度？工件以毛坯面定位时，也能用四个固定支承钉吗？

2. 夹具装配时需要检验和修配吗？

3. 工件孔与心轴或销的配合有几种？为什么常用间隙配合？

4. 工件孔与心轴或销的配合长度对限制自由度有什么影响?

5. 分析锥度心轴、锥销和菱形销与圆孔、锥孔配合时限制的自由度。

6. 工件以外圆与套相配合和工件以孔与心轴相配合有什么相似之处?

7. 工件以外圆在 V 形块中定位有什么特点?

8. 固定 V 形块如何在夹具中安装?可移动 V 形块如何实现导向和移动?

9. V 形块的主要设计参数是什么?

10. 工件以组合表面定位时,工件上各个表面在定位时所起作用的主次之分对分析组合定位是否有影响?

11. 消除组合表面定位时的重复定位的方法有哪些?

12. 生产实际中有重复定位的情况吗,为什么?试举例。

例题解析

1. 分析图 3-1 所示零件的定位方案所能限制的自由度,并判断属何种定位?若图中的削边销改为圆柱销属于什么定位?

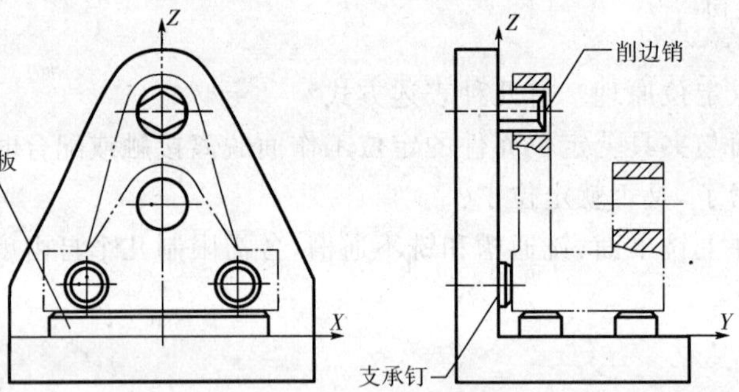

图 3-1

【解】 (1) 建立分析参考坐标系,如图中所示。

(2) 分析定位元件可能限制的自由度。这是组合定位方式,按定位作用主次进行分析:

两支承板相当三点约束,限制了工件的 $\vec{Z}$、$\overset{\frown}{X}$、$\overset{\frown}{Y}$ 三个自由度,两支承钉相当两点约束,限制了工件的 $\vec{Y}$、$\overset{\frown}{Z}$ 两个自由度,菱形定位销相当一点约束,限制了工件的 $\vec{X}$ 一个自由度,综合共限制了工件的六个自由度,属完全定位。若削边销改为圆柱销,由于圆柱销限制了 $\vec{X}$ 和 $\vec{Z}$,使得 Z 向重复定位,属过定位。

2. 分析加工图 3-2 所示零件定位时需要限制工件几个自由度。

【解】 (1) 建立分析参考坐标系,如图中所示。

(2) 分析每一个加工要求所需限制的自由度:

假定加工表面固定,分别考察其相应的工序基准相对于所建立的坐标系的移动和转动对加工要求有无影响。若有影响,则该自由度应加以限制,反之是可以不限制。综合归纳工件在该工序中所需限制的自由度。

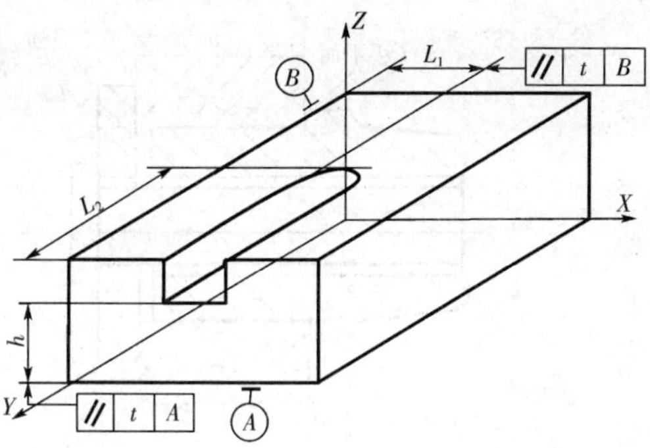

图 3 - 2

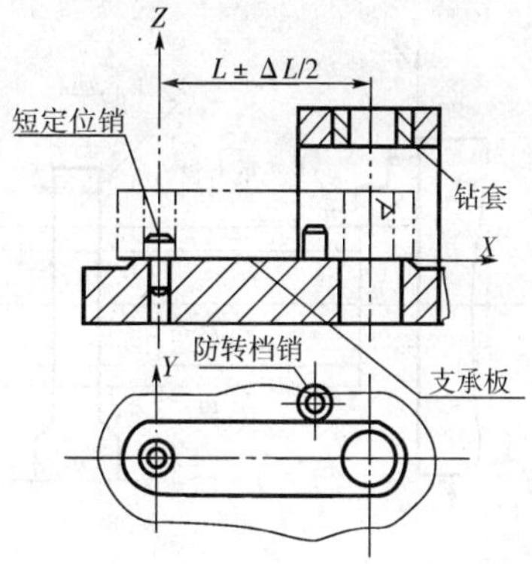

图 3 - 3

对于尺寸 h 和平行度要求应限制工件的 $\vec{Z}$、$\overset{\frown}{X}$、$\overset{\frown}{Y}$ 三个自由度，对于保证尺寸 L_1 和平行度要求应限制工件的 $\vec{X}$、$\overset{\frown}{Z}$ 两个自由度，对于保证尺寸 L_2 则应限制工件的 $\vec{Y}$ 一个自由度，综合起来应限制工件的 $\vec{X}$、$\vec{Y}$、$\vec{Z}$、$\overset{\frown}{X}$、$\overset{\frown}{Y}$、$\overset{\frown}{Z}$ 六个自由度。

3. 试分析图 3 - 3 所示连杆零件钻大孔工序的定位方案中各个定位元件所限制的自由度。

【解】 (1) 建立分析参考坐标系，如图中所示。

(2) 分析定位元件可能限制的自由度：

支承板限制了工件的 $\vec{Z}$、$\overset{\frown}{X}$、$\overset{\frown}{Y}$ 三个自由度，短定位销限制了工件的 $\vec{Y}$、$\vec{X}$ 两个自由度，防转挡销限制了工件的 $\overset{\frown}{Z}$ 一个自由度，综合共限制了工件六个自由度，属完全定位。

思考与练习

1. 根据六点定位原理，试分析图 3 - 4 中各零件的定位方案中各个定位元件所限制的自由度。

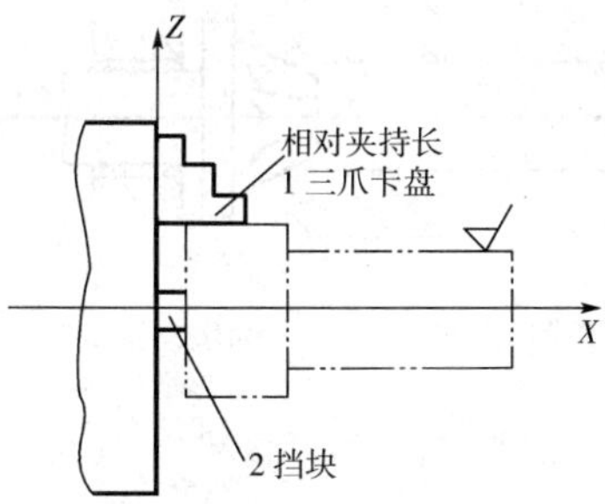

a)

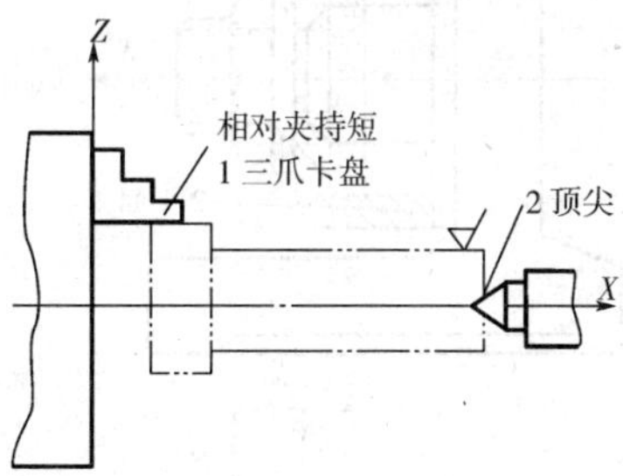

b)

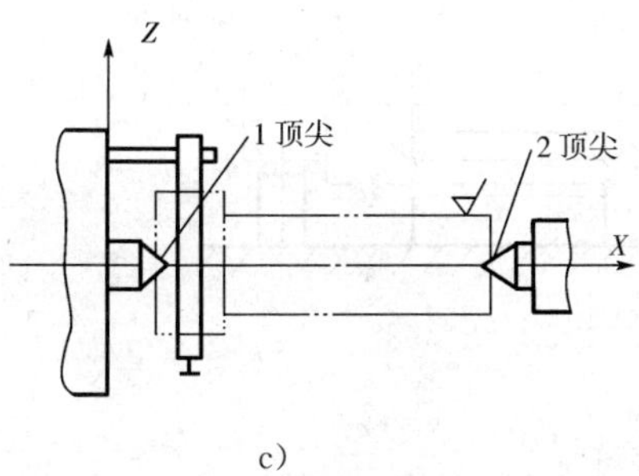

c)

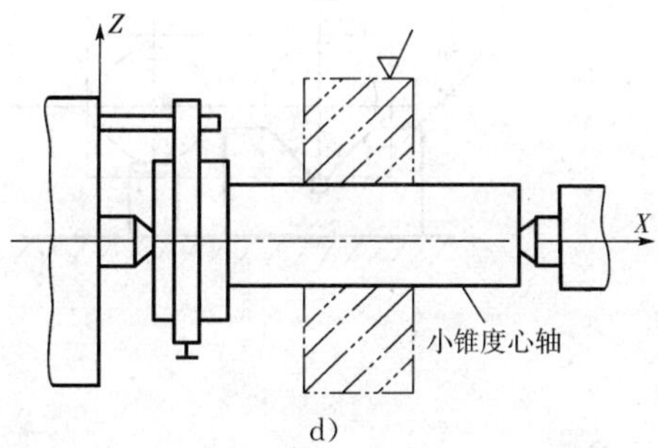

d)

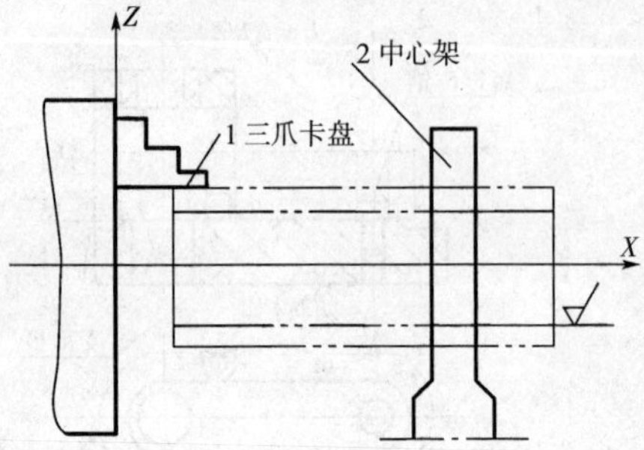
Z
2 中心架
1 三爪卡盘
X

e)

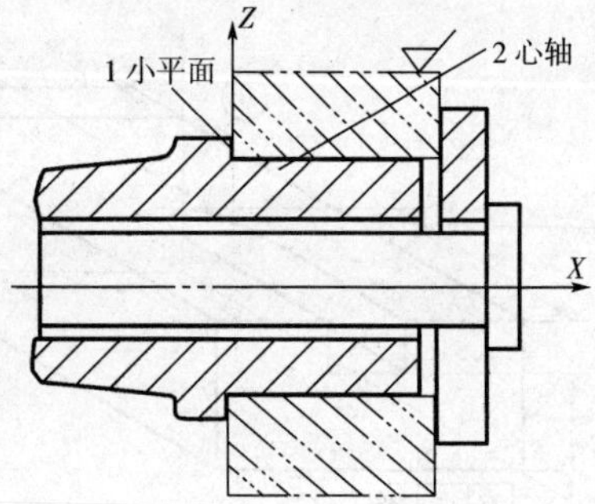
Z
1 小平面
2 心轴
X

f)

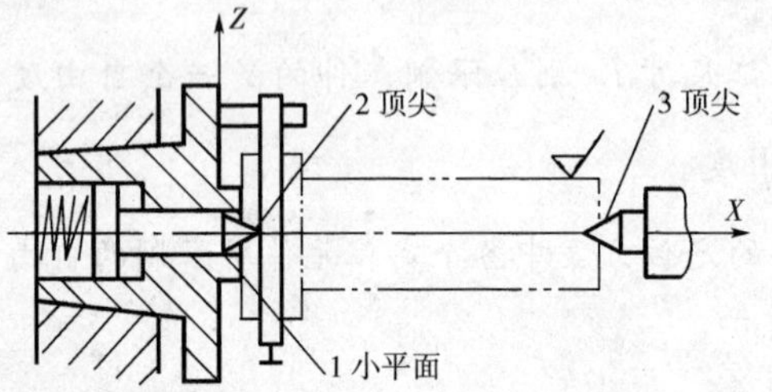
Z
2 顶尖
3 顶尖
X
1 小平面

g)

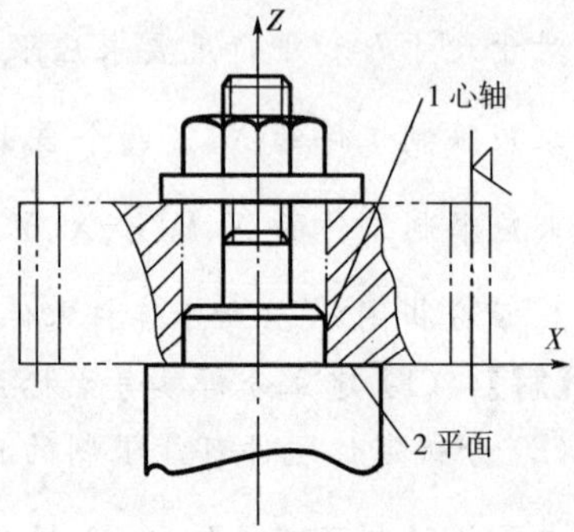
Z
1 心轴
X
2 平面

h)

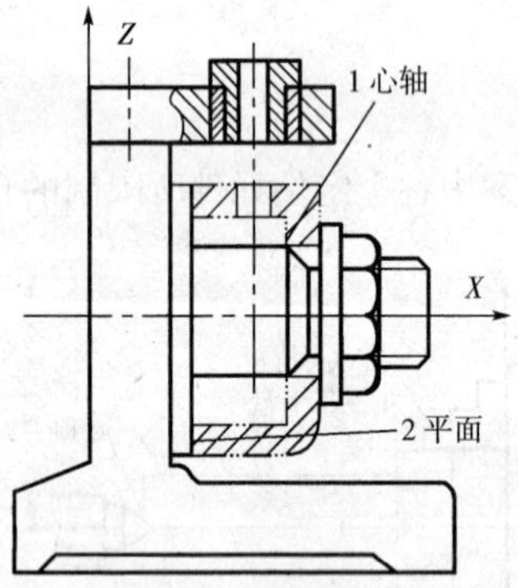
Z
1 心轴
X
2 平面

i)

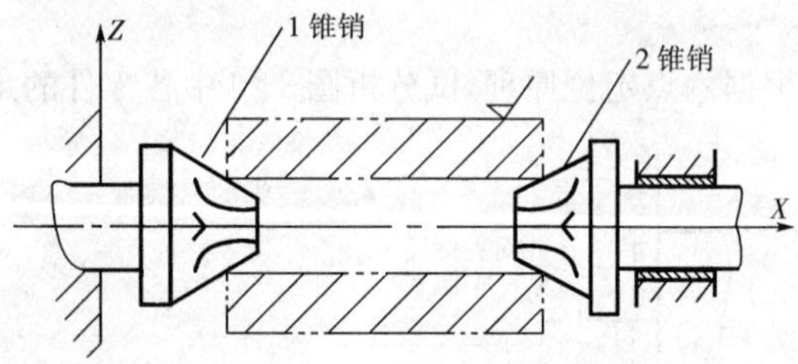
Z
1 锥销
2 锥销
X

j)

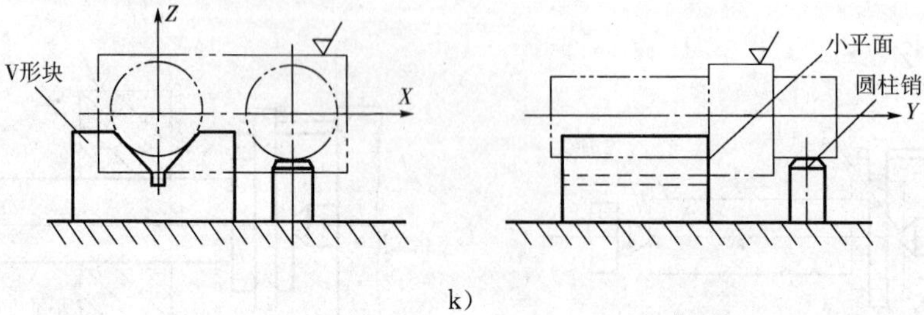
Z
V形块
X
小平面
圆柱销
Y

k)

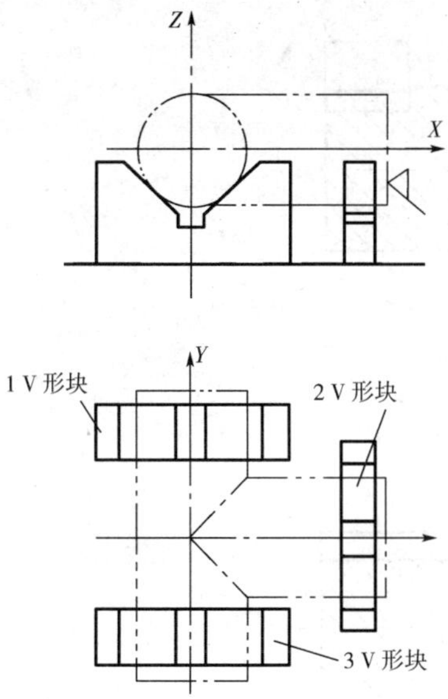

l)

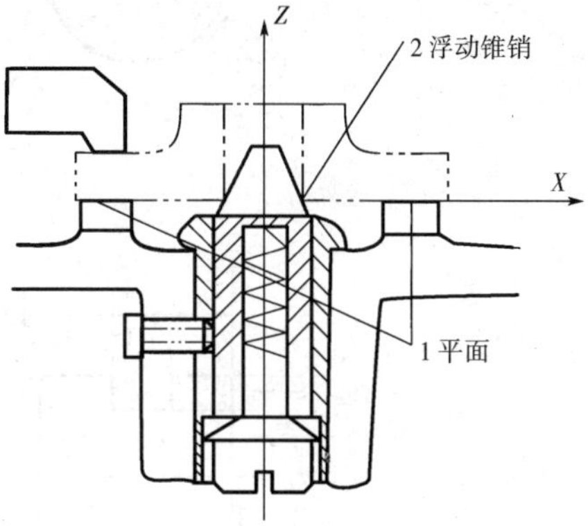

m)

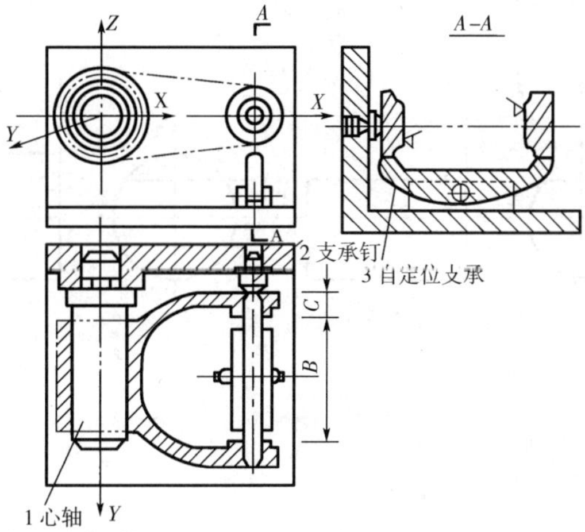

n)

图 3－4

2. 确定图 3－5 所示的各零件在加工图中注有"▽"符号的表面时应限制的自由度。

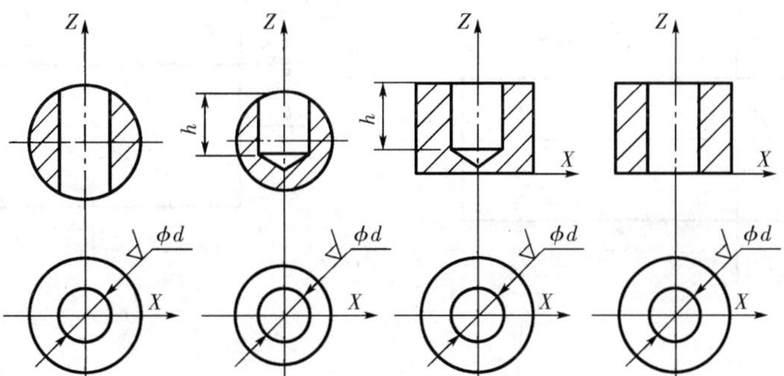

a)　b)　c)　d)

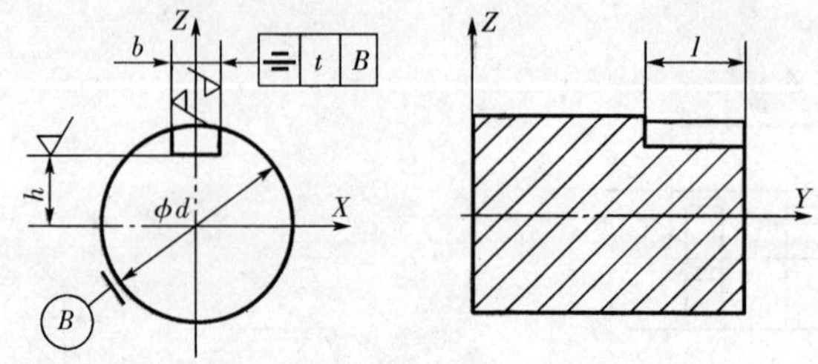
Z
b
t
B
h
φd
X
B
Z
l
Y

e)

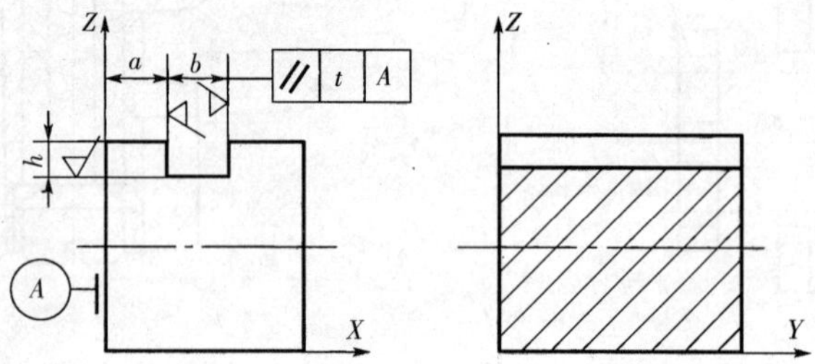
Z
a
b
t
A
h
A
X
Z
Y

f)

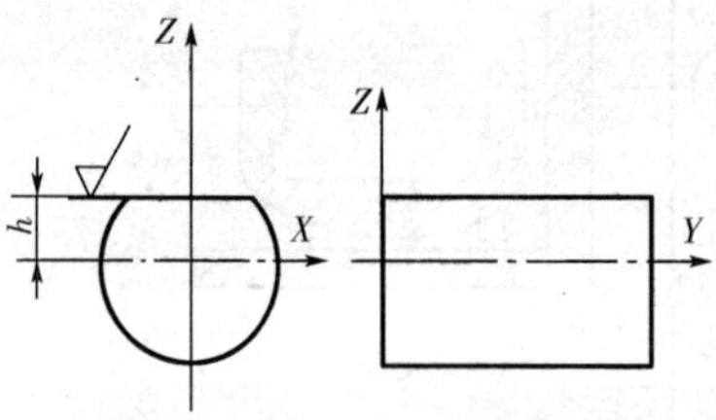
Z
h
X
Z
Y

g)

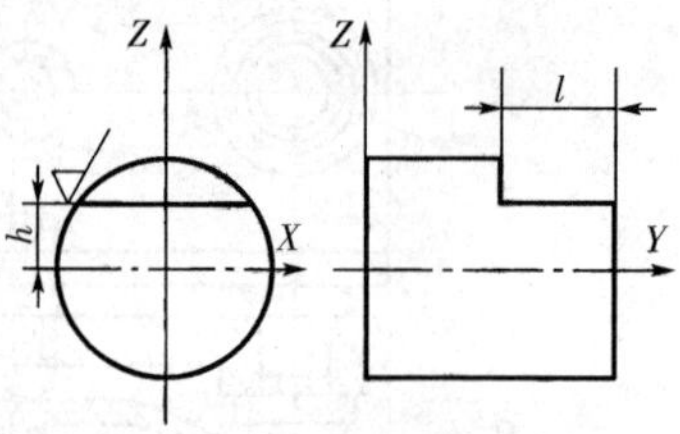
Z
h
X
Z
l
Y

h)

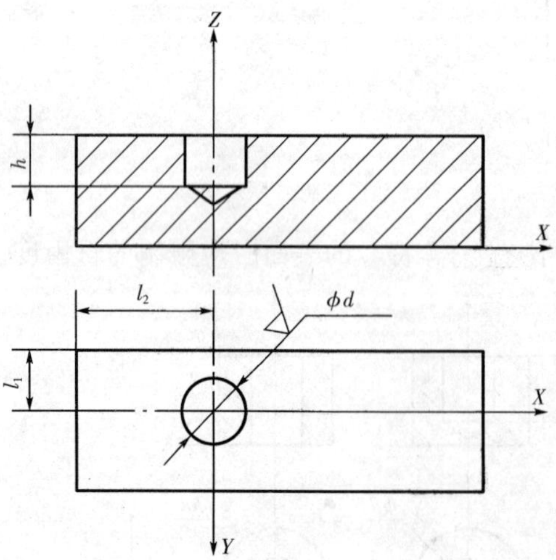
Z
h
X
l_2
φd
l_1
X
Y

i)

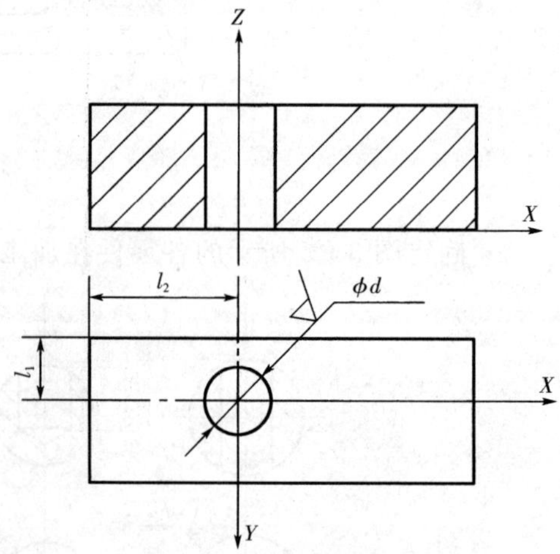
Z
X
l_2
φd
l_1
X
Y

j)

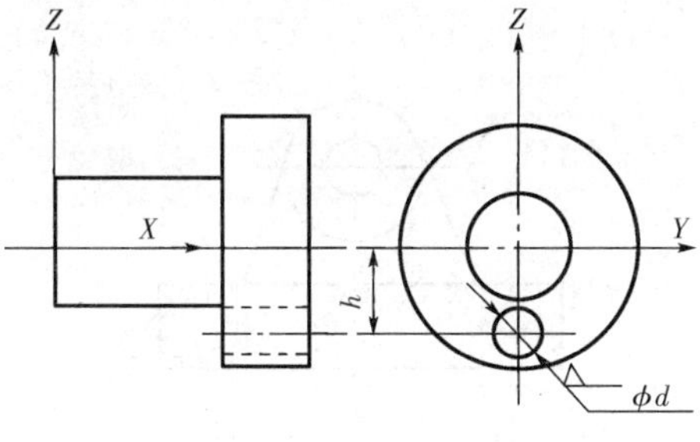
Z
Z
X
Y
h
ϕd

k)

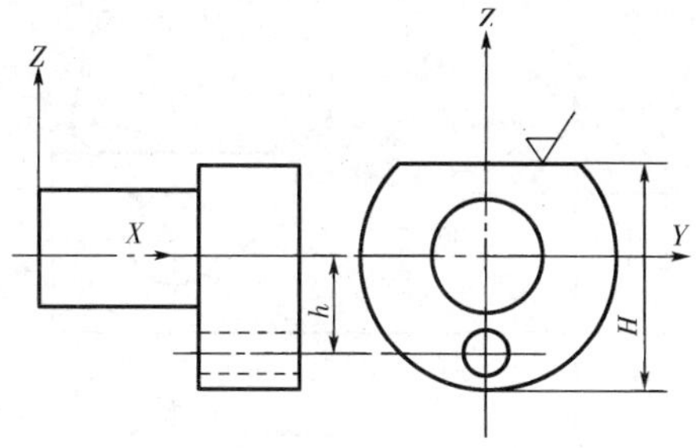
Z
Z
X
Y
h
H

l)

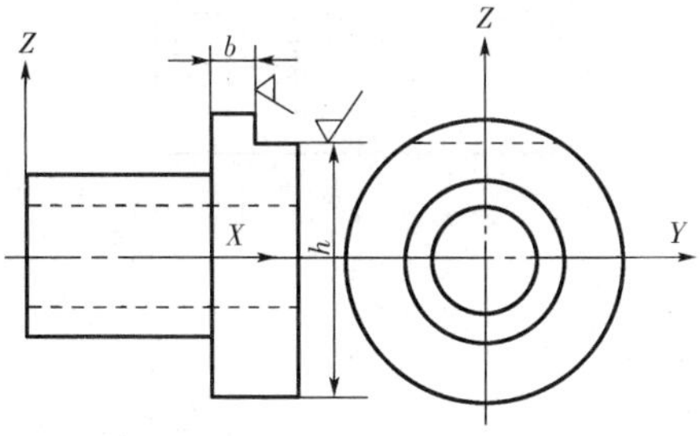
Z
Z
b
X
h
Y

m)

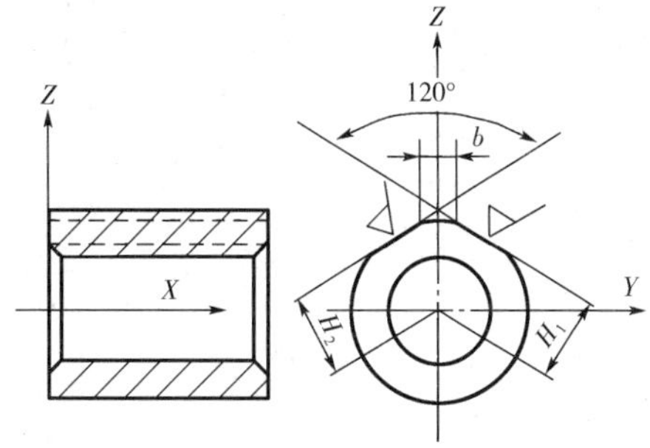
Z
Z
120°
b
X
Y
H_2
H_1

n)

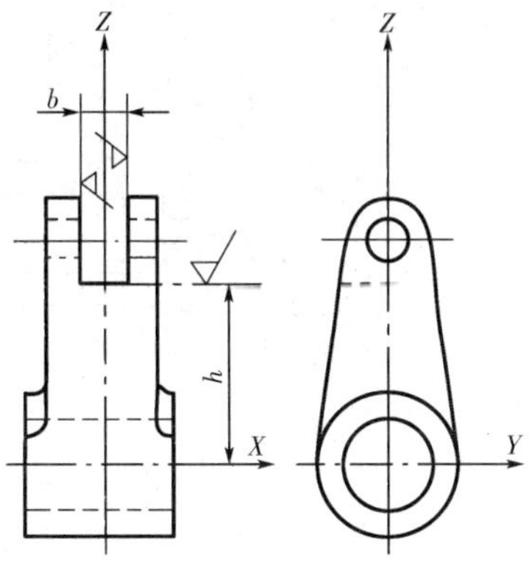
Z
Z
b
h
X
Y

o)

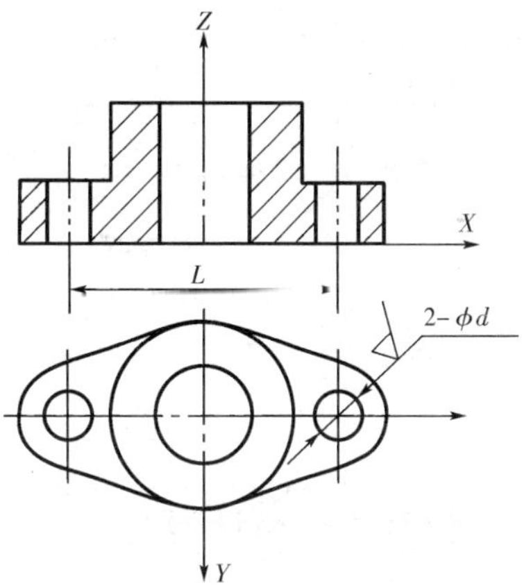
Z
X
L
2-ϕd
Y

p)

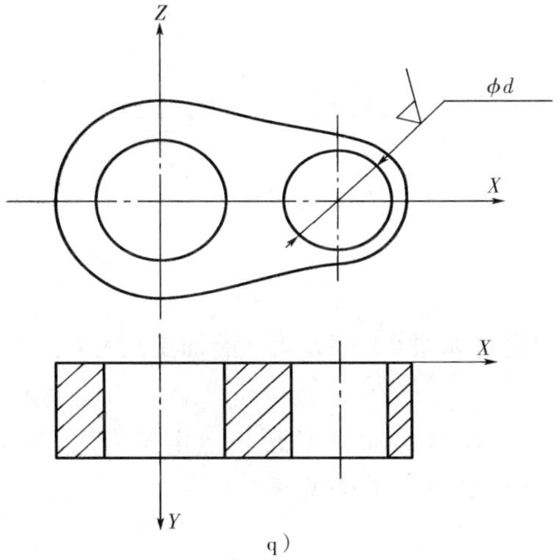
Z
ϕd
X
X
Y

q)

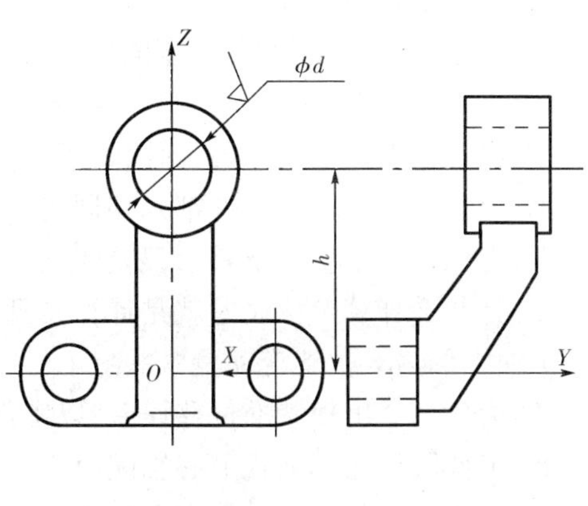
Z
ϕd
h
O
X
Y

r)

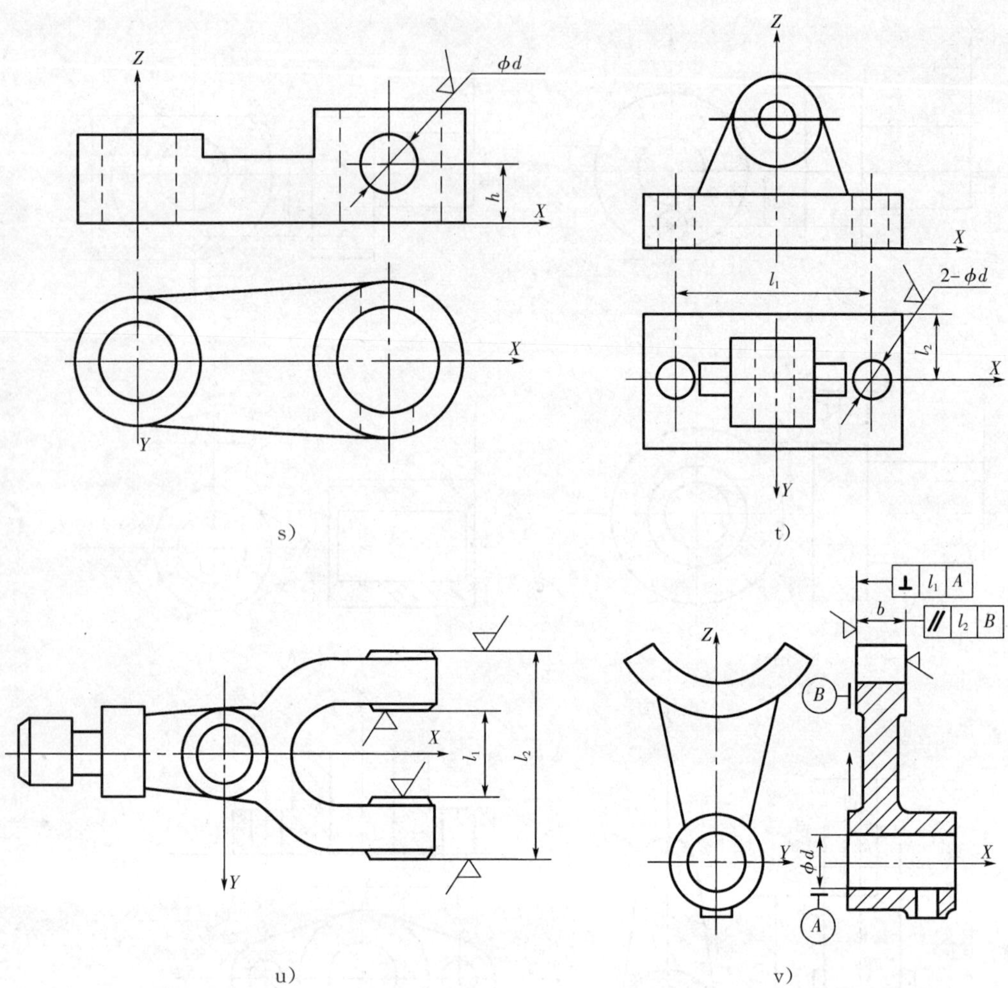

图 3-5

三、定位误差的分析计算

知识要点设问

1. 什么是调刀基准？

2. 试述基准不重合误差、基准位移误差（定位面与定位元件制造不准确引起的误差）的概念。

3. 定位误差产生的原因是什么？用试切法获得尺寸有定位误差吗？

4. 定位误差对每个工件都是相同吗？

5. 定位误差中基准不重合误差能被消除吗？

6. 为什么计算定位误差就是计算一批零件的设计基准（工序基准）沿加工尺寸（工序尺寸）方向上的最大位置变动量？

7. 为什么会出现基准位移误差？以工件的孔和外圆在心轴和 V 形块上定位为例。

8. 工件圆柱孔与夹具上心轴配合定位，其接触线是固定不变的吗？

9. 锥度心轴与孔配合时存在什么误差？

10. 什么叫某工序尺寸的定位误差?对工件上各工序尺寸的定位误差都是一样的吗?

11. 组合表面定位时,定位误差分析有哪两种方法?

例题解析

1. 图 3－6a 所示零件,底面 3 和侧面 4 已加工好,现需加工台阶面 1 和顶面 2,定位方案见图 3－6b、图 3－6c。求各工序的定位误差。

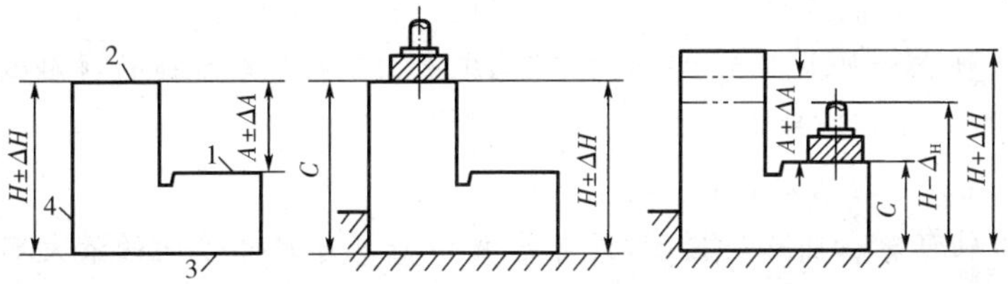

a)　　b)　　c)

图 3－6

【解】 (1) 工序一:加工顶面 2,以底面和侧面定位,此时工序尺寸的定位基准(工序基准)和设计基准都是底面 3,基准相重合。加工时,使刀具调整尺寸与工序尺寸一致等于设计尺寸,即 $C = H \pm \Delta_H$,则定位误差$\Delta_1 = 0$。

(2) 工序二:加工台阶面 1,以底面和侧面定位,此时工序尺寸的定位基准为底面 3,设计基准为顶面 2,基准不重合,因为加工顶面 2 时尺寸在 $H \pm \Delta H$ 范围内变动,即台阶面 1 的设计基准沿工序尺寸方向的最大变动量—— 定位误差为 $\Delta_2 = 2\Delta H$。

2. 图 3－7 所示套筒零件铣平面,以内孔($D_0^{+\Delta D}$) 中心 O 为定位基准,套在心轴($d_{-\Delta d}^{0}$)O_1 上则 O_1 为调刀基准,配合间隙为 Δ,工序尺寸为 $H_0^{+\Delta H}$,求心轴水平和垂直放置时工序尺寸 $H_0^{+\Delta H}$ 的定位误差。

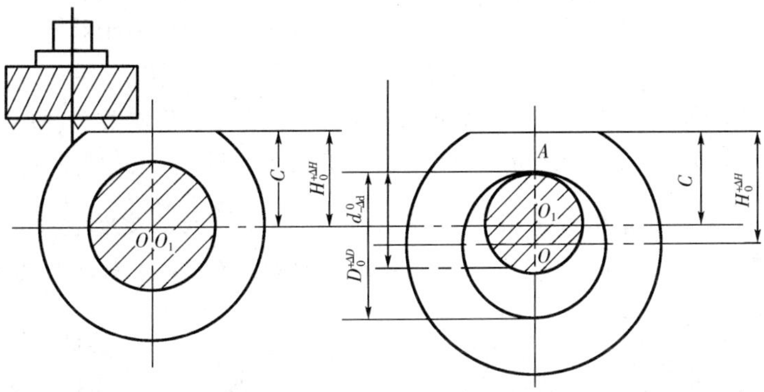

图 3－7

【解】 (1) 心轴水平放置时的定位误差

假设零件孔与心轴始终在上母线 A 单边接触,设计基准为孔的中心线 O,调刀基准为心轴中心线 O_1。

当内孔最大($D + \Delta D$),心轴最小($d - \Delta d$) 时,设计基准 O 与心轴 O_1 距离最大,即

$$\overline{OO}_{1\max} = \overline{OA} - \overline{O_1A} = \frac{D+\Delta D}{2} - \frac{d-\Delta d}{2}$$

同理，当内孔最小(D)，心轴最大(d) 时，设计基准 O 与心轴 O_1 距离最小，即

$$\overline{OO}_{1\min} = \frac{D}{2} - \frac{d}{2}$$

所以，零件的定位误差，即设计基准 O 沿工序尺寸方向的最大变动量为

$$\Delta = \overline{OO}_{1\max} - \overline{OO}_{1\min} = \frac{1}{2}(\Delta D + \Delta d)$$

若零件与心轴在机外装配好，再装夹到机床上，零件孔与心轴的接触线可能在任意方向，其定位误差与垂直放置时无异。

(2) 心轴垂直放置时的定位误差

零件孔与心轴可能在任意边接触，设计基准 O 沿工序尺寸方向的最大变动量为

$$\Delta = \Delta D + \Delta d + \Delta$$

3. 图3-8所示圆柱体零件的直径为 $d^{0}_{-\Delta d}$，均用下母线定位铣平面，其加工表面的设计尺寸的基准分别为上母线 B、下母线 A 和中心线 O，试分别计算其定位误差。

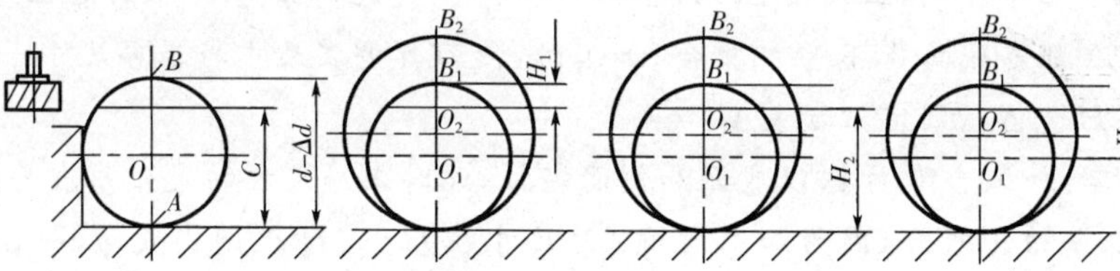

a)　　b)　　c)

图 3-8

【解】 (1) 设计尺寸的基准为上母线 B 时(见图 3-8a)，定位基准为 A，工序尺寸为 C，两基准不重合，设计基准 B 沿工序尺寸方向的最大变动量 —— 定位误差为 $\Delta H_1 = \Delta d$。

(2) 设计尺寸的基准为 A 时，定位基准也为 A(见图 3-8b)，工序尺寸为 C，两基准重合，设计基准 A 沿工序尺寸方向的最大变动量 —— 定位误差为 $\Delta H_2 = 0$。

(3) 设计尺寸的基准为 O 时，定位基准为 A(见图 c)，工序尺寸为 C，两基准不重合，设计基准 O 沿工序尺寸方向的最大变动量 —— 定位误差为 $\Delta H_3 = \Delta d/2$。

4. 图 3-9 所示圆柱体零件的直径为 $d^{0}_{-\Delta d}$，均放在 V 形块上定位铣平面，其加工表面的设计尺寸的基准分别为上母线 B，下母线 C 和零件中心线 O，试分别计算其定位误差。

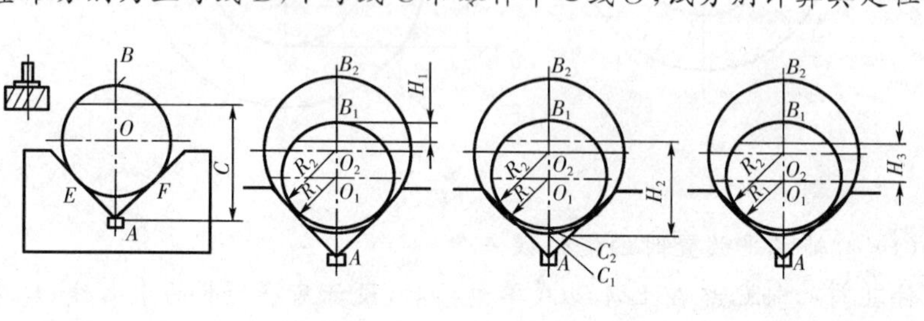

a)　　b)　　c)

图 3-9

【解】 工件均以外圆面为定位基面，在 V 形块上定位。若工件尺寸有大有小，则接触点 E、F 的位置将会变化，所以，加工前以不变点 A（V 形块两工作表面的交点）作为调整刀具位置尺寸 A 的依据（调刀基准）。因此，对于尺寸 H_1、H_2、H_3 都有因基准不重合和定位基准本身制造误差而造成定位误差。

(1) 尺寸 H_1 的定位误差

设计基准为 B，定位基准为过 E、F 所作 V 形块斜面的垂线的交点 O，B 点沿 H_1 方向最大的位置变动量为 $\overline{B_1B_2}$，即定位误差为

$$\Delta H_1 = \overline{B_1B_2} = \overline{AB_2} - \overline{AB_1} = (\overline{AO_2} + \overline{O_2B_2}) - (\overline{AO_1} + \overline{O_1B_1})$$

$$= \left(\frac{d_2}{2} + \frac{d_2}{2\sin\frac{\alpha}{2}}\right) - \left(\frac{d_1}{2} + \frac{d_1}{2\sin\frac{\alpha}{2}}\right)$$

$$= \frac{\Delta d}{2}\left(1 + \frac{1}{\sin\frac{\alpha}{2}}\right)$$

(2) 尺寸 H_2 的定位误差

设计基准为 C，调刀基准为 A，其最大的位置变动量为 $\overline{C_1C_2}$，即定位误差为

$$\Delta H_2 = \overline{C_1C_2} = \overline{AC_2} - \overline{AC_1} = (\overline{AO_2} + \overline{O_2C_2}) - (\overline{AO_1} + \overline{O_1C_1})$$

$$= \frac{\Delta d}{2}\left(1 - \frac{1}{\sin\frac{\alpha}{2}}\right)$$

(3) 尺寸 H_3 的定位误差

设计基准为 O，调刀基准为 A，其最大的位置变动量为 $\overline{O_1O_2}$，即定位误差为

$$\Delta H_3 = \overline{O_1O_2} = \overline{AO_2} - \overline{AO_1}$$

$$= \frac{d_2}{2\sin\frac{\alpha}{2}} - \frac{d_1}{2\sin\frac{\alpha}{2}} = \frac{\Delta d}{2\sin\frac{\alpha}{2}}$$

5*. 图 3-10 所示轴零件铣平面安装方式。已知轴的直径公差 $\Delta d = 0.2\text{mm}$，尺寸 B 的公差 $\Delta B = 0.3\text{mm}$，角度 $\alpha = 45°$，求铣平面工序尺寸 A 的定位误差。

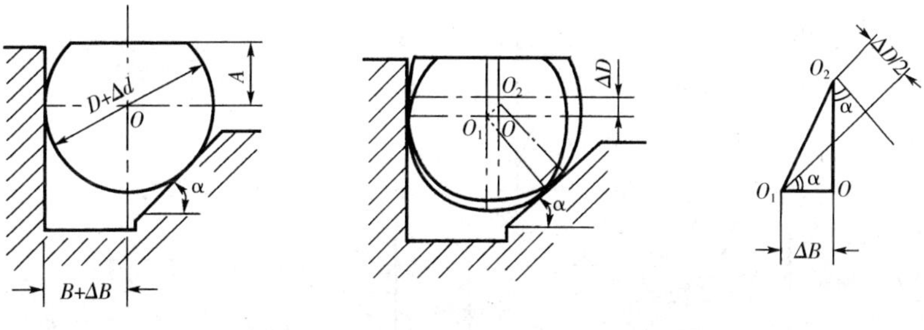

a)　　b)　　c)

图 3-10

【解】 此题属多基准定位情况。定位过程中工序基准在工序尺寸方向上的最大位置变

动量，即为定位误差 ΔA。由图 3-10b 可见，当工件直径 ϕD 和尺寸 B 均为最小值时，工序基准处于最低位置 O_1；当工件直径 ϕD 和尺寸 B 均为最大值时，工序基准处于最高位置 O_2，定位误差 ΔA 为$\overline{O_1O_2}$ 在工序尺寸方向的投影$\overline{OO_2}$(见图 3-10c)，即

$$\Delta A = \overline{O_1O_2} = \Delta B \cdot \mathrm{tg}\alpha + \frac{\frac{\Delta D}{2}}{\cos a} = 0.3 \times \mathrm{tg}45^\circ + \frac{\frac{0.2}{2}}{\cos 45^\circ} = 0.44\mathrm{mm}$$

6*. 图 3-11 所示工件以圆孔在水平心轴上定位，用角度铣刀同时铣两斜面，要求保证加工尺寸为 $a \pm \frac{\Delta a}{2}$，试计算工序尺寸的定位误差。

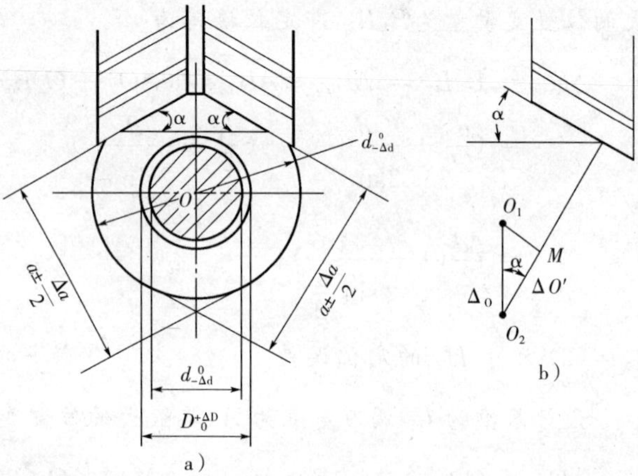

图 3-11

【解】　由于采用水平心轴定位，可假设工件的内孔上母线与心轴单边接触，可得基准位移误差为

$$\Delta O = \frac{1}{2}(\Delta D + \Delta d)$$

ΔO 是在铅垂方向的，要知其对加工尺寸 a 的影响，需将其向工序尺寸方向上投影，见图 b，基准位置变动对加工尺寸的影响为

$$\Delta' O = \Delta O \times \cos\alpha = \frac{1}{2}(\Delta D + \Delta d)\cos\alpha$$

除上述 ΔO 外，由定位方案可知在工序尺寸方向上还存在基准不重合误差 $\Delta_{不重} = \frac{\Delta d}{2}$。定位误差为基准位移误差和基准不重合误差之和，即

$$\Delta a = \Delta O + \Delta_{不重} = \frac{1}{2}(\Delta D + \Delta d)\cos\alpha + \frac{\Delta d}{2}$$

7. 图 3-12 所示在阶梯轴零件上欲钻孔 O 并保证尺寸 A，试分析计算此种定位方案的定位误差。

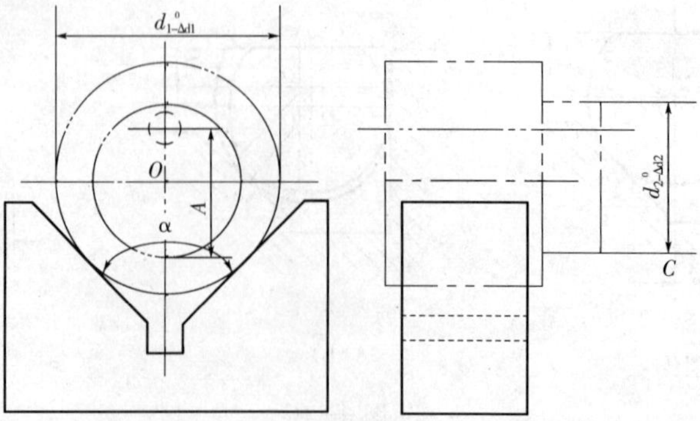

图 3-12

【解】 此定位方案的定位误差由两部分组成：

(1) 大直径外圆面定位其轴线的基准位移误差$\dfrac{\Delta d_1}{2\sin\dfrac{\alpha}{2}}$；

(2) 小直径的制造误差$\dfrac{\Delta d_2}{2}$。

当大端直径最大、小端相对大端轴线偏心在上，且小端直径最小时，所加工出的工序尺寸 A' 最小；反之，当大端尺寸最小、小端相对大端轴线偏心在下，且小端直径最大时，工序尺寸 A'' 最大。这两个极端位置时所得加工工序尺寸之差即为定位误差 Δ_A，即

$$\Delta A = \Delta O + \Delta_{不重(c)} = \frac{\Delta d_1}{2\sin\dfrac{\alpha}{2}} + \frac{\Delta d_2}{2\sin\dfrac{\alpha}{2}}$$

8. 图 3－13 所示工件以一面两孔为定位基面在垂直放置的一面两销上定位铣 A 面，要求保证工序尺寸 $H=(60\pm0.15)\text{mm}$。已知：两定位基面孔直径 $D=\phi12_{0}^{+0.025}\text{mm}$，两孔中心距 $L_2=(200\pm0.05)\text{mm}$，$L_1=50\text{mm}$，$L_3=300\text{mm}$，两个定位销的直径尺寸分别为 $d_1=\phi12_{-0.020}^{-0.007}\text{mm}$，$d_2=\phi12_{-0.04}^{-0.02}\text{mm}$。试计算此工序的定位误差。

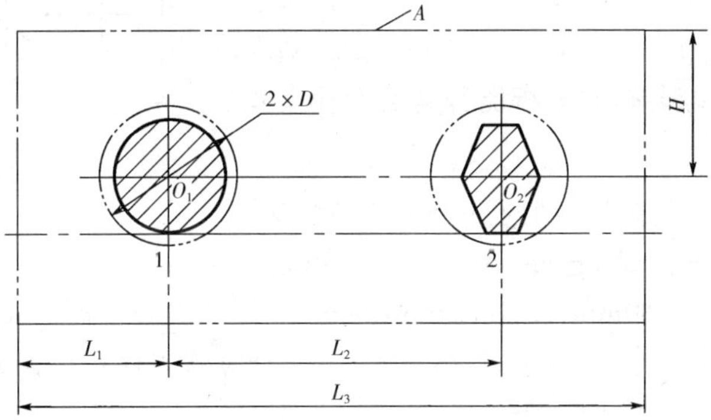

图 3－13

【解】 工件在两定位销上定位时，相对于两定位销轴线 O_1O_2，两定位孔轴线可以出现如图 3－14 所示的两个极限位置 $O_1'O_2'$ 和 $O_1''O_2''$，使工序尺寸 H 的工序基准 O_1O_2 发生偏转，引起定位误差。

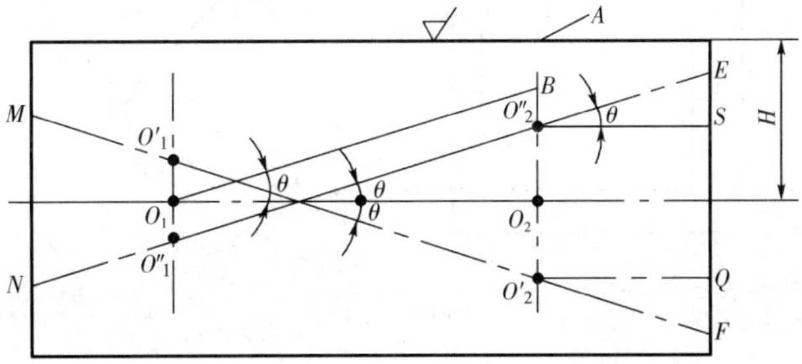

图 3－14

根据已知条件可求得

$$\Delta S_1 = D_{\min} - d_{1\max} = 0.007\text{mm}, \Delta S_2 = D_{\min} - d_{2\max} = 0.02\text{mm}$$

由图知

$$O_1'O_1'' = \Delta D_1 + \Delta d_1 \Delta d_2 + \Delta S_1 = 0.025 + 0.013 + 0.007 = 0.145\text{mm}$$

$$O_2'O_2'' = \Delta D_2 + \Delta d_1 \Delta d_2 + \Delta S_2 = 0.025 + 0.02 + 0.02 = 0.065\text{mm}$$

工序尺寸 H 的定位误差

$$\Delta H = EF = O_2'O_2'' + ES + QF = O_2'O_2''(L_3 - L_2 - L_1)\tan\theta$$

而 $\tan\theta = O_2B/O_1O_2 = (O_2'O_2''/2 + O_1'O_1''/2)/L_2 = (0.045/2 + 0.065/2)200$

$= (0.045 + 0.065)/400$

故 $\Delta H = [0.065 + 2(300 - 200 - 50) \times (0.045 + 0.065)/400]\text{mm} \approx 0.093\text{mm}$

计算结果表明，此工序的定位误差为 0.093mm。不仅造成 H 尺寸的加工误差，也造成 A 面相对与两孔的轴线产生平行度误差。

思考与练习

1. 图 3-15 所示为加工工件的 M 面时的定位情况。N 面、P 面已加工，$L_1 = (45 \pm 0.2)$mm，定位基准为 P 面，设计尺寸为 $L_2 = (20 \pm 0.25)$mm，设计基准为 N 面。试计算定位误差，并分析能否满足设计尺寸要求。

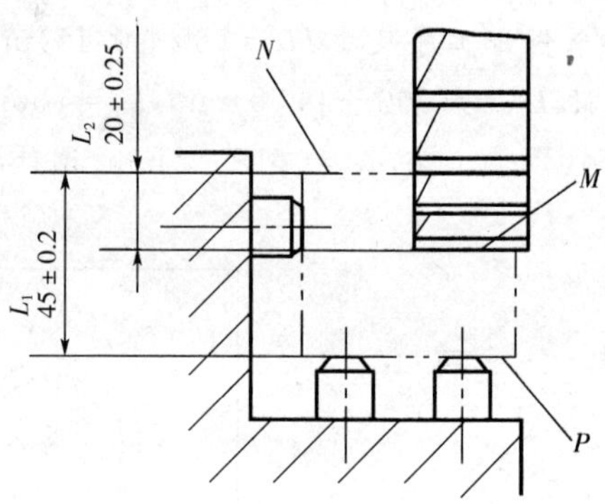

图 3-15

2. 图 3-16 所示为阶梯轴加工键槽的定位方案，定位元件为两个短 V 形块。已知：$d_1 = \phi 80^{-0.025}_{-0.065}$mm、$d_2 = \phi 40^{-0.008}_{-0.022}$mm、$l = 60$mm、$L = 150$mm、$\alpha = 90°$，加工要求为槽宽 $b = 10^{-0.015}_{-0.065}$mm、$h = 25.9 \pm 0.05$。计算该工序定位误差并分析该方案能否满足加工要求。

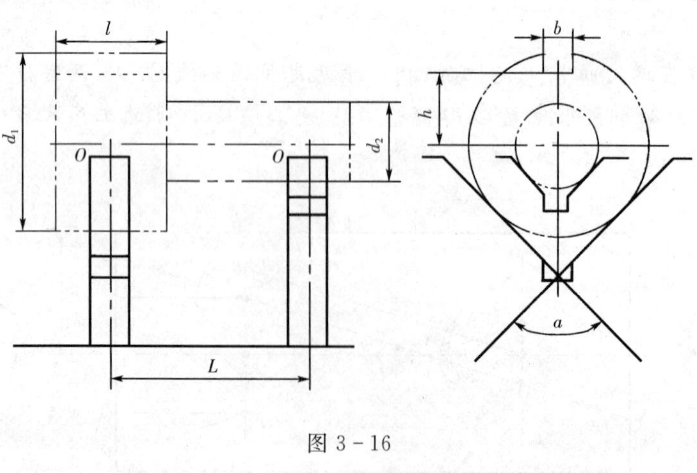

图 3-16

3. 图 3-17 所示为某工件加工 O_1 孔的定位方案。试计算该工序尺寸 $90^{0}_{-0.04}$ 的定位误差。

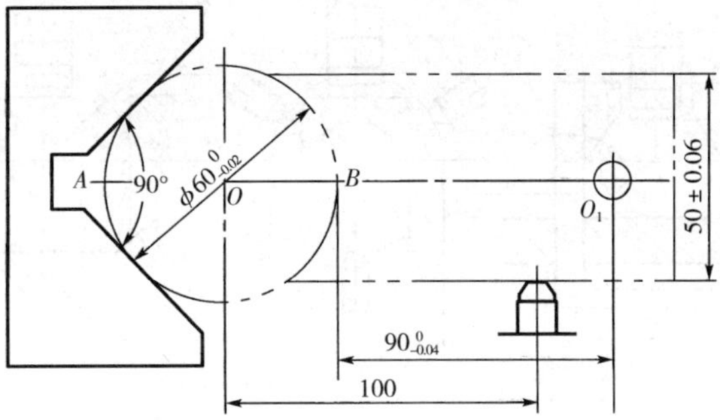

图 3－17

4. 图 3－18 所示零件以底面和两孔定位铣槽。已知 $\phi25_{0}^{+0.23}$mm 的孔与圆柱销 $\phi25_{-0.034}^{-0.012}$，$\phi9_{0}^{+0.036}$mm 的孔与削边销 $\phi9_{-0.023}^{-0.008}$ 配合。若夹具两定位销轴线与铣刀走刀方向之间调整误差为±20′，与安装无关的加工误差为±10′，试判断图中槽 A 方位角度 45°±1° 能否保证。

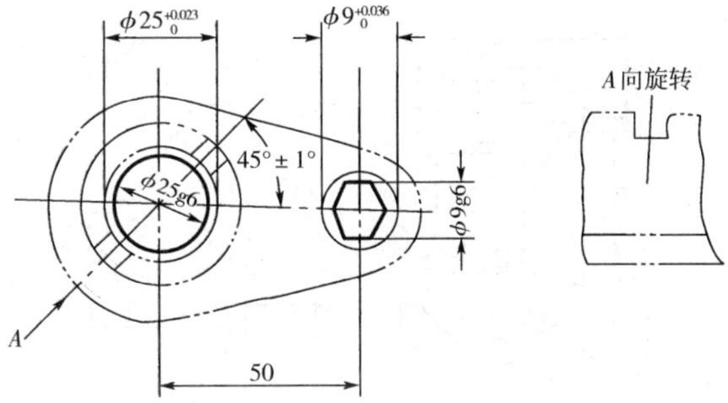

图 3－18

5. 图 3－19 所示为在金刚镗床上加工活塞销孔的定位方案，活塞的裙部内孔与定位销的尺寸配合为 $\phi95\,\frac{H7}{g6}$，加工要求对称度公差为 0.2mm，试计算其定位误差，并分析其定位定位方案能否满足加工要求。

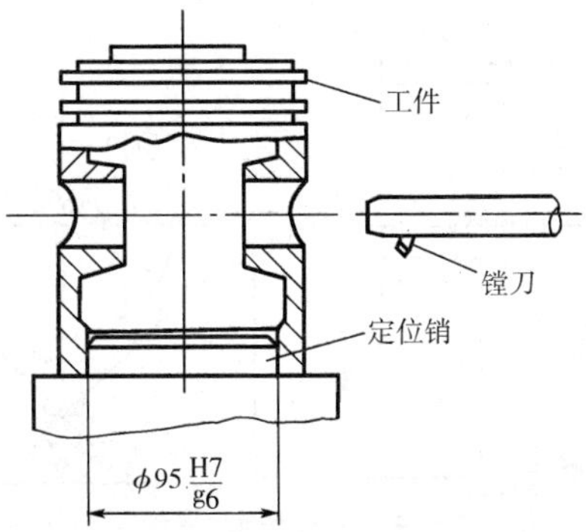

图 3－19

6. 图 3－20 所示，在直径为 $\phi d_{-\Delta d}^{0}$ 轴铣一键槽的定位方案，保证设计尺寸 m 或 n。试分别计算图 3－20a、图 3－20b、图 3－20c 三种定位方案的定位误差。

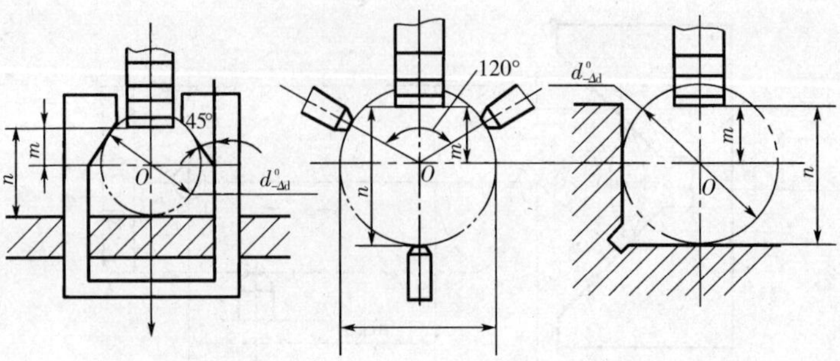

a)　　　　b)　　　　c)

图 3 - 20

7. 图 3-21 所示钻孔 O_1 和 O_2 的定位方案，保证尺寸 $A_1 = 100^{0}_{-0.04}$ mm、$A_2 = 30^{0}_{-0.03}$ mm。已知 $d_1 = \phi100^{0}_{-0.04}$ mm、$d_2 = \phi60^{0}_{-0.017}$ mm。试分析计算该定位方案的定位误差，并判断能否满足加工要求。

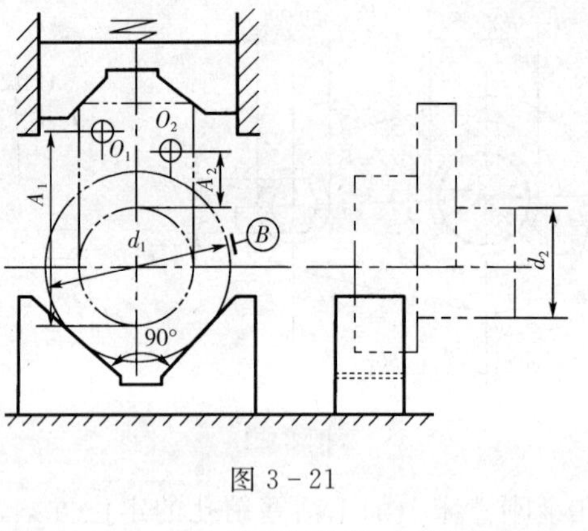

图 3 - 21

8. 图 3 - 22 所示阶梯轴在 $\alpha = 90°$ 的 V 形块上定位铣削平面，工序要求保证尺寸 $25^{0}_{-0.01}$ mm 和 $5^{+0.05}_{0}$ mm。试计算该定位方案的定位误差，并判断能否满足加工要求；若方案不能满足要求应如何改进。

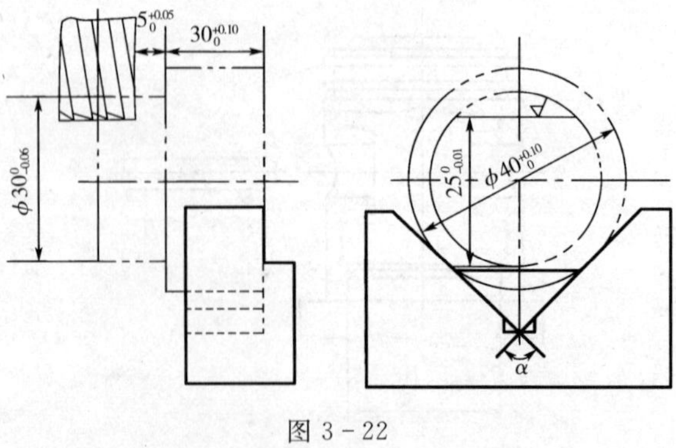

图 3 - 22

9. 图 3 - 23 所示为在外圆尺寸 $\phi40^{0}_{-0.08}$ mm 的工件上钻小孔 O 的两种定位方案。孔 O 的中心线在外圆的轴截面内，要求保证尺寸 $l = 35^{0}_{-0.05}$ mm。图 3 - 23a 中套筒内孔直径为 $\phi40^{+0.03}_{+0.01}$ mm。试分别计算这两种方案的定位误差。

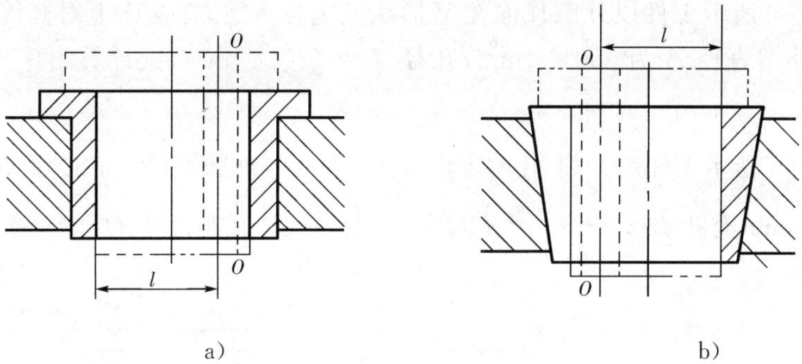

图 3-23

10. 图 3-24 所示为在立式铣床上加工平面(标$\checkmark$者)的定位方案。工件上其他表面均已加工,其中 $A = 50 \pm 0.2\text{mm}$,$D = \phi 40_{0}^{+0.2}\text{mm}$,加工要求 $B = 18_{-0.4}^{0}\text{mm}$。采用的定位短销直径 $d = \phi 40_{-0.18}^{-0.08}\text{mm}$。试求该定位方案的定位误差,并判断其能否满足工序要求。

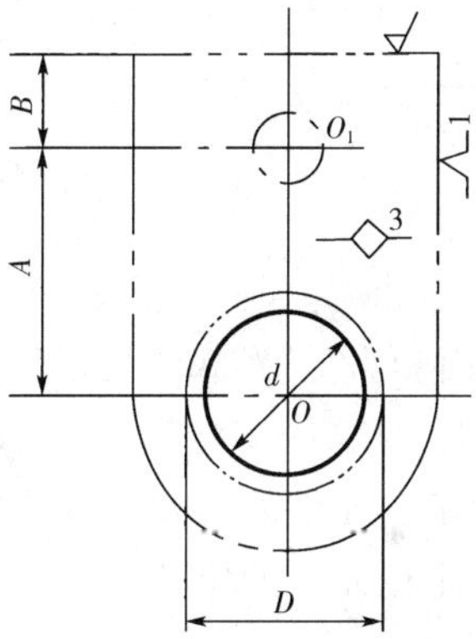

图 3-24

11. 图 3-25 所示工件加工键槽保证工序尺寸 A 的定位方案,已知外径为 $\phi D_{0}^{+\Delta_D}$,内径为 $\phi d_{-\Delta_d}^{0}$,外圆与内孔的同轴度误差为 $2e$,问:

(1) 此种定位方法所能产生工序尺寸 A 的最大变化量(定位误差)是多少?

(2) 采取什么样的定位方案,可使工序尺寸 A 的变化量(定位误差)最小?

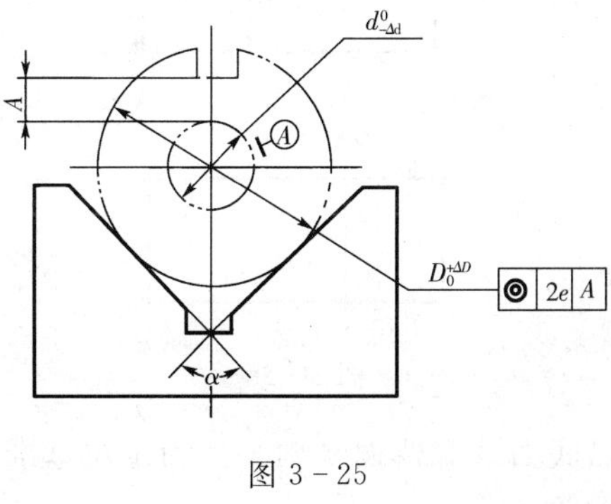

图 3-25

12. 图 3-26 所示工件以外圆柱面在 V 形块上定位方案，在插床上对套筒进行插键槽工序，已知工件外圆直径 A 为 $\phi 50^{0}_{-0.03}$ mm，孔径 $d=\phi 30^{+0.05}_{0}$ mm，试计算工序尺寸 H 的定位误差。

13. 图 3-27 所示工件加工 O_2 孔的定位方案，O_1 孔和外圆 $\phi 20$ 已加工，工件与定位套孔的配合为 $\phi 20\dfrac{\mathrm{H7}}{\mathrm{g6}}$ mm（套孔 $\phi 20^{+0.021}_{0}$、工件 $\phi 20^{-0.007}_{-0.020}$），要求保证孔距尺寸 H，试计算其定位误差。

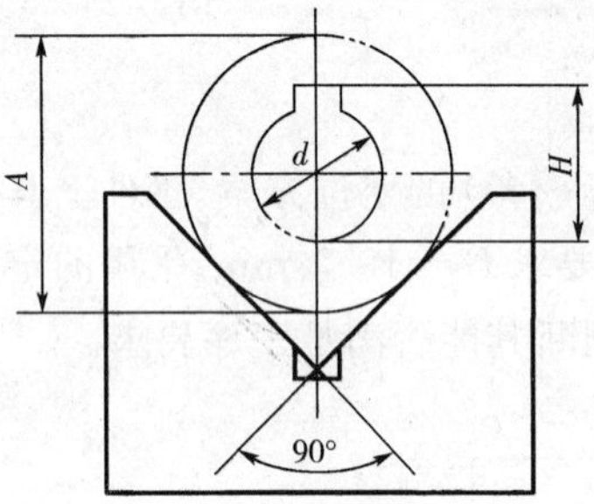

图 3-26

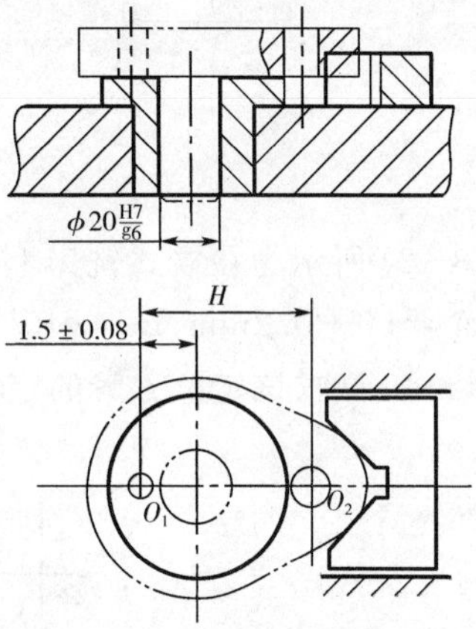

图 3-27

14. 图 3-28 所示以底面、侧面和 $\phi 20^{+0.021}_{0}$ mm 孔定位加工 $8^{0}_{-0.09}$ mm 的槽，要求保证尺寸 $60^{+0.21}_{0}$ 和 $140^{+0.21}_{0}$，各表面均已加工。要求：

(1) 试确定 $\phi 20^{+0.021}_{0}$ mm 孔的定位元件的主要结构形式；

(2) 试确定 $\phi 20^{+0.021}_{0}$ mm 孔的定位元件的定位表面的尺寸和极限偏差；

(3) 计算该定位方案的定位误差。

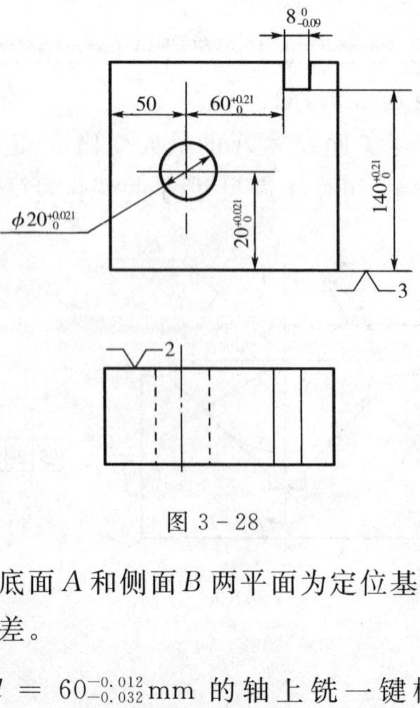

图 3-28

15. 图 3-29 所示工件以底面 A 和侧面 B 两平面为定位基准，O 孔已加工，镗孔 O_1，要求保证尺寸 h，试计算其定位误差。

16. 图 3-30 所示在 $d=60^{-0.012}_{-0.032}$ mm 的轴上铣一键槽的定位方案，要求保证 b

$=^{-0.015}_{-0.065}$ mm、$h=55.5^{0}_{-0.05}$ mm，槽宽对称于轴的中心线，其对称度公差为 0.08mm。试计算定位误差。

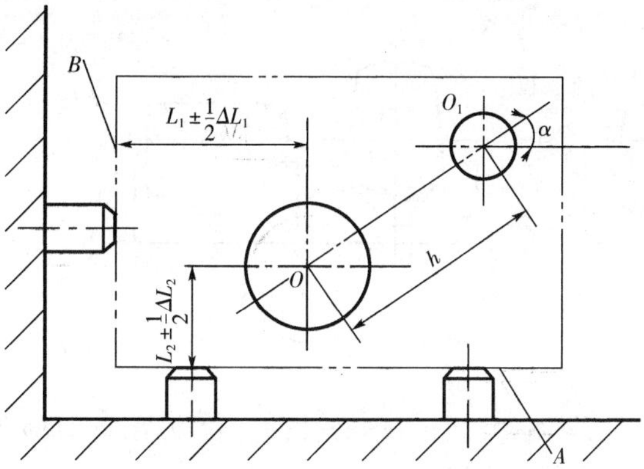

图 3-29

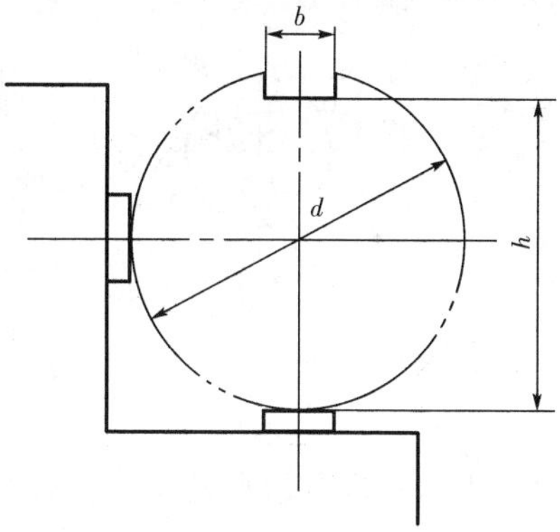

图 3-30

17. 图 3-31 所示工件以底面定位加工孔 O，求尺寸 L_5 的定位误差。

18. 图 3-32 所示零件铣台阶面，已知前工序尺寸 $18^{+0.2}_{0}$ mm、$25^{0}_{-0.12}$ mm 和 $20^{+0.3}_{0}$ mm，求设计尺寸 A、B 的定位误差。

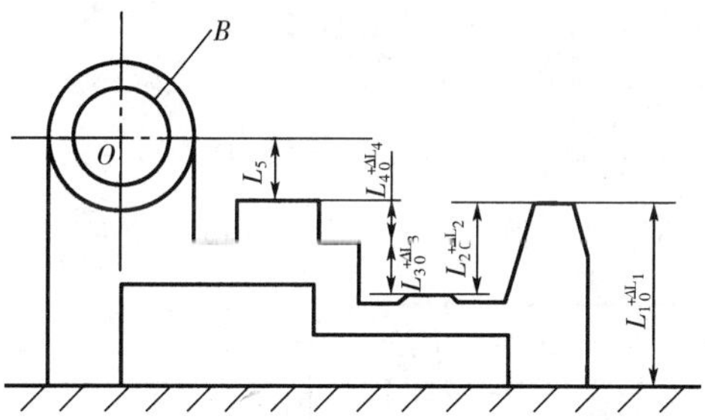

图 3-31

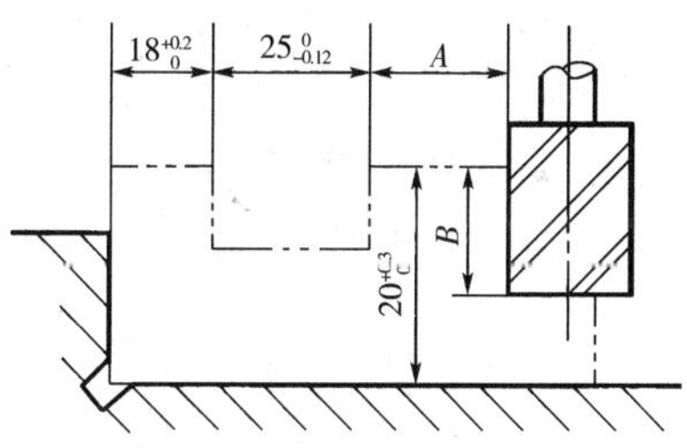

图 3-32

19. 图 3-33 所示 a、b、c 三种加工表面 BD 的定位方案。要求保证尺寸 A。工件上的孔 O_1、外圆及底面均已加工。底面平放在三个支承钉上(图中已表示出)。试计算三种定位方案的定位误差。哪种方案较好?是否有更合理方案?给出最合理的定位方案。

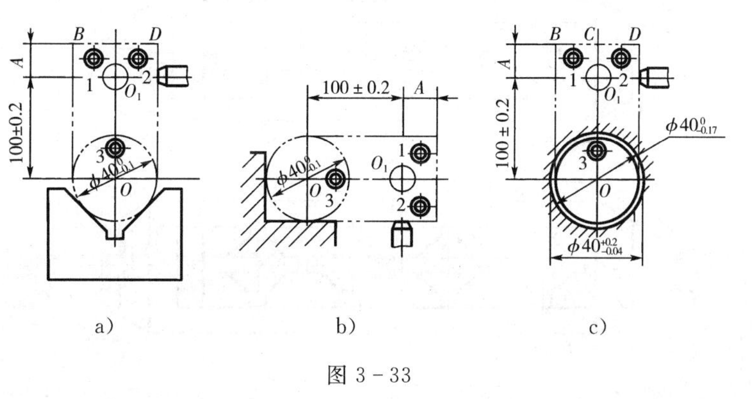

图 3-33

20. 图 3-34(a) 所示零件采用钻模夹具钻削 O_1 和 O_2 两孔，除保证尺寸要求外，还要求保证两孔联心线通过$\phi60_{-0.6}^{0}$mm 的轴线，其对称度为 0.08mm。现采用如图 3－34b、c、d 三种定位方案，若定位误差不得大于加工允差的 1/2。试问这三种定位方案是否都可行(V 形状的夹角 $\alpha=90°$)？

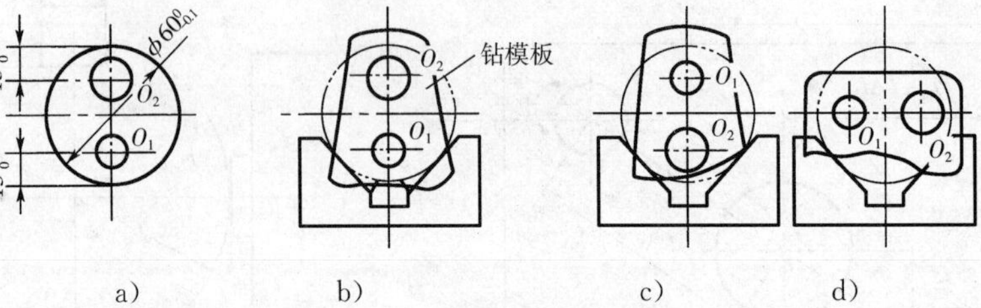

图 3－34

21. 图 3－35 所示直径为 $d_{-\Delta d}^{0}$ 轴类零件的两端面同时打中心孔的定位方案，试计算加工后这批毛坯上的中心孔与外圆可能出现的最大同轴度误差。并确定最佳定位方案。

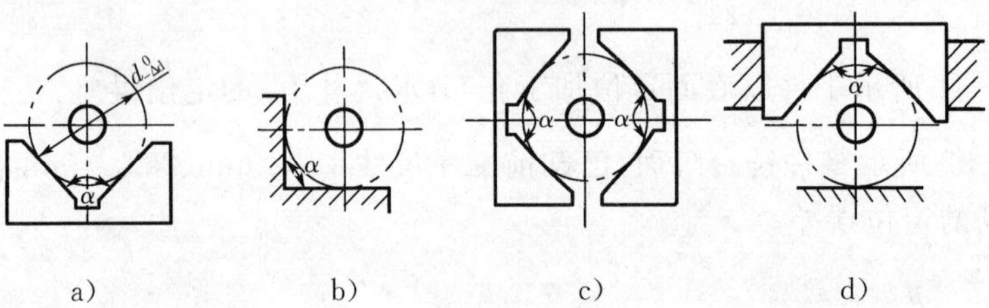

图 3－35

22. 图 3－36 所示在一批直径为$\phi25_{-0.053}^{-0.020}$mm 圆柱形工件上一端面铣槽的三种定位方案，要求槽对外圆轴心线对称，试计算的各定位方案的定位误差(V 形块夹角 $\alpha=90°$)。

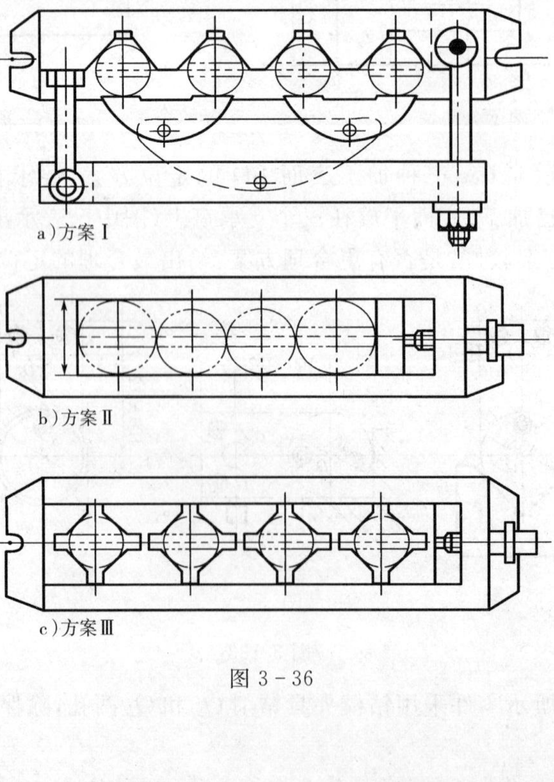

图 3－36

23. 图 3－37 所示在套类工件上铣一键槽的定位方案，试分析计算各种定位方案中，尺寸 H_1、H_2、H_3 的定位误差。

(1) 在可涨心轴上定位(图 3－37b)。

(2) 在处于垂直位置的孔与钢性心轴具有间隙的定位(定位心轴直径为 d_{ei}^{es})。

(3) 在处于水平位置的孔与钢性心轴具有间隙的定位(定位心轴直径为 d_{ei}^{es}，图3－37c)。

(4) 如果计及工件内外圆同轴度误差(公差为 t)，上述三种定位方案中，尺寸 H_1、H_2、H_3 的定位误差又各为多少？

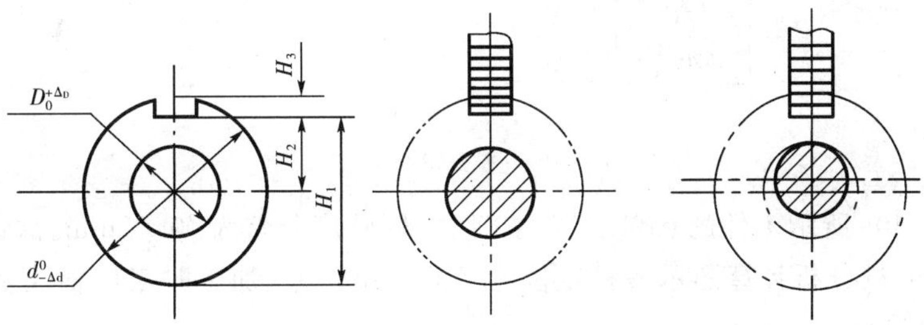

a)　　　　b)　　　　c)

图 3－37

24. 图 3－38 所示阶梯轴上铣键槽的定位方案，要求保证尺寸 H、L。工件尺寸 $D = \phi160_{-0.14}^{0}$ mm，$d = \phi40_{-0.1}^{0}$ mm，D 对于 d 的同轴度误差为 0.04mm。试求 H、L 尺寸的定位误差（V 形块夹角 $\alpha = 90°$）。

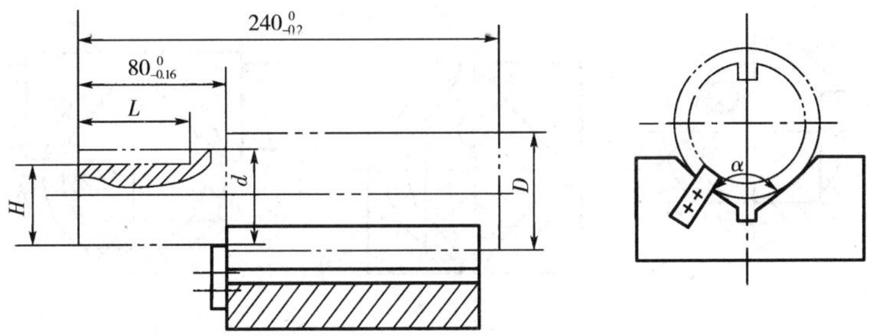

图 3－38

25. 图 3－39 所示，工件以圆孔($\phi20H7_0^{+0.021}$)用心轴($\phi20g6_{-0.020}^{-0.007}$)定位铣槽的定位方案。$\phi40h6$ 外圆、$\phi20H7$ 内孔及两端面均已加工，而且 $\phi40h6$ 外圆对 $\phi20H7$ 内孔的径向跳动在 0.02mm 之内，今要保证铣槽的主要技术要求为：

(1) 槽宽 $b = 12h9(_{-0.013}^{0})$；

(2) 槽距一端面尺寸为 $20h12(_{-0.21}^{0})$；

(3) 槽底位置尺寸为 $34.8h11(_{-0.16}^{0})$；

(4) 槽两侧面对外圆轴线的对称度公差为 0.10mm。

试分析其定位误差对保证各项技术要求的影响。

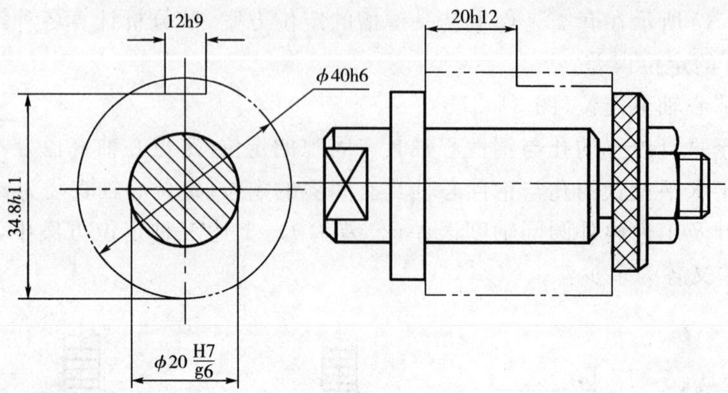

图 3-39

26. 图 3-40a 所示工件的 $\phi40^{0}_{-0.03}$ 与 $\phi35^{0}_{-0.02}$ 同轴度公差为 $\phi0.02$mm。欲钻孔 O，并保证尺寸 $30^{0}_{-0.1}$mm。试分析计算图示各种定位方案的定位误差（加工时工件轴线处于水平位置，V 形块 α 角均为 90°）。

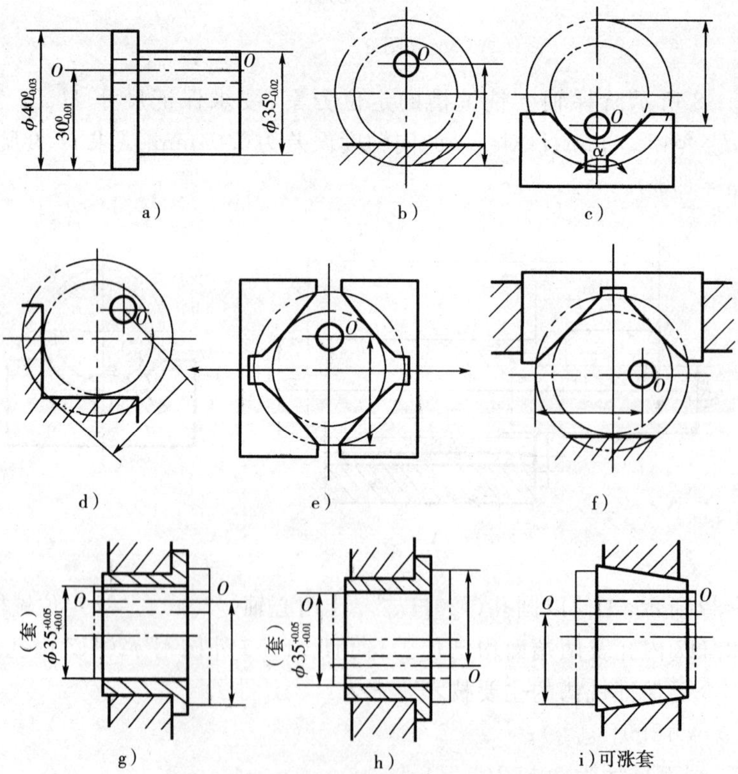

图 3-40

27. 图 3-41 所示工件定位两种方案，要求加工面 A 对 B 面的平行度不大于 0.2/100。已知 $L = 100$mm，夹具 $h_J = 10 \pm 0.02$mm，工件 $h = 10 \pm 0.05$mm。试求：

(1) 两方案的定位误差；

(2) 指出减少图 3-41b 方案的定位误差的途径。

28*. 图 3-42 所示为加工 M 面保证尺寸 $A^{0}_{-\Delta A}$ 的工件定位方案，以底平面和孔 O_2 为定位基准面，试计算其定位误差(孔 O_2 直径的公差为 T_{D_2} 削边销直径公差为 T_{d_2}，孔 2 和销最小配合间隙为 $\Delta_{2\min}$)。

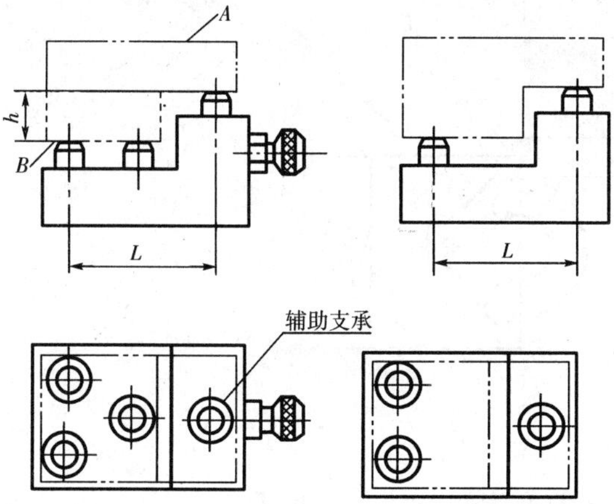

a)　　　b)

图 3-41

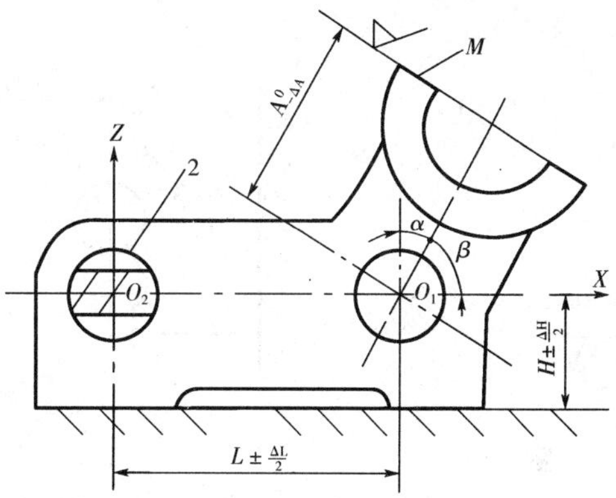

图 3-42

29. 图 3-43a 所示加工两孔 $\phi10^{+0.05}_{0}$mm 的定位方案，底面、侧面及大孔 $\phi20^{+0.023}_{0}$mm 已加工。要求保证尺寸 30 ± 0.05mm、25 ± 0.05mm 及两孔中心联线与 A 面平行度为 0.1/100mm，若定位误差应控制在公差的 1/3 时，试分析计算图 b、图 c、图 d 三种定位方案的定位误差，并确定哪种定位方案可行。

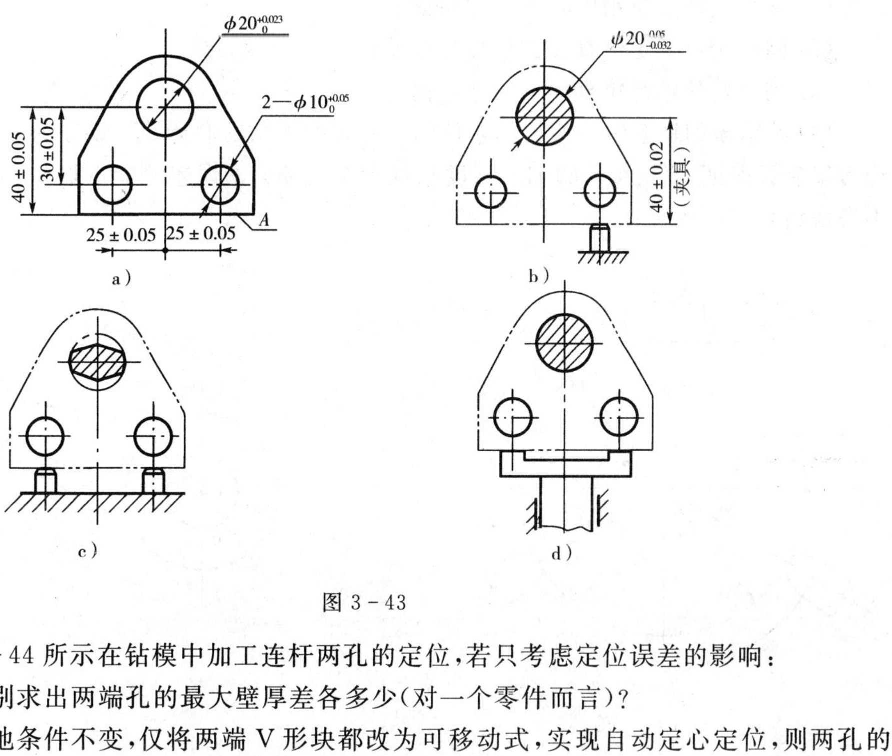

a)　　b)　　c)　　d)

图 3-43

30. 图 3-44 所示在钻模中加工连杆两孔的定位，若只考虑定位误差的影响：

(1) 试分别求出两端孔的最大壁厚差各多少(对一个零件而言)？

(2) 若其他条件不变，仅将两端 V 形块都改为可移动式，实现自动定心定位，则两孔的最大壁厚差为多少？

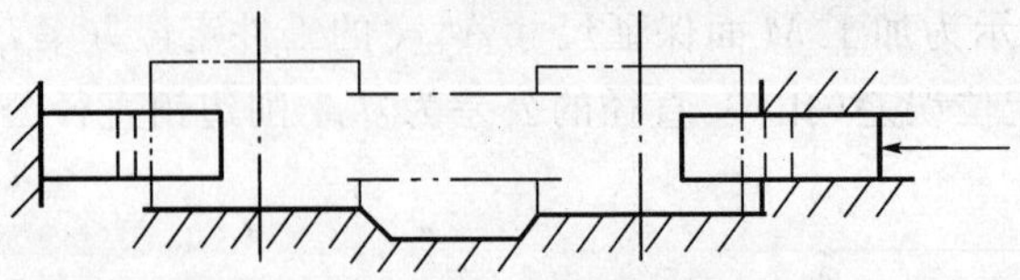

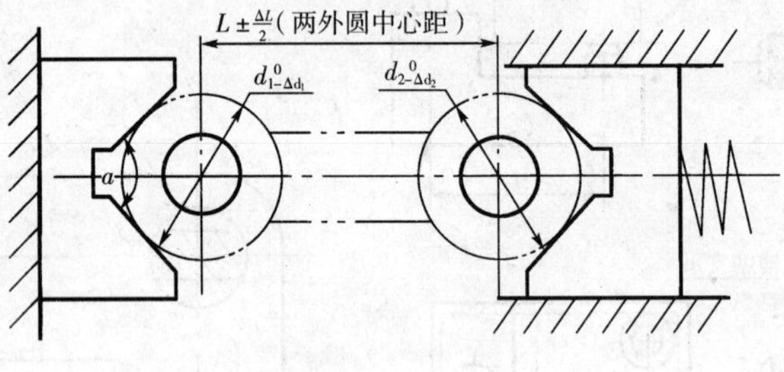

图 3－44

31. 图 3－45 所示，在三爪卡盘中安装车偏心套的内孔，已知 $D = 70^{+0.4}_{0}$ mm，h = 6mm（垫块尺寸），试计算偏心距 e 的变动量。

32*. 图 3－46 所示零件，其端面和 $\phi20^{+0.021}_{0}$ mm、$\phi10^{+0.09}_{0}$ mm 的两孔都已加工，现采用一面两孔定位方案设计钻模加工 $\phi8^{+0.036}_{0}$ mm 孔，要求此孔的轴心线通过 $\phi20^{+0.021}_{0}$ mm 孔的中心，其偏移量不得大于 0.06mm，并且 $\phi8^{+0.032}_{0}$ mm 轴线要与两孔联心线成 75° ± 50′ 的交角。试确定：

(1) 夹具上两定位销中心距尺寸与偏差；

(2) 圆柱定位销定位直径的尺寸与偏差；

(3) 削边定位销定位直径的尺寸与偏差；

(4) 若钻模的钻套轴心线与两定位销联心线的夹角的制造装配误差为 75° ± 10′，问此定位方案能否保证 75° ± 50′ 的加工精度？（规定夹具部分的误差只能占加工允差的 1/3，并暂不考虑钻套的制造误差。）

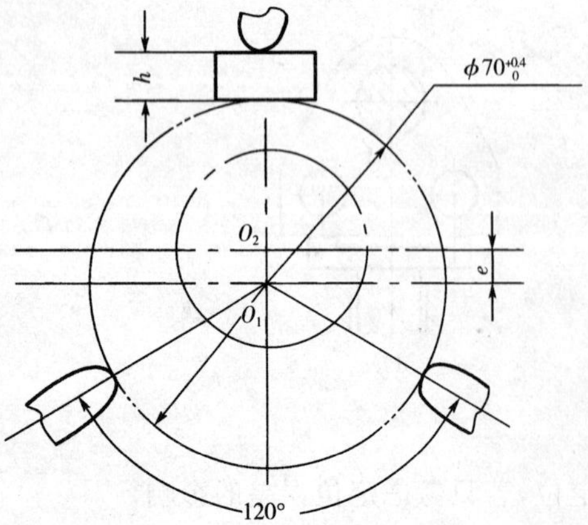

图 3－45

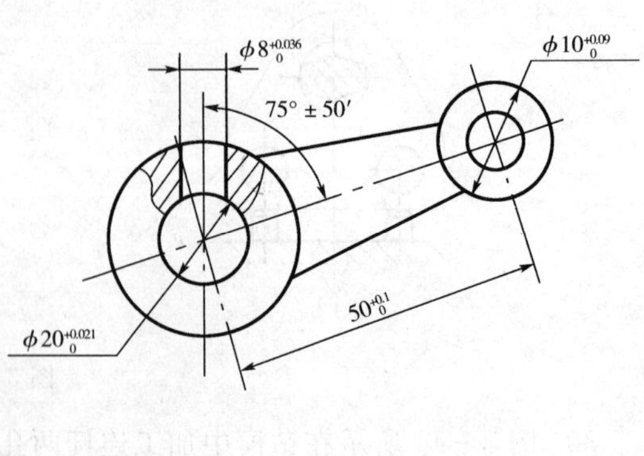

图 3－46

33. 图 3－47 所示为连续多件夹紧钻孔夹具，在多轴钻的专机上同时钻削五个工件的孔，要求孔对称于外圆轴线所在轴截面，试分析计算最大的定位误差。

34. 图 3-48 所示加工键槽的定位方案，已知 $d_1=\phi25^{0}_{-0.021}$ mm，$d_2=\phi40^{0}_{-0.025}$ mm，两外圆柱面的同轴度为 $\phi0.02$mm，V 形块夹角 $\alpha=90°$，键槽深度尺寸为 $A=34.8^{0}_{-0.17}$ mm，试计算该方案的定位误差。并说明是否满足工序要求。

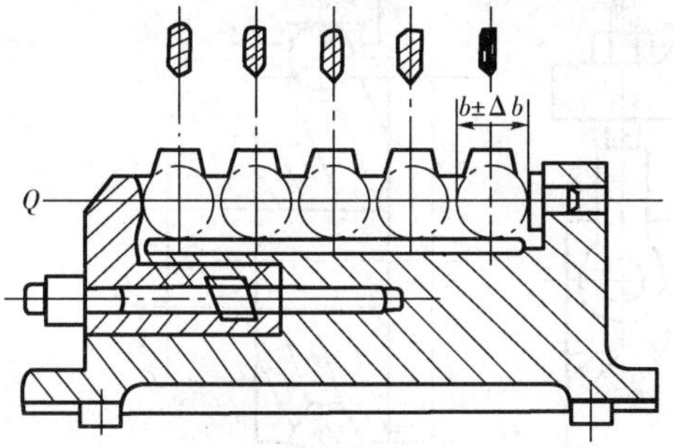

图 3-47

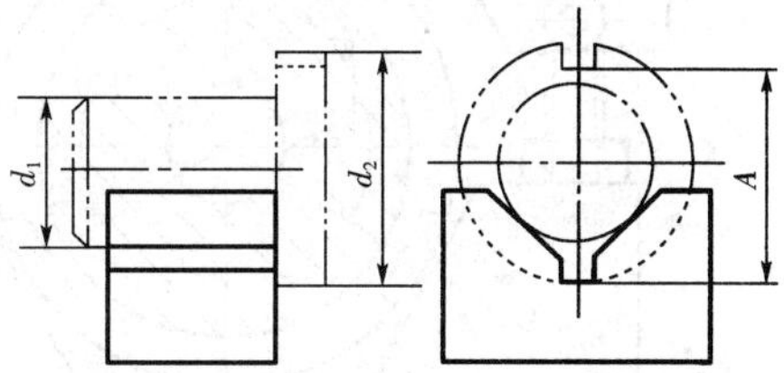

图 3-48

35. 图 3-49b 所示为钻铰零件（图 3-49a）上的两个孔（2-ϕ16）的定位方案。定位销直径为 $\phi22^{0}_{-0.021}$ mm，试计算加工尺寸 100 ± 0.1mm 的定位误差。

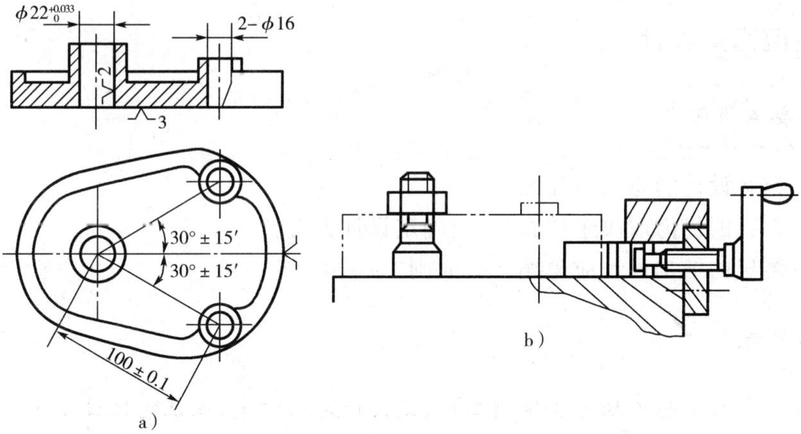

图 3-49

36*. 图 3-50 所示铣斜平面的定位方案，求加工尺寸 A 的定位误差。

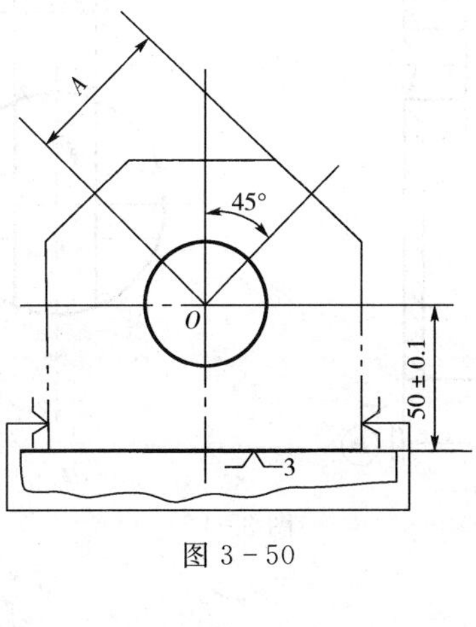

图 3-50

37*. 图 3 - 51 所示以三个直径尺寸相同、位置相隔 120° 的短圆柱销上定位加工内孔 D 的定位方案。试计算加工后一批工件内孔 D 与外圆 $\phi100$mm 因定位而产生的同轴度误差。

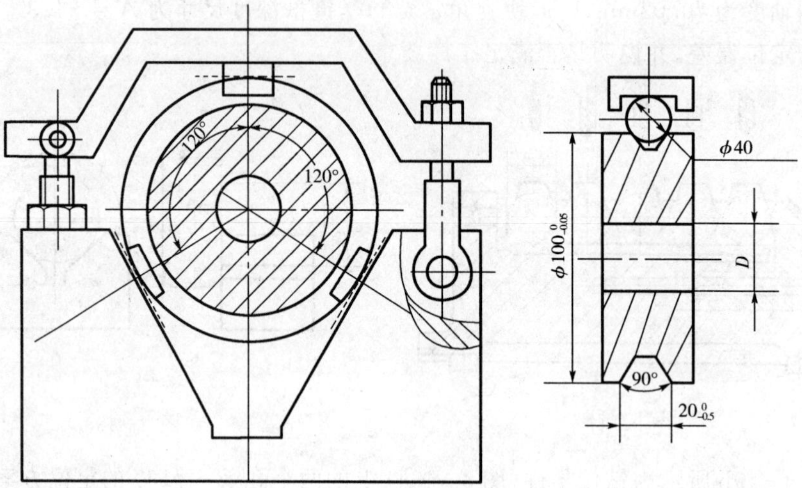

图 3 - 51

四、定位方案设计

知识要点设问

1. 定位方案设计的思路是什么？
2. 定位方案的优劣取决于什么？如何确定设计方案？
3. 定位装置的结构设计应遵循什么原则？

例题解析

1. 图 3 - 52 所示凸轮轴导块铣槽工序。试设计定位方案，保证定位误差为零。

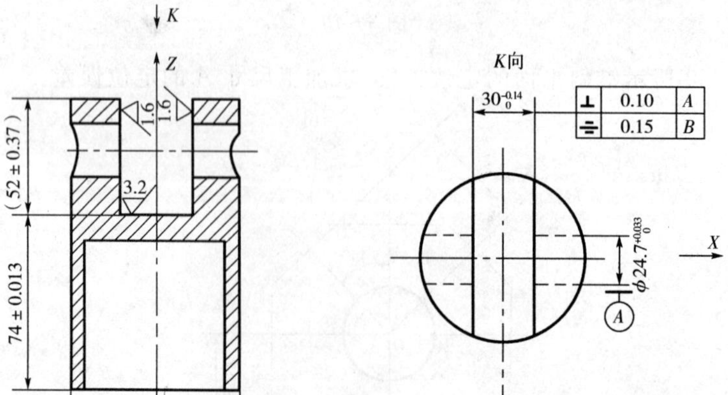

图 3 - 52

【解】　欲保证定位误差为零，首先应考虑定位基准的选择要和工序基准重合，因此：

以工件底端面为第一定位基准，采用支承板定位，限制工件的 $\overset{\frown}{X}\,\overset{\frown}{Y}$ 和 $\vec{Z}$ 三个自由度；

以 $\phi24.7$ 孔为第二定位基准，采用活动插入式长削边销，限制工件的 $\overleftrightarrow{Y}$ 和 $\vec{Z}$ 自由度；

以 $\phi60$ 外圆为第三定位基准，采用在 Y 向浮动的 V 形块定位，限制工件的 $\vec{X}$ 自由度并具有对中作用。

由此设定的定位方案实现了工件的完全定位。因为所选定位基准均与工序基准重合，故 $\Delta_{不重}$ 均为零；加之本工序为精加工工序，且可选较高精度的定位元件，故 $\Delta_{位置}$ 亦可忽略不计。综之，该定位方案可满足设计要求。

2. 图 3－53 所示零件上欲铣削一缺口，保证尺寸 $8^{0}_{-0.08}$mm，现采用 b、c 两种定位方案，试计算各定位误差，并分析能否满足加工要求。若不能满足工序要求，请提出改进方案。

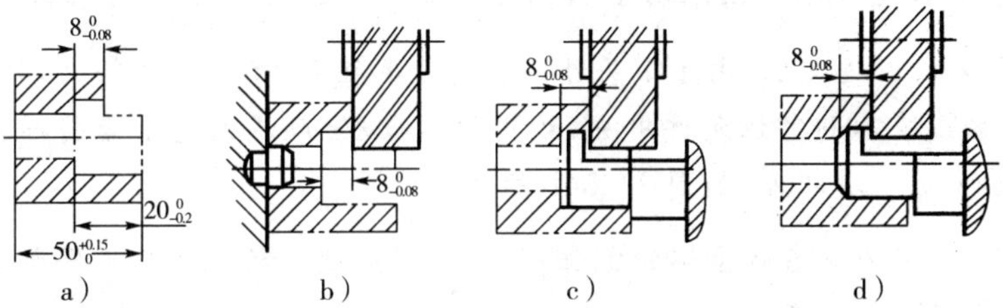

图 3－53

【解】　方案 b 的定位误差是由基准不重合引起的。由各尺寸关系，若 $50^{+0.15}_{0}$ 和 $20^{0}_{-0.2}$ 均在前序中直接获得，则定位误差可利用尺寸链原理计算

$$\Delta_{定位}=\Delta_{不重}=\Delta_{50}+\Delta_{20}=0.15+0.2=0.35\text{mm}$$

通常在批量生产中，$20^{0}_{-0.2}$ 尺寸是以工件左端面定位，通过直接控制工件左端与大孔左端间的尺寸而间接获得的，这时的定位误差也可利用尺寸链原理计算

$$\Delta_{定位}=\Delta_{不重}=\Delta_{20}-\Delta_{50}=0.2+0.15=0.05\text{mm}$$

显然，定位方案 b 不能满足工序要求。

方案 c 的定位误差也是由基准不重合引起的，即

$$\Delta_{定位}=\Delta_{不重}=T_{20}=0.2\text{mm}$$

也不能满足工序要求。

改进方案应以大孔左端面作为本工序加工的定位基准见图 d，这时基准重合，故 $\Delta_{定位}=0$，可满足加工要求。

3. 图 3－54a 所示，连杆在夹具中的平面及圆柱销和 V 形块上定位，试问定位是否合理？如何改进？

【解】　分析定位方案是否合理一般按以下步骤进行：

(1) 分析工件理论上所需限制的自由度；

(2) 分析现有定位元件所需限制的自由度；

(3) 分析定位方案的合理性。

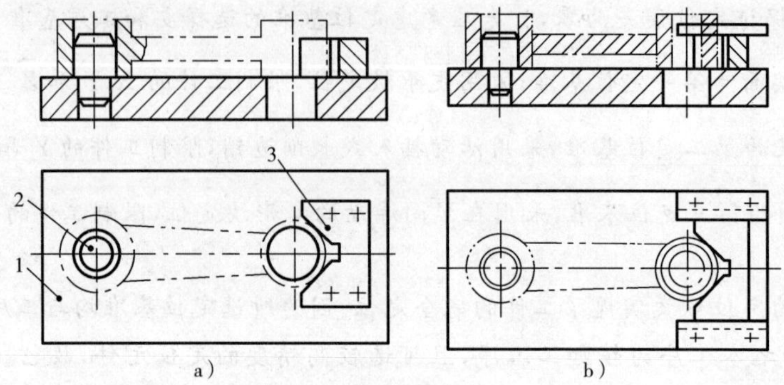

图 3 - 54

连杆加工小头孔时，为保证两孔中心距、对称度和垂直度的要求，应限制 $\vec{Z}$、$\vec{X}$、$\vec{Y}$、$\overset{\frown}{X}$、$\overset{\frown}{Y}$、$\overset{\frown}{Z}$、六个自由度。定位元件中平面限制了 $\overset{\frown}{X}$、$\overset{\frown}{Y}$、$\vec{Z}$ 三个自由度，短定位销限制了 $\vec{X}$、$\vec{Y}$，固定 V 形块限制了 $\vec{X}$ 和 $\overset{\frown}{X}$。$\vec{X}$ 过定位，由于小头外圆表面是毛坯面，尺寸变化较大，将使工件不能和定位元件相接触或装不到定位元件中去，故定位不合理。改进的办法是将固定 V 形块改为沿 X 方向移动的 V 形块即可，如图 3 - 54b 所示。

4. 图 3 - 55 所示为滚齿时齿坯的定位及夹具简图。试分析各定位元件所限制的自由度，并分析该定位方案是否合理。

【解】 根据图示定位情况知，长心轴限制工件的 $\vec{X}$、$\vec{Y}$、$\overset{\frown}{X}$、$\overset{\frown}{Y}$ 四个自由度；支承垫平面限制工件的 $\vec{Z}$、$\overset{\frown}{X}$、$\overset{\frown}{Y}$ 三个自由度。也就是说这两个定位元件相当于七个定位支承点限制了工件的位置，其中 $\overset{\frown}{X}$、$\overset{\frown}{Y}$ 被重复限制。

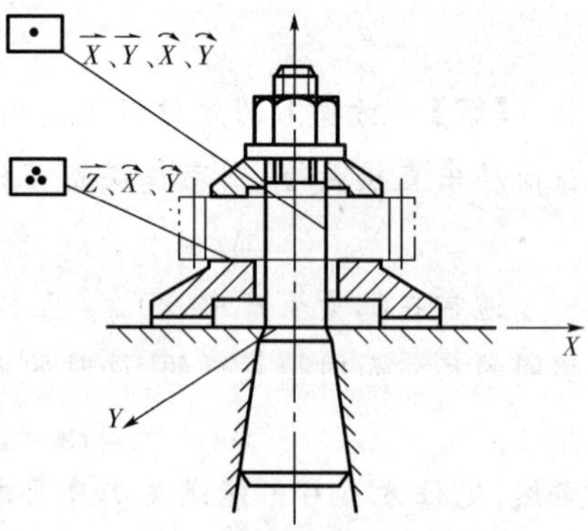

图 3 - 55

该定位方案采用长心轴定位是为了使齿轮分度圆与内孔同轴，以保证齿轮的精度；采用刚性较好而支承面较大的支承垫定位，是为了更好地承受滚齿时较大的断续切削冲击力。但是由此而造成了 $\overset{\frown}{X}$ 和 $\overset{\frown}{Y}$ 被重复限制。实际生产中齿坯上作为定位基准的内孔和端面，工艺上可以保证具有很好的垂直度(如在一次装夹中加工；或以精加工后的孔在精密心轴上定位加工端面等)。而夹具心轴与支承垫支承平面也易保证具有较好的垂直度。此外，心轴和齿坯内孔间的配合间隙可减小垂直度误差的影响。因此，该定位方案虽形式上属重复定位，但实际上并未造成互相干涉与冲突，故可认为是合理的，而且是必须的。从此例可知，合理地采用重复定位是提高定位精度的途径之一。

该定位方案未限制 $\overset{\frown}{Z}$ 自由度是因为齿坯为圆形，根据工序要求无需限制 $\overset{\frown}{Z}$，并不属于欠定位。

5. 图 3 - 56a 所示为工件铣不通槽的工序简图。槽的尺寸要求为 b、L、h，试确定定位方案并绘制定位方案图。

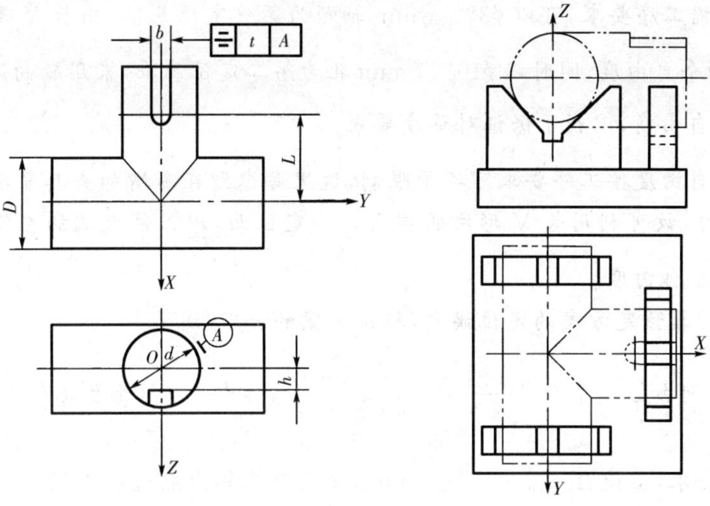

a)　　　　　　　　　　b)

图 3 - 56

【解】　确定工件定位方案一般按如下步骤进行：

(1) 分析工件理论上所需限制的自由度。

为保证尺寸 h 应限制 $\vec{Z}$、$\overset{\frown}{X}$、$\overset{\frown}{Y}$；

为保证尺寸 L 应限制 $\vec{X}$；

为保证对称度 t 应限制 $\vec{Y}$、$\overset{\frown}{Z}$。

该工件理论上应限制的自由度为 $\vec{X}$、$\vec{Y}$、$\vec{Z}$、$\overset{\frown}{X}$、$\overset{\frown}{Y}$、$\overset{\frown}{Z}$ 六个自由度。

(2) 确定主次定位基面，布置定位支承点。

以 D 外圆为主要基准面用长 V 形块或两个短 V 形块限制 $\vec{X}$、$\vec{Y}$、$\vec{Z}$ 和 $\overset{\frown}{Z}$ 四个自由度。

以 d 外圆为基准用短 V 形块限制 $\vec{Y}$、$\overset{\frown}{Y}$ 两个自由度。

(3) 定位方案图如图 3 - 56b 所示。

6. 图 3 - 57 所示零件的最后工序在卧式铣床上，用三面刃铣刀加工一缺口。试设计一个能满足加工要求的定位方案。

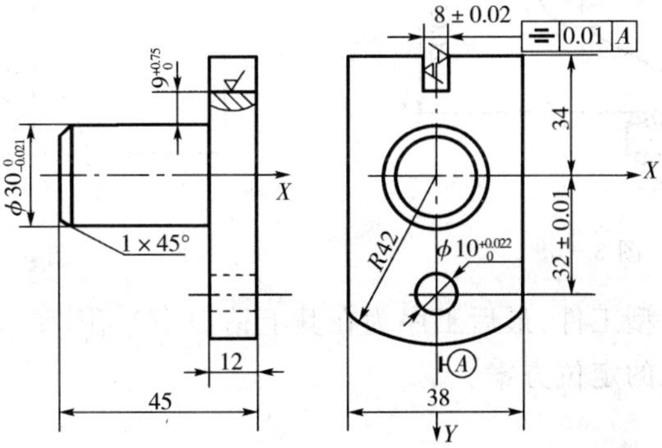

图 3 - 57

【解】 根据工序要求，可以 $\phi30_{-0.02}^{0}$ mm 轴颈为第一定位基准，用长 V 形块限制工件的 $\vec{Y}$、$\vec{Z}$、$\widehat{Y}$ 和 $\widehat{Z}$ 四个自由度；同时以 $\phi10_{0}^{+0.022}$ mm 孔为第二定位基准，采用轴向浮动的削边锥销限制工件的 $\widehat{X}$ 自由度，以利于保证对称度要求。

工件的 $\vec{X}$ 自由度按工序要求可不予限制，这里考虑到在不增加夹具复杂性的前提下有利于减少夹紧力，故可利用长 V 形块的端面作为定位面，以工件大端的左侧端面为定位基准限制工件的 $\vec{X}$ 自由度。

下面分析计算预定方案的定位误差，验证方案的合理性。

由图 3-57 可知 $\Delta_{定位(9)}=\frac{0.021}{2}\times\left(\frac{1}{\sin\frac{\alpha}{2}}+1\right)$，其中 α 为 V 形块定位面的夹角。根据加工误差不等式要求，应使 $\Delta_{定位(9)}\leqslant\frac{0.075}{3}$ mm，由此可推算出应选 $\alpha=120^{\circ}$ 的长 V 形块可满足此要求。另外，利用 V 形块的对中性和轴向浮动削边锥销的对中作用，可保证 $\Delta_{定位(9+)}=0$。槽宽尺寸是由铣刀尺寸保证的。

综之，所设计定位方案可满足工序要求。

思考与练习

1. 图 3-58 所示为加工端面 B 的定位方案。另一端面 A 已加工，要求 B 面与 A 面垂直度允差为 0.10mm。试分析定位、夹紧方案是否合理？若不合理，应如何改进？

2. 图 3-59 所示在圆柱工件上铣缺口的定位方案。试分析该定位方案能否满足工序要求？若不能满足，试提出改进方法。

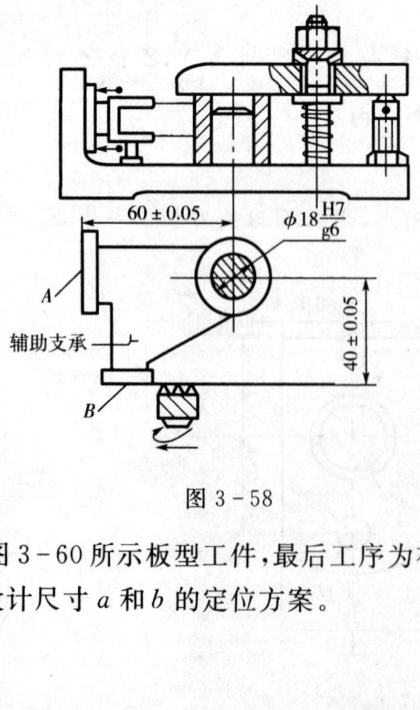

图 3-58

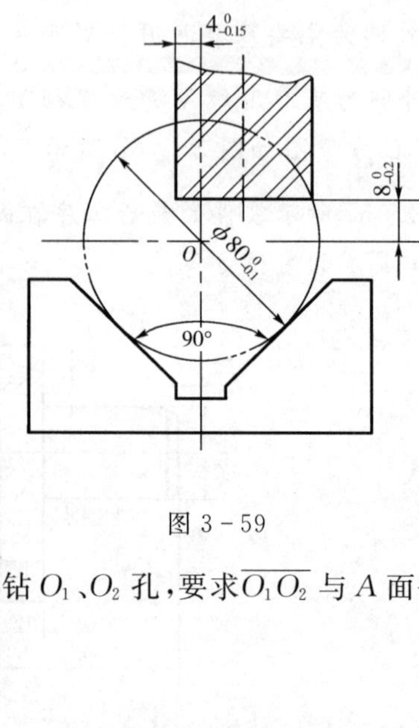

图 3-59

3. 图 3-60 所示板型工件，最后工序为在其上钻 O_1、O_2 孔，要求 $\overline{O_1O_2}$ 与 A 面平行，试设计保证设计尺寸 a 和 b 的定位方案。

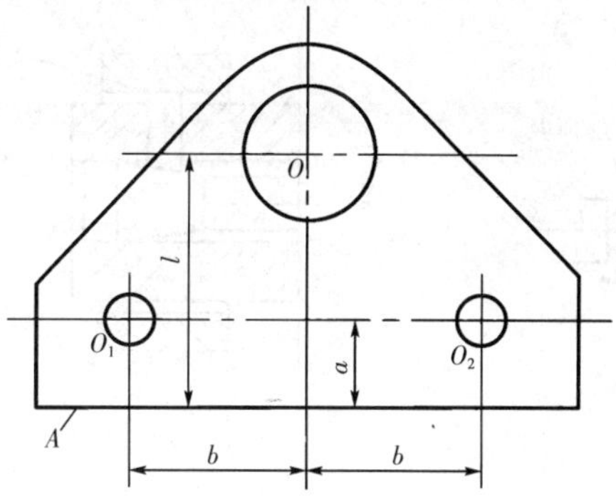

图 3－60

4. 图 3－61 分别为连杆及圆盘铸件中孔加工的定位方案。铸件两端面均已加工过，其余表面未加工。试分析各定位方案中零件所需限制的自由度。如果属于过定位或欠定位请指出可能出现什么不良后果，并提出改进方案。

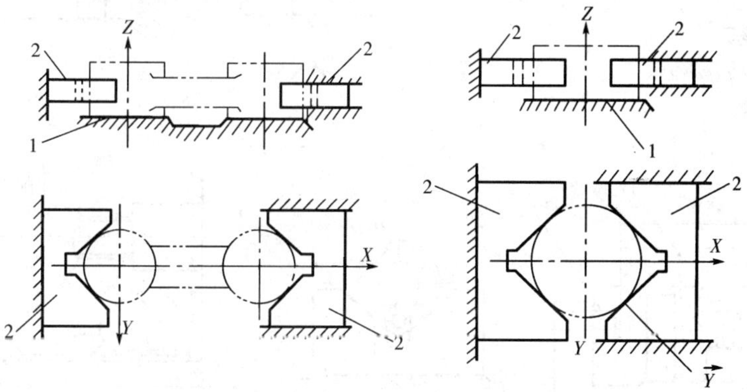

a)　　b)

1— 支承板　　2—V 型块

图 3－61

5. 根据六点定位原理，试分析图 3－62 各定位方案中各个定位元件所限制的自由度。如果属于过定位或欠定位，请指出可能出现什么不良后果，并提出改进方案。

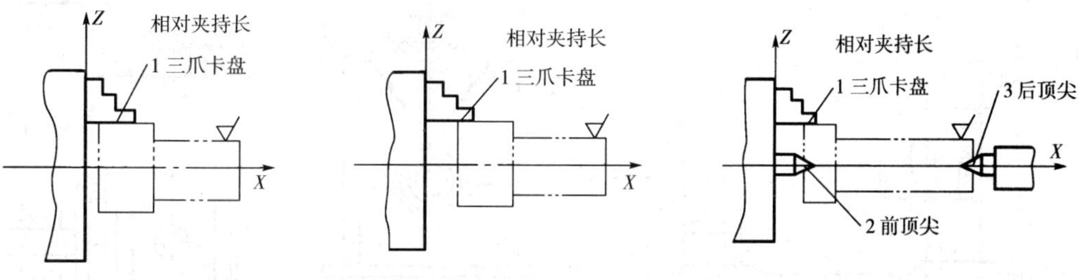

a)　　b)　　c)

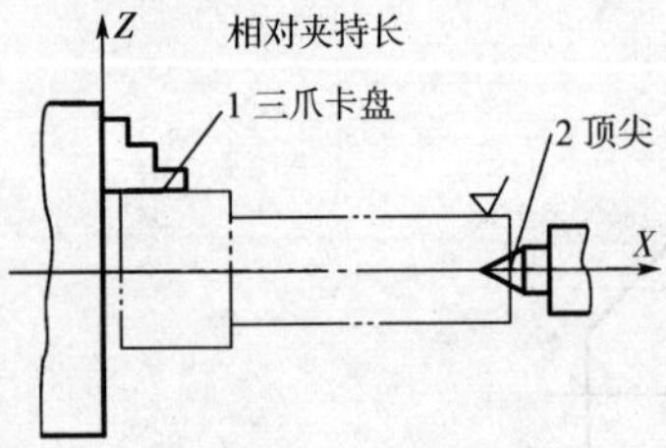
相对夹持长
1 三爪卡盘
2 顶尖
Z
X

d）

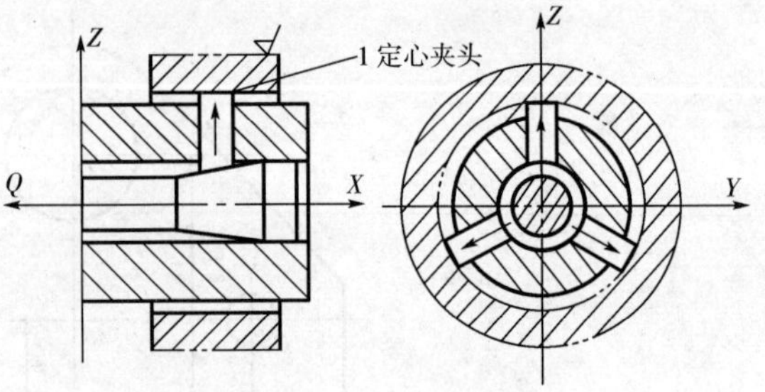
1 定心夹头
Z
Q
X
Y

e）

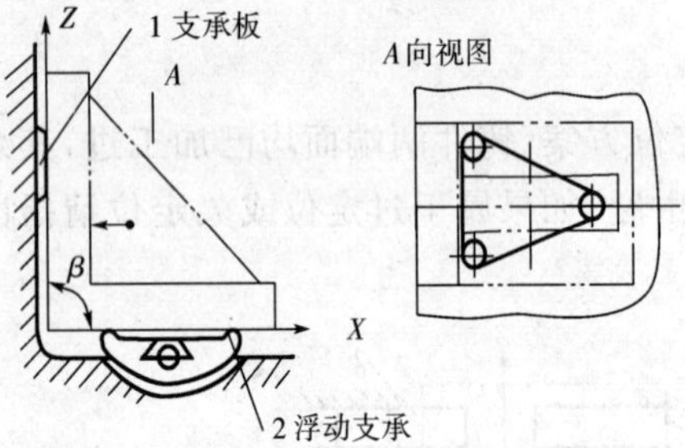
1 支承板
A
A 向视图
β
2 浮动支承
Z
X

f）

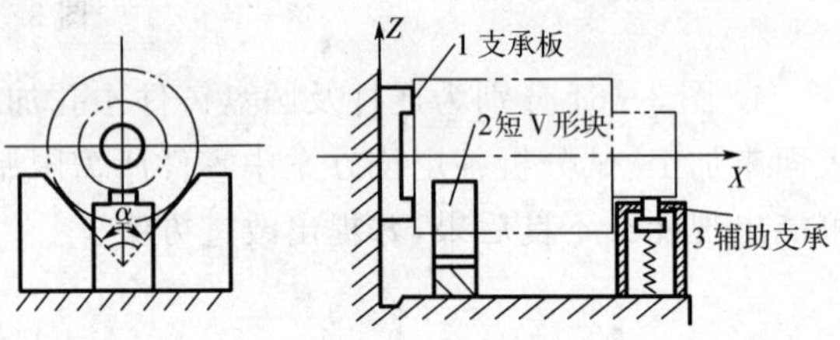
α
1 支承板
2 短 V 形块
3 辅助支承
Z
X

g）

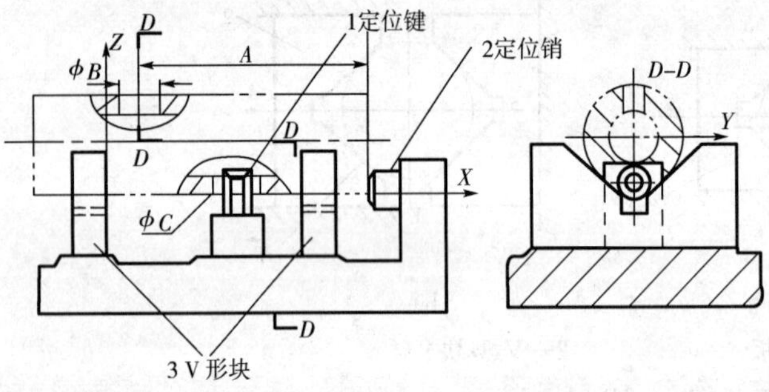
1定位键
2定位销
D
D
D
D
A
ϕB
ϕC
D–D
3 V 形块
Z
X
Y

h）

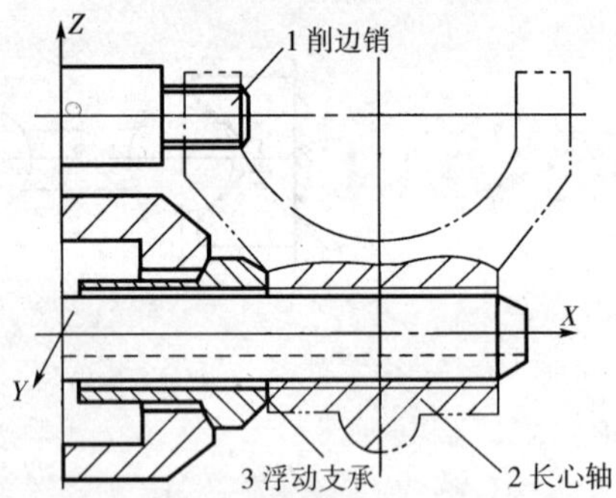
1 削边销
3 浮动支承
2 长心轴
Z
X
Y

i）

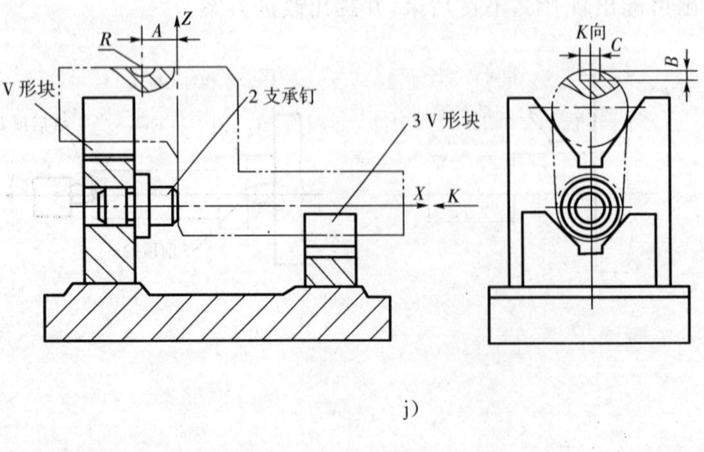
R
A
1 V 形块
2 支承钉
3 V 形块
K 向
C
B
Z
X
K

j）

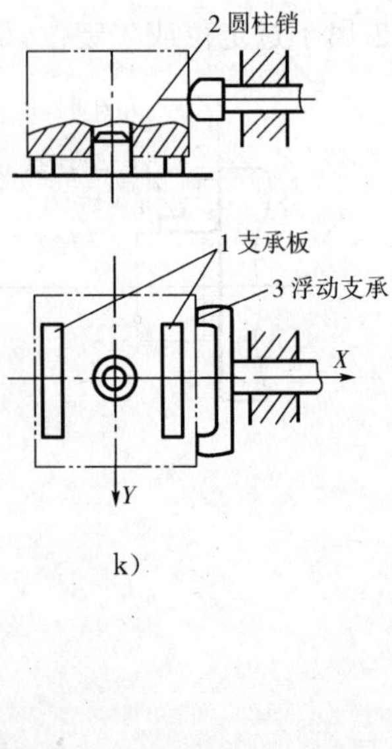
2 圆柱销
1 支承板
3 浮动支承
X
Y

k）

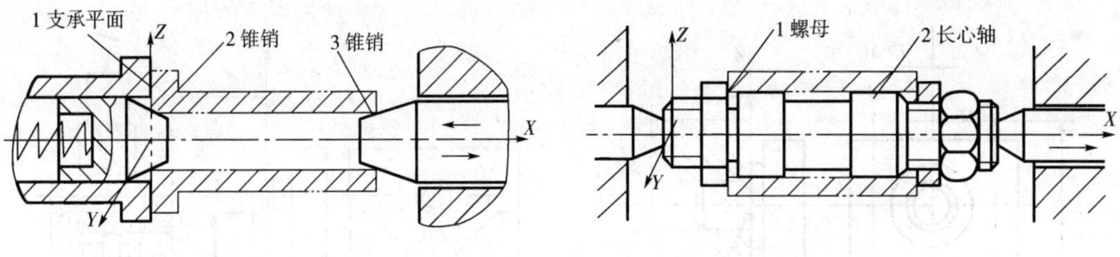

l)　　　　　　　　m)

图 3－62

6. 图 3－63 为连杆大孔加工的定位方案。工件两端面均已加工过，其余表面未加工。试分析定位方案中各个定位元件所限制的自由度。如果属于过定位或欠定位请指出可能出现什么不良后果，并提出改进方案。

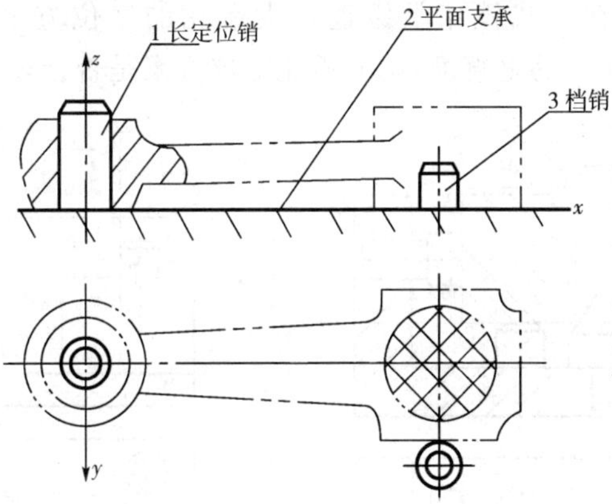

图 3－63

7. 分析下列各图定位方案的合理性。

(1) 图 3－64 所示为轴瓦盖铣平面的定位情况，保证尺寸 h，图示方案是否合理？如何改进？

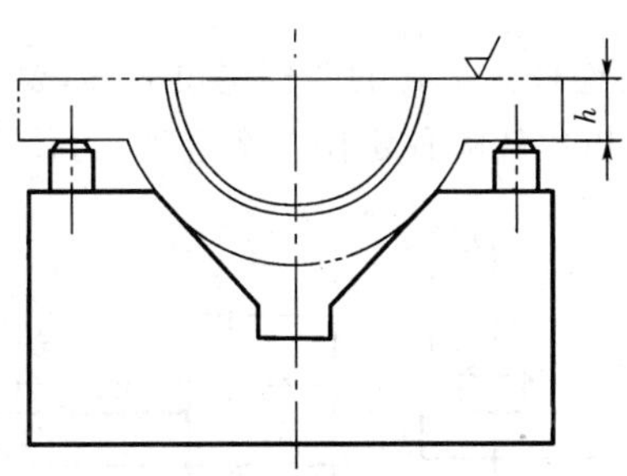

图 3－64

(2) 图 3－65 所示工件在铣床上加工注有"▽"符号表面的定位方案，保证尺寸 $h_0^{+\Delta h}$ 和 $L_0^{+\Delta L}$。问此定位方案是否合理，应如何改进？

(3) 图 3－66 所示，在阶梯轴上铣一平面。该工件在短 V 形块、支承钉、辅助支承上定位。试分析其定位方案有何不妥之处。

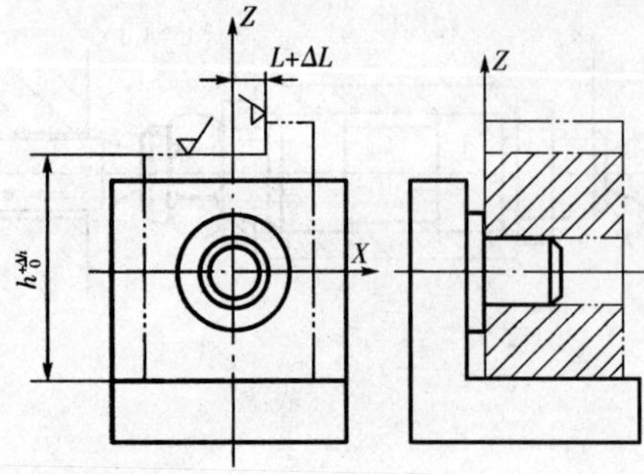

图 3-65

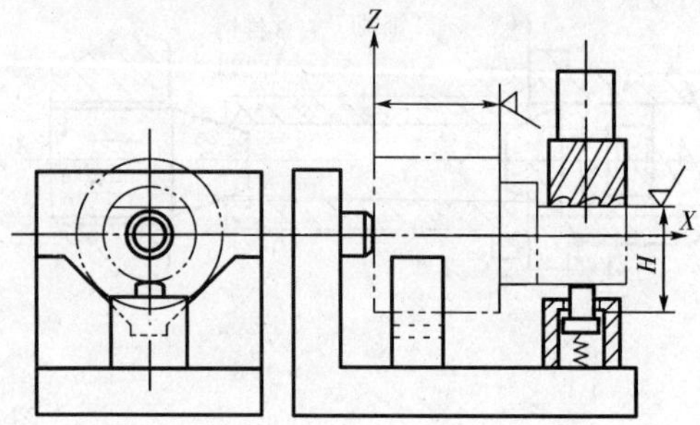

图 3-66

(4) 图 3-67 所示工件铣槽的定位方案，要求保证槽宽 $b^{0}_{-\Delta_b}$、$h^{0}_{-\Delta_h}$ 及槽侧面对 A 面的平行度，试分析此定位方案是否合理，如何改进？

(5) 图 3-68 所示在立式镗床上镗连杆大端孔的定位方案，要求保证两孔中心距 $L\pm\Delta_L$，以及大孔与端面 A 的垂直度，试分析此定位方案是否合理，如何改进？

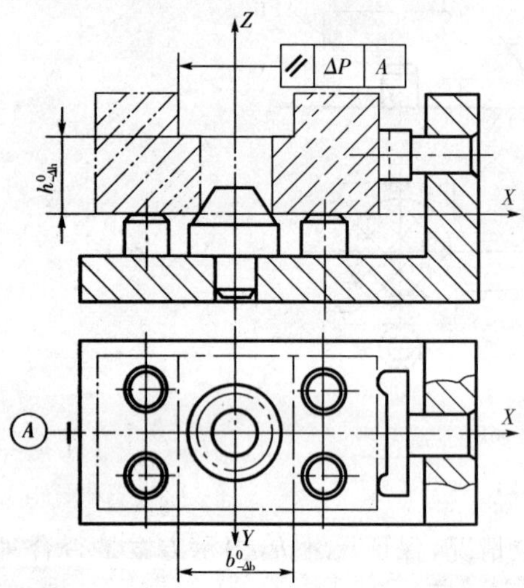

图 3-67

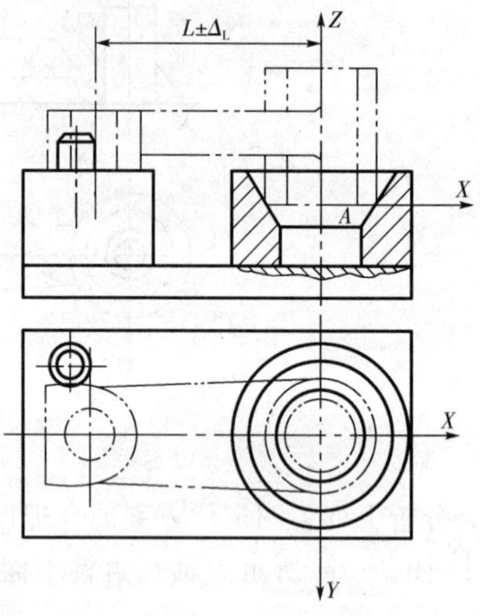

图 3-68

(6) 图 3-69 所示为加工连杆大头孔的两种定位方案，要求保证大小头孔中心距，以及大头孔与端面的垂直度，试分析比较哪种定位方案合理，为什么？

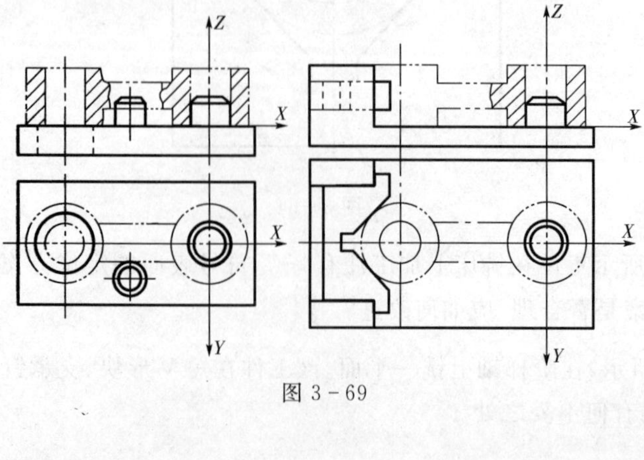

图 3-69

(7) 图 3-70 所示阶梯轴工件装夹方案。其中 $d_1 = \phi 80^{0}_{-0.5}$ mm，$d_2 = \phi 50^{0}_{-0.3}$ mm，$2e = 0.02$mm，$\alpha = 90°$，$L_1 = 200$mm，$L_2 = 100$mm。本工序为最后工序，在立式铣床上加工一平面，要求 $L_3 = 50$mm，$h = 48^{0}_{-0.02}$ mm。

① 通过分析和计算指出该方案有哪些欠妥之处，并说明该方案能否满足工序要求？

② 分析该工件采用 V 形块定位的可能性（例如，改换工件的定位基准面或改变 V 形块的参数等）？

③ 设计可行的装夹方案（用简图表示之），分析计算定位误差，简要说明所设计方案的合理性。

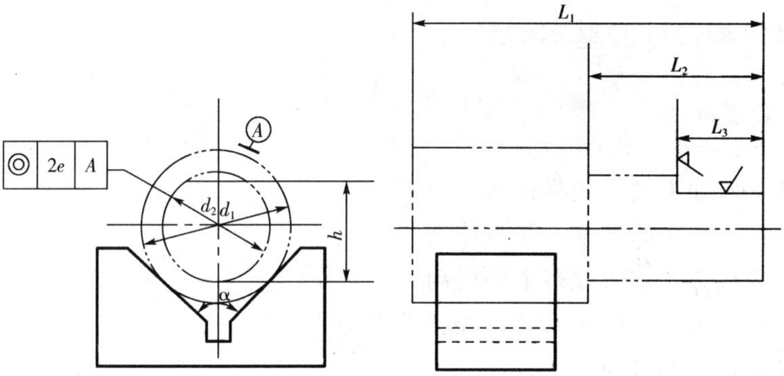

图 3-70

(8) 图 3-71 所示在轴上铣一平台，保证加工尺寸 $A = 52^{0}_{-0.30}$ mm，$B = 8^{+0.2}_{0}$ mm 的定位方案。已知毛坯尺寸 $d = \phi 60^{0}_{-0.5}$ mm，$L = 20^{0}_{-0.2}$ mm，定位元件斜面 $\alpha = 45°$。试求：

① 本工序加工的定位误差；

② 所选定位方案能否满足工序要求，为什么？

③ 试确定一种可行的定位方案，通过计算验证其合理性。

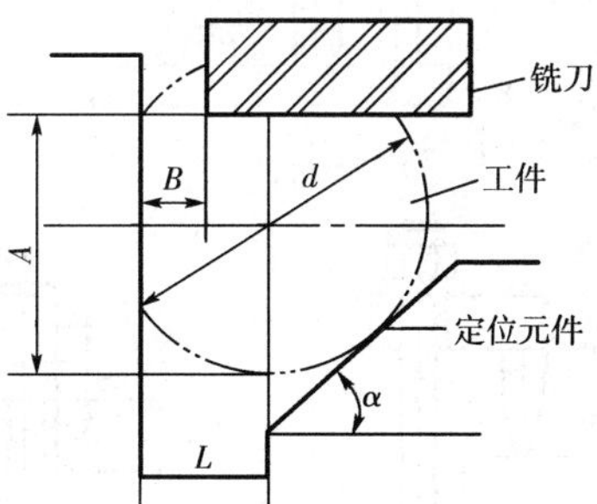

图 3-71

第四节　夹紧装置的设计计算

一、夹紧装置的组成

知识要点设问

1. 夹紧装置必须满足的基本条件是什么?它由哪些部分组成?
2. 夹紧机构的中间传力机构有什么作用?

二、夹紧机构设计的基本问题

知识要点设问

1. 所谓准确施加夹紧力是指什么?
2. 估算夹紧力大小的基本方法是什么?
3. 为什么现代夹具动力源多采用机动?
4. 夹紧机构必须保证的夹紧力行程应考虑哪些因素?
5. 何谓夹紧机构的自锁?

例题解析

1. 试分析图 3-72 夹紧方案是否合理?若有不合理之处,则应如何改进?

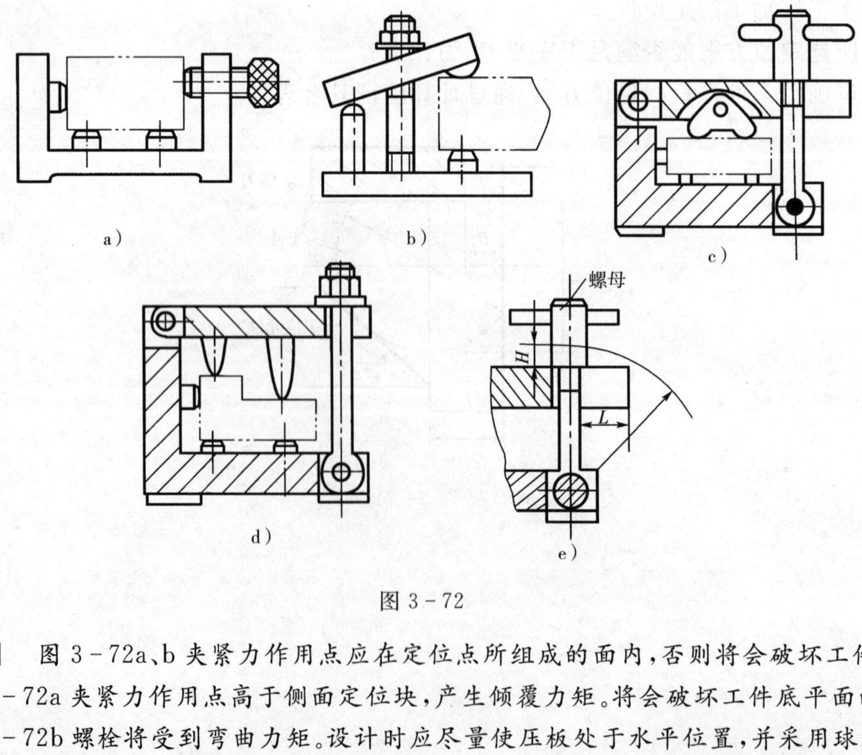

图 3-72

【解】　图 3-72a、b 夹紧力作用点应在定位点所组成的面内,否则将会破坏工件定位。图 3-72a 夹紧力作用点高于侧面定位块,产生倾覆力矩。将会破坏工件底平面的定位。图 3-72b 螺栓将受到弯曲力矩。设计时应尽量使压板处于水平位置,并采用球面垫圈。

图 3-72c 压板太长，见图 3-72e。势必造成操作不便，螺母要松开 H 高度，才能卸下。所以长度 L 应尽量缩短。

图 3-72d 由于工件阶梯面高度差存在误差，其结果实际上只是一个夹紧点起作用，要保证两个夹紧点都接触，这两个夹紧点必须浮动。

2. 图 3-73a 所示夹紧装置，已知 $D=50\text{mm}$、$e=2.5\text{mm}$、$L=100\text{mm}$、$l=75\text{mm}$，各处摩擦系数 $\mu=0.15$ 及外力 $P=80\text{N}$。试求：

(1) 外力 P 与夹紧力 Q 之间的关系式；

(2) 在上述条件下 Q 的大小。

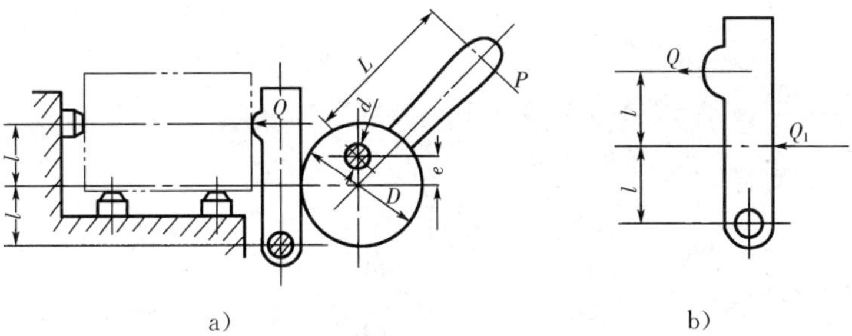

a)　　b)

图 3-73

【解】 (1)$Q_1=\dfrac{PL}{\rho[\text{tg}\varphi_1+\text{tg}(\alpha_\rho+\varphi_2)]}$

式中：φ—— 偏心轮几何中心与转动中心联线及几何中心与夹紧点联线之间的夹角；

ρ—— 转动中心与夹紧点联线。

(2) 从图示位置可设定 $\rho=\dfrac{D}{2}$、$\varphi=90°$，则

$$Q=\frac{PL}{\mu D+e(\sin 90°-\mu\cos 90°)}=\frac{80\times 100}{0.15\times 50+205}=800\text{N}$$

3. 图 3-74a 所示夹紧装置。已知 $P=150\text{N}$，$L=1500\text{mm}$，螺杆为 M12×1.75，$D=400\text{mm}$，$d_1=10\text{mm}$，$l=l_1=100\text{mm}$，$\alpha=30°$，各处摩擦系数 $\mu=0.1$，试计算夹紧力 Q。

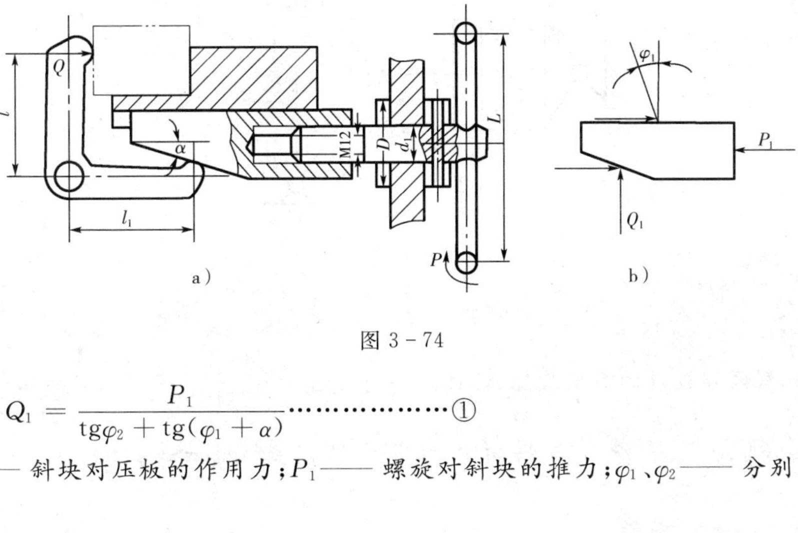

a)　　b)

图 3-74

【解】 $Q_1=\dfrac{P_1}{\text{tg}\varphi_2+\text{tg}(\varphi_1+\alpha)}$ ……………①

式中：Q_1—— 斜块对压板的作用力；P_1—— 螺旋对斜块的推力；φ_1、φ_2—— 分别为斜面和平

面的摩擦角。

$$\varphi_1 = \varphi_2 = \text{tg}^{-1}\mu = \text{tg}^{-1}0.1 = 5°42'$$

式中：d_0—— 螺纹中径；φ_1'—— 螺母与螺钉的当量摩擦角；r'—— 螺杆轴肩端部直径 D 处与夹具支架的当量摩擦半径。

$\therefore d_0 = 10.863\text{mm}$（中径）

$\varphi_1' = \text{tg}^{-1}(1.15\mu) = \text{tg}^{-1}(1.15 \times 0.1) = 6°34'$

螺旋升角 $\alpha = 2°56'$

$$r' = \frac{2R^3 - r^3}{3R^2 - r^2} = \frac{2}{3} \times \frac{20^3 - 5^3}{20^2 - 5^2} = 14\text{mm}$$

$$P_1 = \frac{\frac{1}{2}150 \times 150}{\frac{10.863}{2}\text{tg}(2°56' + 6°34') + 14 \times 0.1}$$

将 Q 值代入式①，则得

$$Q_1 = \frac{4872.41}{0.1 + \text{tg}(5°42' + 30°)} = 23353.78\text{N}$$

$$Q = \frac{L_1}{L}Q_1$$

$\because L_1 = L = 100, \therefore Q = Q_1 = 23353.78\text{N}$。

4*. 图 3-75 所示夹紧装置，已知 $P_1 = 4 \times 10^5\text{N/m}^2$，$D = 200\text{mm}$，$d = 100\text{mm}$，$L = 100\text{mm}$，$\alpha = 10°$，$l = l_1 = 50\text{mm}$，摩擦系数 $\mu = 0.1$，气缸效率 $\eta = 0.9$，试计算对工件的夹紧力 Q 的大小。

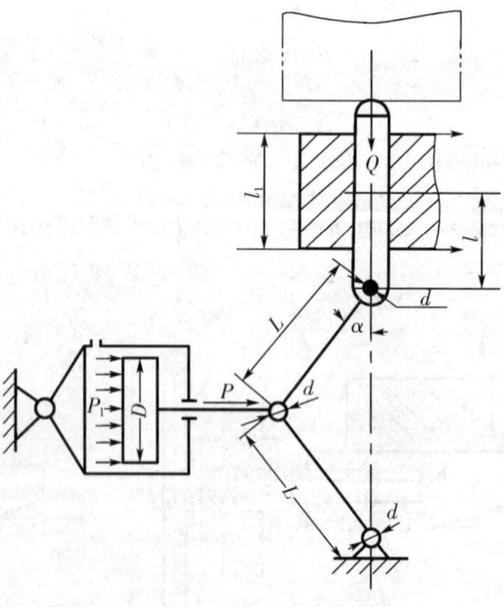

图 3-75

【解】 $Q = \frac{1}{2}P\eta\left[\frac{1}{\text{tg}(\alpha + \varphi')} - \text{tg}\varphi_2'\right]$

式中：φ'—— 臂两端铰链的当量摩擦角；$\text{tg}\varphi' \approx \frac{2r}{L}\text{tg}\varphi_1 = \frac{2 \times 10/2}{100} \times 0.1 = 0.01$。

$\therefore \varphi' = 34'$；$\varphi_2'$—— 滑柱与导向孔的当量摩擦角，$\text{tg}\varphi_2' \approx \frac{3L}{I_1}\text{tg}\varphi_2 = \frac{3 \times 50}{50} \times 0.1$

$= 0.3, \therefore \varphi_2' = 16°42'; P = \frac{\pi D^2}{4} P_1 = \frac{\pi \times 0.2^2}{4} \times 4 \times 10^5 = 0.1256 \times 10^5 \mathrm{N/m^2}; \eta = 0.9$。

则　$Q = \frac{1}{2} \times 0.1256 \times 10^5 \times 0.9 [\frac{1}{tg(10° + 34')} - 0.3] = 0.28599 \times 10^5 = 28599\mathrm{N}$。

5*. 图 3－76a 所示夹紧装置。已知加力螺杆为 $M12 \times 1.75$，$P = 100\mathrm{N}$，手柄长 $L = 140\mathrm{mm}$，螺钉螺母间的摩擦系数 $\mu_1 = 0.15$，螺钉工件间的摩擦系数 $\mu_2 = 0.1$，试求工件所受切削力分别为图示的 F_1、F_2 或 F_3 方向时所允许的最大值。又如在上述条件下，若定位元件和夹紧元件在夹紧过程中也产生变形，若定位元件和夹紧元件刚度分别为 $k_夹 = 15000\mathrm{N/mm}$，$k_定 = 30000\mathrm{N/mm}$，试计算允许的最大切削力为多少？

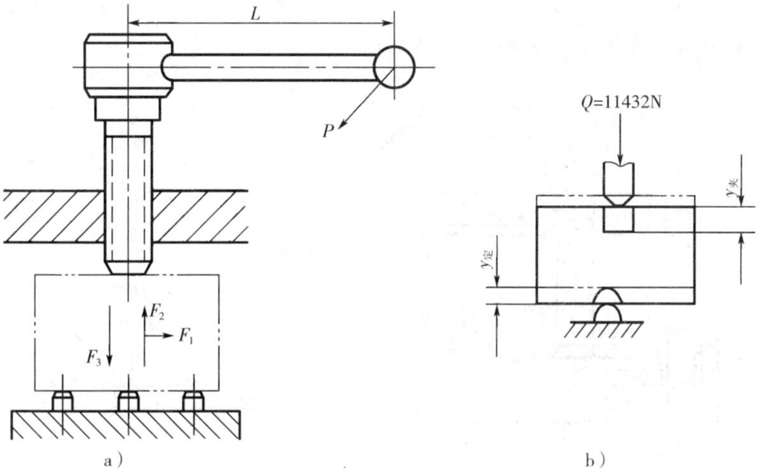

图 3－76

【解】　$Q = \frac{PL}{r' tg\varphi_1 + r_{平均} tg(\alpha + \varphi_2')}$

式中：r'—— 螺杆端部与工件（或压脚）的当量摩擦半径；

φ'—— 螺母与螺钉的当量摩擦角，若为三角螺纹。

则　$\varphi_2' tg^{-1}(1.15 tg\varphi_3) = tg^{-1}(1.15 \times 0.15) = tg^{-1} 0.1725$

$\therefore \varphi_2 = 9°47'$

$$\alpha = tg^{-1} \frac{S}{\pi d_0} = tg^{-1} \frac{1.75}{3.14 \times 10.86} = 2°56'$$

根据夹紧螺钉压脚结构形状可知 $r' = 0$。

$$\therefore Q = \frac{PL}{r_{平均} tg(\alpha + \varphi_2')} = \frac{100 \times 140}{\frac{10.863}{2} \times tg(2°56' + 9°47')}$$

F_1、F_2、F_3 方向所允许的最大值为

$$F_1 = 2Q\mu = 2 \times 11423 \times 0.1 = 22846\mathrm{N}$$

F_2、F_3 分别由螺杆和定位元件承受。

若只考虑定位元件和夹紧元件的变形时，则

$$y_夹 = \frac{Q}{k_夹} = \frac{11423}{15000} = 0.7615\mathrm{mm}$$

$$y_{定} = \frac{Q}{k_{定}} = \frac{11423}{30000} = 0.3807\text{mm}$$

则允许最大切削力为

$F_1 = 11423\text{N}$

$F_2 = y_{夹} \times k_{夹} = 0.3807 \times 15000 = 5710.5\text{N}$（说明：夹紧元件变形量达到0.3807mm时，定位元件变形量为零。若F_2再加大，即$y_{夹} > 0.3807$时，定位元件与工件间将产生间隙，这是不允许的。）

$F_3 = y_{定} \times k_{定} = 0.7615 \times 30000 = 22845\text{N}$（说明：理由同上，当$y_{定} > 0.7615\text{mm}$时，则夹紧元件与工件间将产生间隙，这是不允许的。）

6. 图3-77a所示联动机构$\alpha = 10°$，$\mu = 0.15$，夹紧工件同时锁紧辅助支承。试分析该夹紧设计方案能否实现，为什么？（杠杆比为1∶1）

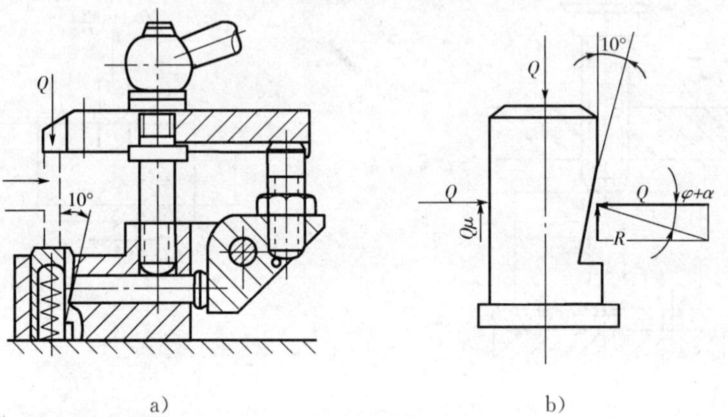

图3-77

【解】　从分析可知，此机构可以实现联合动作，则垂直方向上受力，即

$$Q - Q\mu = Q\text{tg}(\alpha + \varphi) = Q - 0.15Q - 0.33Q = 0.52Q > 0$$

即垂直方向上受力不平衡，辅助支承锁不紧。

思考与练习

1. 试分析图3-78所示各夹紧方案是否合理？若不合理，该如何改进？

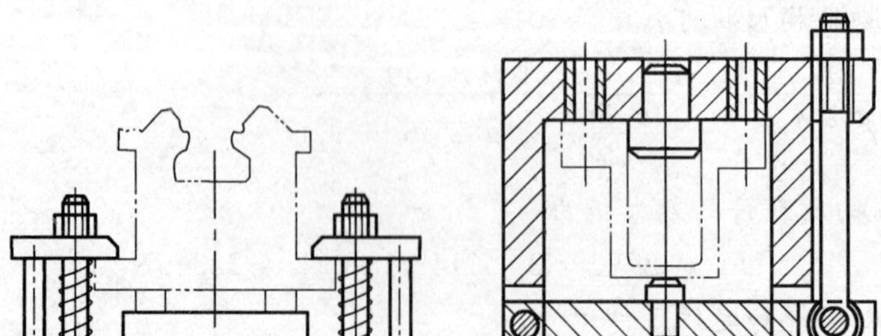

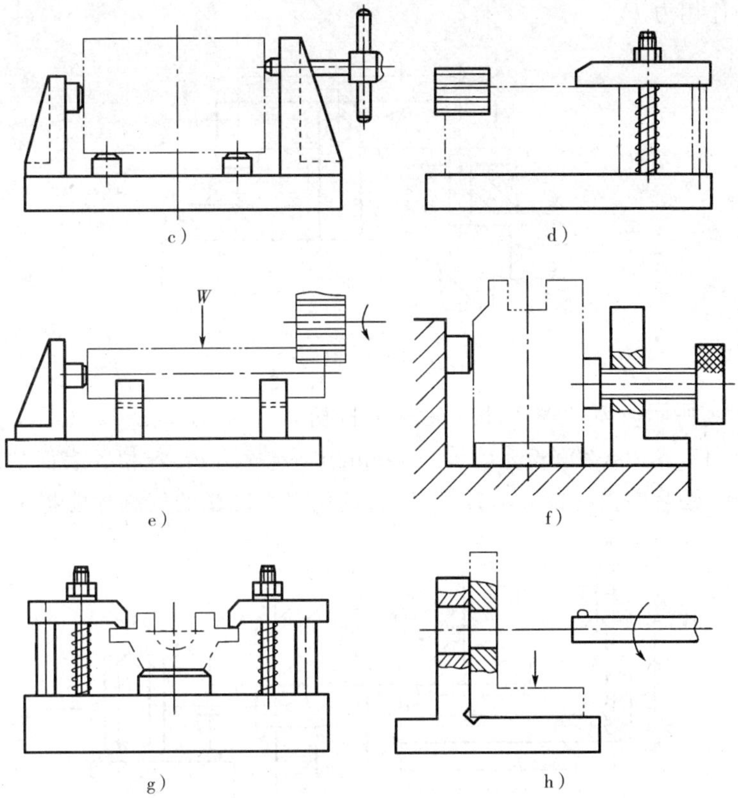

图 3-78

2. 夹紧装置如图 3-79 所示，已知：所需实际夹紧力 $W_G = 4000\text{N}$、$l = 150\text{mm}$，$l_1 = 100\text{mm}$、$\alpha_1 = \alpha_2 = 30°$、压缩空气工作压强 $p = 5 \times 10^5\,\text{Pa}$、机械效率 $\eta = 0.9$，试计算气缸直径（设单作用气缸的弹簧阻力 $q = 100\text{N}$）。

3. 图 3-80 所示，在 V 形块中定位，用螺钉压板夹紧铣键槽。已知轴向铣削力 $F_C = 200\text{N}$，工件重 $G = 100\text{N}$，夹具与工件间的摩擦系数均为 $\mu = 0.15$。试计算所需实际夹紧力 W_G（安全系数 $k = 2$），如果螺钉作用在压板中部，并采用标准扳手长度，试计算所需夹紧螺钉直径及应加在扳手上的原动力 Q。

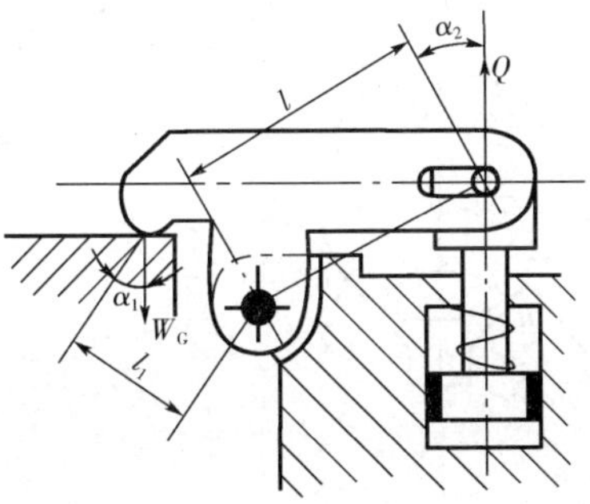

图 3-79

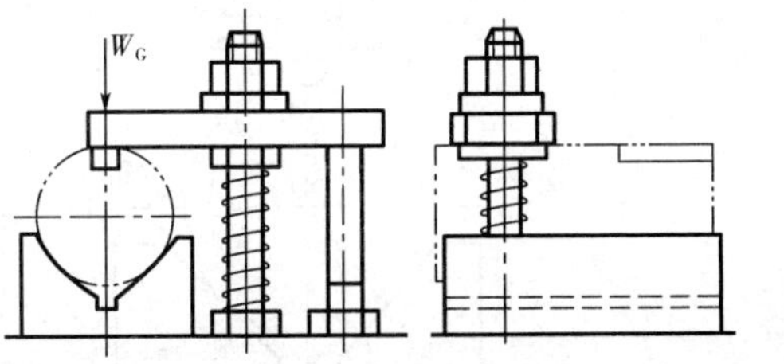

图 3-80

4. 已知切削力 F，若不计小轴 1、小轴 2 的摩擦损耗，试计算图 3-81 所示夹紧装置作用在斜楔左端的作用力 F_Q。

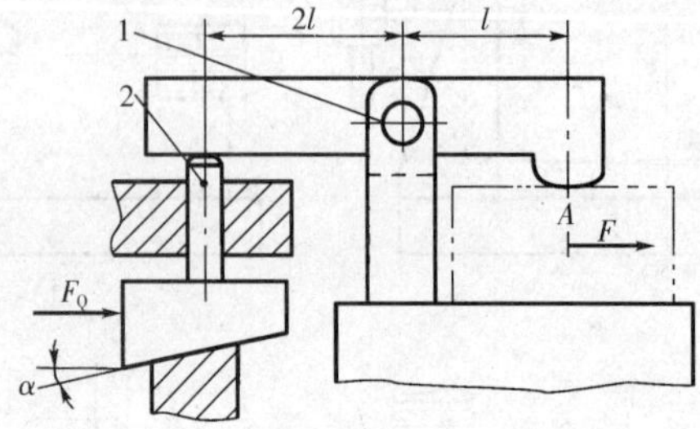

图 3 - 81

5. 图 3 - 82 所示气动夹紧机构，夹紧工件所需夹紧力 $F_J = 2000\text{N}$，已知气压 $p = 4 \times 10^5 \text{Pa}$、$\alpha = 15°$、$L_1 = 200\text{mm}$、$L_2 = 300\text{mm}$、$L_3 = 20\text{mm}$、各相关表面的摩擦系数 $f = 0.18$，铰链轴 ϕd 处摩擦损耗按 5% 计算，问需选用多大缸径的气缸才能将工件夹紧？

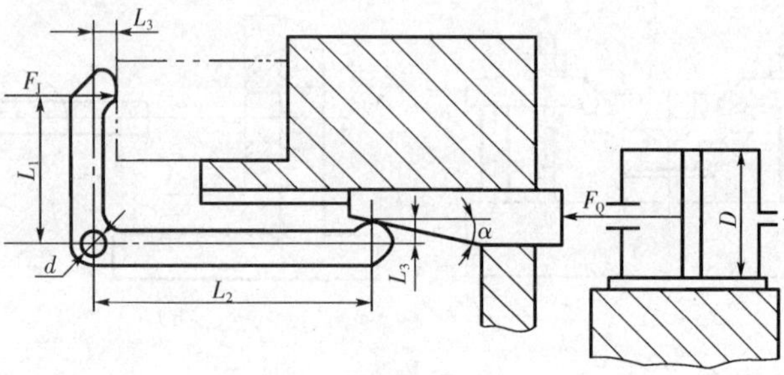

图 3 - 82

6. 图 3 - 83a 所示夹紧机构用螺杆夹紧直径为 $\phi 100\text{mm}$ 的工件，b 为受力分析图。已知切削力矩 $M = 3\text{N} \cdot \text{m}$，$A$、$B$ 及 C 点处的摩擦系数为 $\mu_A = \mu_B = \mu_C = 0.18$，定位工件的 V 形块角度为 $\alpha = 90°$。若夹紧选取 M12 × 1.75 的螺杆，手柄直径为 $\phi 62\text{mm}$，施于手柄上的力 $P = 80\text{N}$，螺杆与螺母间的摩擦系数为 0.15，试分析此夹紧力是否可靠？

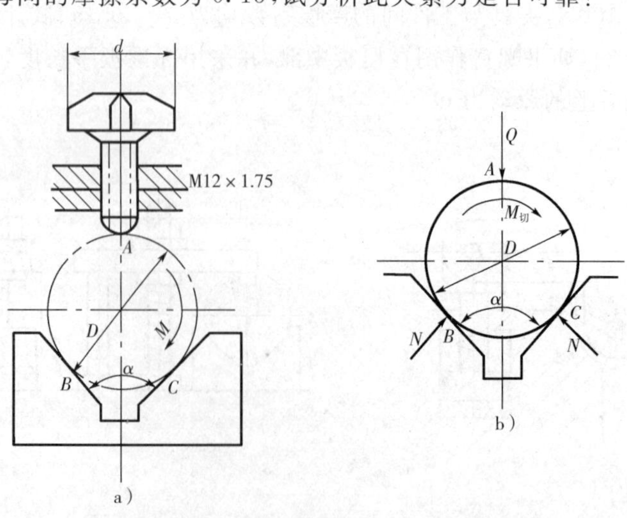

图 3 - 83

7. 图 3-84 所示车工件外圆装夹形式，已知主切削力和轴向切削力分别为 F_c 和 F_f。试求所需夹紧力的大小。

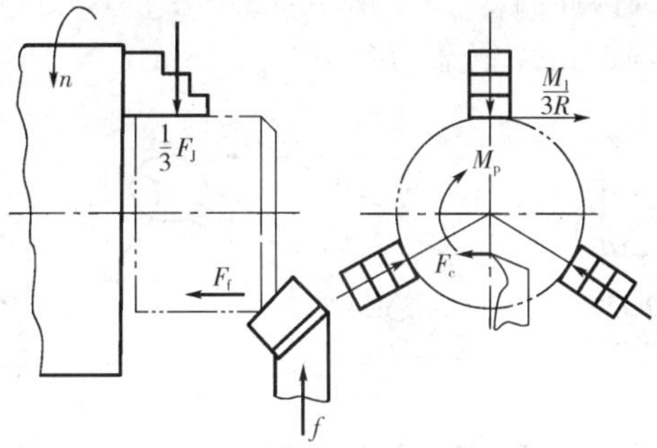

图 3-84

8. 夹紧装置如图 3-85 所示，已知活塞直径 $D = 200\text{mm}$，小轴直径 $d = 25\text{mm}$，楔角 $\alpha = 15°$，$D_1 = 100\text{mm}$，$p = 4 \times 10^5\text{Pa}$，$A$、$B$、$C$ 处的摩擦系数 $\mu = 0.18$，$F_{切} = 920\text{N}$，安全系数 $k = 1.5$，小轴 d 处的摩擦损耗按力的传递效率 $\eta = 95\%$，试计算分析夹紧是否可靠。

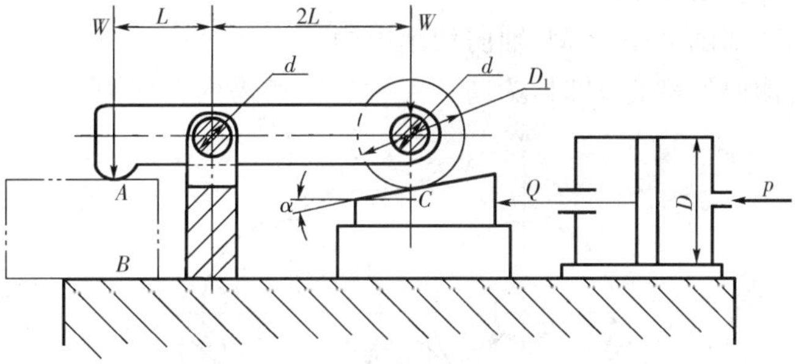

图 3-85

9. 试分析图 3-86 所示各夹紧机构是否合理，怎样改进。

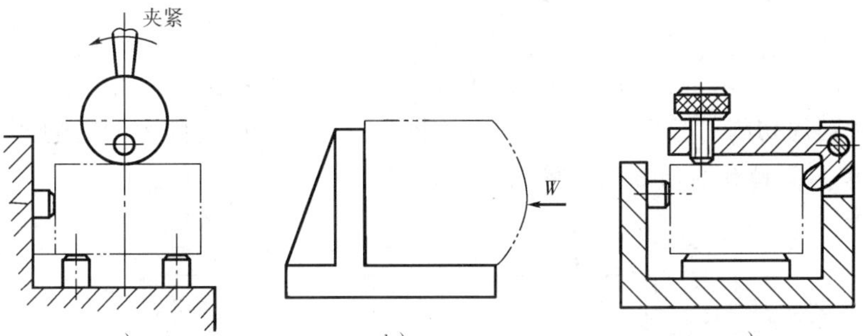

a)　　　　b)　　　　c)

图 3-86

10. 试计算如图 3-87 所示三种夹紧机构在相同的原动力 $Q = 150\text{N}$ 的作用下所产生的夹紧力的大小。

(1) 螺旋夹紧机构如图 3-87a 所示，已知螺母与螺杆间摩擦系数 $\mu = 0.1$，$L = 200\text{mm}$，螺杆为 M16。

(2) 圆偏心夹紧机构如图 3-87b 所示，已知偏心轮与工件间的摩擦系数为 $\mu_1 = 0.1$，偏心轮与转轴间摩擦系数 $\mu_2 = 0.1$，$L = 200\text{mm}$，$D = 50\text{mm}$，$e = 2.5\text{mm}$。

(3) 单斜楔滚子夹紧机构如图 3-87c 所示，已知滚子 1、滚子 2 与转轴间的摩擦系数 $\mu_1 = \mu_2 - 0.1$，滚子外径 $D = 30\text{mm}$，转轴直径 $d = 15\text{mm}$，$\alpha = 15°$。

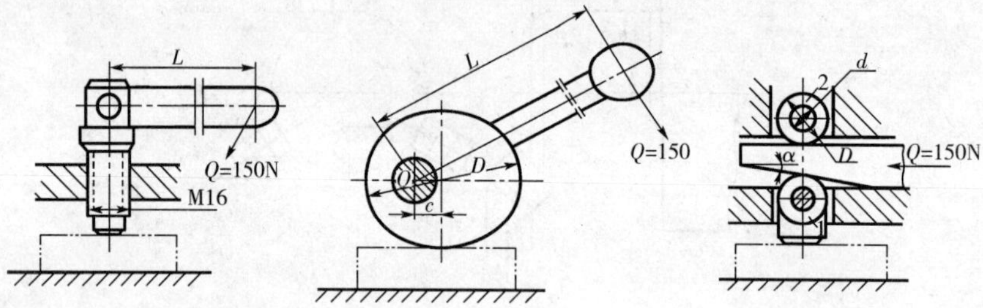

a)　　b)　　c)

图 3-87

11. 图 3-88 所示，工件以 V 形块定位，压板夹紧，已知工件与压板间的摩擦系数为 μ_1，工件与 V 形块工作面间的摩擦系数为 μ_2，V 形块两工作在夹角为 α，安全系数为 k，试计算以下两种受力情况所需夹紧力大小：

(1) 扩孔加工时切削力距为 M，轴向切削力为 P；

(2) 工件承受侧向切削力 P 时，为防止工件转动所需的夹紧力。

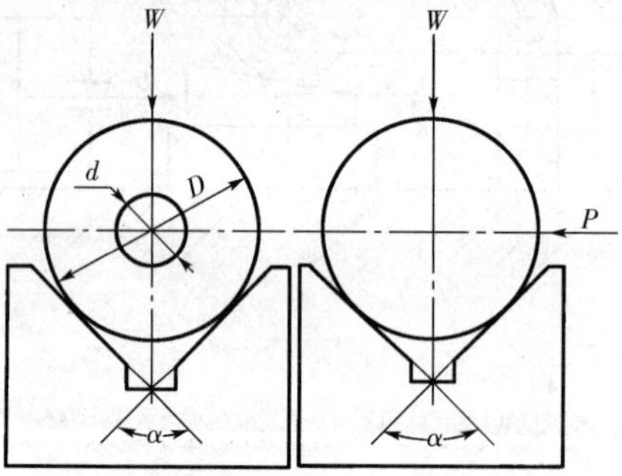

图 3-88

12*. 图 3-89 所示，已知夹紧件与工件间的摩擦系数为 μ_1，工件与定位件的摩擦系数为 μ_2，镗孔时圆周切削力分别为 FC_1 和 FC_2，忽略镗孔时轴向切削力的影响，安全系数为 k，试计算采用单刀头镗孔时所需的夹紧力。

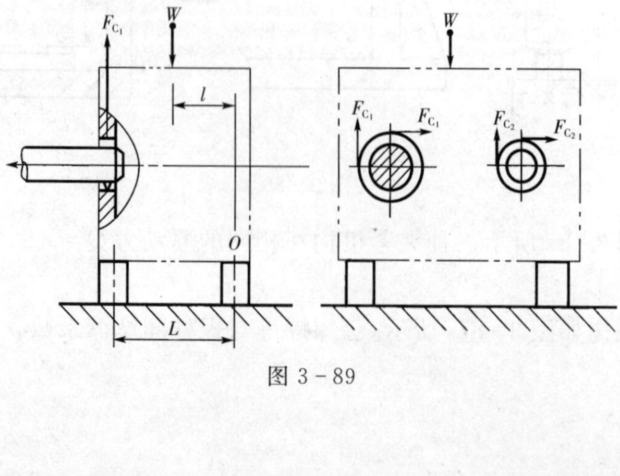

图 3-89

13*. 工件装夹如图3-90所示，用100N的手力，通过200mm长的扳手对工件进行夹紧，若 $F_c = 4000N$，$F_f = 1000N$，摩擦系数 $\mu = 0.1$，安全系数 $k = 1.5$，试问夹紧是否可靠？

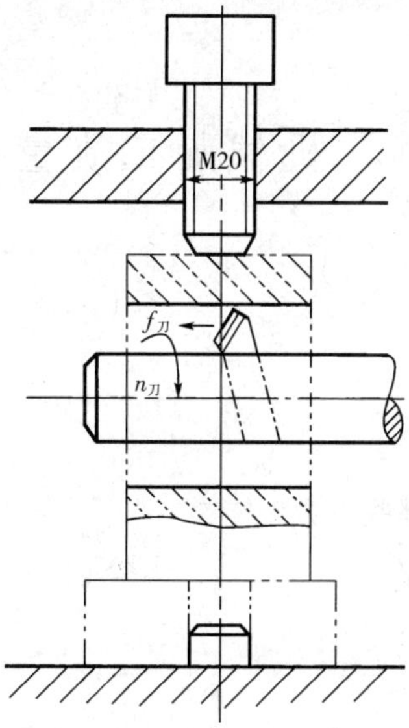

图 3-90

第四章　机械加工质量分析与控制

第一节　机械加工质量的概念

一、机械零件制造质量

知识要点设问

1. 产品质量包括哪些内容？
2. 机械零件制造质量包含哪些参数？

二、机械加工质量的含义

知识要点设问

1. 机械加工精度包含哪些内容？获得的方法是什么？
2. 影响机械加工精度的因素包含哪些方面？
3. 机械加工表面质量包含哪些内容？

三、机械加工方法的加工经济精度和表面粗糙度

知识要点设问

1. 什么叫加工经济精度和表面粗糙度？
2. 了解零件典型表面（平面、外圆、孔、成形表面）的加工方法及其加工经济精度和表面粗糙度。

第二节　机械加工表面质量

一、已加工表面的形成

知识要点设问

1. 切削和磨削加工过程的已加工表面形成机理有何不同？

二、影响表面质量的因素

知识要点设问

1. 为什么实际加工表面粗糙度比理论表面粗糙度大很多？
2. 表示加工表面加工硬化的参数有哪些？

3. 为什么会产生磨削烧伤?磨削烧伤有哪些种类?试述减轻磨削烧伤的措施。

4. 产生表面残余应力的原因是什么?

例题解析

1. 车削一铸铁零件外圆表面,已知走刀量 $f=0.5\text{mm/r}$,车刀的刀尖圆弧半径 $r_\varepsilon=4\text{mm}$,试求加工表面名义残留面积最大高度为多少?

【解】 由于铸铁件加工表面层的塑性变形很小,加工表面残留面积最大高度主要取决与刀具几何形状在加工表面上的复映。

由题意知

$$H=\frac{f^2}{8r_\varepsilon}=\frac{0.5^2}{8\times4}=0.0078\text{mm}$$

2. 用锋利的尖刀高速精镗内孔,已知刀具的主偏角 $k_r=45°$,副偏角 $k_r'=20°$,要求残留面积高度为 3.2μm,则:

(1) 不考虑工件材料的塑性变形对表面粗糙度影响,走刀量为多少?

(2) 分析实际加工表面粗糙度与计算求得粗糙度是否相同?为什么?

【解】 (1) 只考虑刀具几何形状在加工表面上的复映,可按刀尖残留面积高度的计算公式求 f,即

$$H=\frac{f}{\text{ctg}\kappa_r+\text{ctg}\kappa'_r},$$

$$f=H(\text{ctg}\kappa_r+\text{ctg}\kappa'_r)$$

所以 $f-0.012\text{mm/r}$。

(2) 实际加工表面粗糙度与计算求得粗糙度不相同,因实际切削加工时,由于物理因素(如塑性变形、切削热、积屑瘤及鳞刺等)的参与及系统的振动会改变刀尖残留面积的轮廓形状,并加大表面不平度的平均高度。

3. 刨削加工一块钢板,在切削力作用下被加工表面产生了塑性变形,其密度从 7.87g/cm^3 降至 7.75g/cm^3,试求在表面上产生的残余应力的大小?残余应力是压应力还是拉应力?

【解】 加工后表层金属密度下降,则比容由 V 增大至 $V+\Delta V$,两者成比例关系,即

$$\frac{V+\Delta V}{V}=\frac{7.87}{7.75}=\frac{7.75+0.12}{7.75}$$

所以 $\frac{\Delta V}{V}=\frac{0.12}{7.75}$。

由于体膨胀系数是线膨胀系数的三倍,即

$$\frac{\Delta V}{V}=3\frac{\Delta l}{l}$$

所以

$$\frac{\Delta l}{l}=\frac{\Delta V}{3V}=\frac{0.12}{3\times7.75}=5.16\times10^{-3}$$

残余应力为

$$\sigma = E \times \frac{\Delta l}{l} = 2.1 \times 10^{11} \times 5.16 \times 10^{-3} = 1083.6 \times 10^{6} = 1083.6\text{MPa}$$

由于表面层比容体积增大，受内层基体金属限制，故表层为残余压应力。

思考与练习

1. 为什么机械零件的表面质量与加工精度具有同等重要的意义？

2. 为什么在切削加工中一般都会产生冷作硬化现象？

3. 什么是回火烧伤、淬火烧伤、退火烧伤？

4. 表面粗糙度与加工精度有什么关系？试举例说明机器零件的表面粗糙度对其使用寿命及工作精度的影响。

5. 为什么机器上许多静止连接的接触表面（如车床床头箱与床身接合面，过盈配合的轴与孔表面等），往往都要求较小的表面粗糙度，而有相对运动的表面又不能对粗糙度要求过小？

6. 机械加工过程中为什么会造成被加工零件表面层物理力学性能的改变？这些变化对产品质量有何影响？

7. 加工有色金属为什么不宜用磨削加工？通常为获得小粗糙度的加工表面应采用哪些加工方法？如果需要磨削有色金属，应采取什么措施？

8. 在加工工艺条件相同的情况下磨削外圆时，纵磨法和横磨法中哪种方法加工出的外圆表面质量高？为什么？

9. 试比较铣削平面时，下列不同铣削方式对加工表面质量的影响：

(1) 顺铣与逆铣；(2) 周铣与端铣。

10. 加工精密零件时，为了保证加工表面的质量，粗加工前常有球化处理、退火、正火；粗加工后常有调质、回火；精加工前常有渗碳、渗氮及淬火工序。试分析这些热处理工艺的作用。

11. 磨削加工时，影响加工表面粗糙度的主要因素有哪些？磨削外圆时，为什么说提高工件速度 v_w 及砂轮速度 v_c，有利于减小加工表面的粗糙度，防止表面烧伤并能提高生产率？

12. 图 4－1 所示为磨削淬火钢的磨削表面层的应力状态与磨削深度的实验曲线，试解释之。

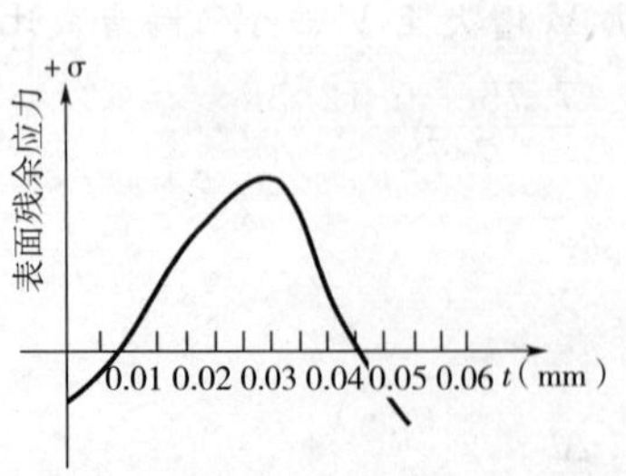

图 4－1

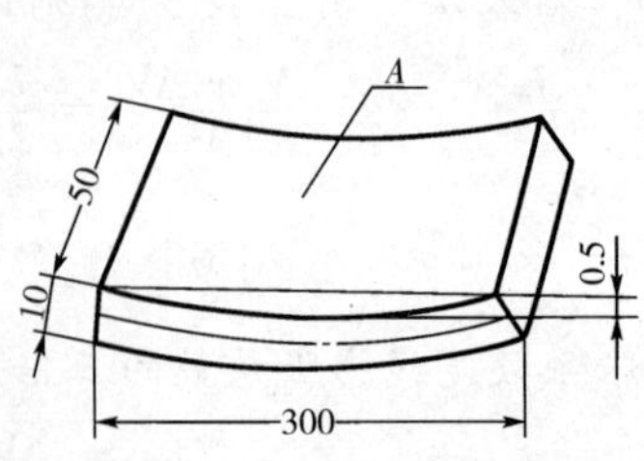

图 4－2

13. 图 4－2 所示，磨削一长方形薄钢板工件（假设毛坯上下面是平直的），当磨削平面 A 后，工件产生弯曲变形，试分析工件产生中凹变形的原因。

14. 车削一零件的外圆，要求表面粗糙度的值为 $R_Z3.2\mu m$，已知车刀刀尖圆弧半径为

$y_\varepsilon = 3\text{mm}$，进给量 $f = 0.5\text{mm/r}$，如果不考虑工件材料塑性变形等因素的影响，问能否达到要求？若改用主偏角为 45°、副偏角为 30° 的尖刀进行切削，进给量该取多少？是否进给量越小，加工出的表面粗糙度就越低？

15. 在外圆磨床上磨削一个刚度较大的光轴，磨削时工件表面温度曾升高到 850℃，其密度从 7.75g/cm^3 增至 7.78g/cm^3 磨削时用切削液，钢的线膨胀系数 $\alpha = 11.5 \times 10^{-6}℃^{-1}$。问：(1) 工件冷却到室温(20℃) 时，表面上会产生多大的残余应力(钢的弹性模量 $E = 2.1 \times 10^{11}\text{N/m}^2$)？(2) 是压应力还是拉应力？

三、提高表面质量的途径

知识要点设问

1. 什么叫光磨？光磨次数与磨削表面质量是什么关系？

2. 什么叫光整加工？有哪些方法？简述其原理。

3. 什么叫表面强化工艺？安排它在加工工艺过程中哪一个阶段进行？

4. 改善加工表面质量的途径有哪些？为什么表面强化工艺能改善加工表面质量？常用的表面强化工艺方法有哪些？

四、表面质量对零件使用性能的影响

知识要点设问

1. 表面质量对零件使用性能有哪些影响？

2. 为什么机器零件一般都是从表面层开始破坏？

五、机械加工中振动

知识要点设问

1. 切削加工中有哪几种振动？产生原因是什么？

2. 消除强迫振动的方法有哪些？

3. 为什么会产生自激振动？消除自激振动的方法有哪些？

思考与练习

1. 试比较自由振动、强迫振动、自激振动的特点与异同。

2. 磨削花键轴时是否会产生振动？属于何种振动类型？若已知工件转速为 $n_工$，花键槽数为 z，试求系统的振动频率？

3. 为什么弹簧车刀比刚性车刀的抗振性好？弯头刨刀比直头刨刀抗振性好？

4. 试回答下列情况中哪些情况抗振性好？原因何在？

(1) 车外圆时车刀装高一点或低一点；

(2) 镗孔时镗刀装高一点或低一点；

(3) 车套筒端面时，由外圆向中心进给或由中心向外圆进给。

5. 何谓强迫振动？试画出强迫振动的幅频特性曲线，并分析曲线说明了什么？

6. 试分析减少和抑制强迫振动的有效途径。

7. 在外圆磨床上磨削光轴外圆时，加工表面产生明显的振痕，有人认为是电动机的影响，也有人认为是砂轮不平衡的影响，试考虑应该如何正确地区别。

8. 机械加工中产生自激振动的原因是什么？

9. 简要解释自激振动的再生效应学说和振型耦合学说。

10. 圆镗杆的刚度与削扁镗杆的刚度哪个高、两者的抗振性哪个好？为什么？

11. 图4-3所示试验，试解释：车削时当刀具处于水平位置时振动较强（图a），若把刀具反装时（图b），或采用前后刀架同时切削时（图c），或设法把刀具沿工件旋转方向转过某一角度时（图d），振动可能会减弱或消失。

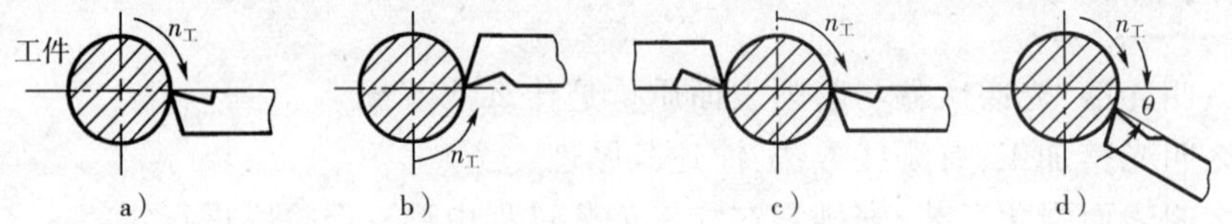

图4-3

第三节　机械加工精度

一、影响加工精度的因素

知识要点设问

1. 工艺系统的误差就是加工误差吗？何谓误差敏感方向？
2. 为什么要对机床进行精度检测？它与加工精度有关吗？
3. 分析车床主轴回转轴线与导轨的平行度误差造成的工件形状误差。
4. 提高螺纹加工精度的方法有哪些？为什么？
5. 什么情况下要考虑刀具尺寸磨损量对工件形状和尺寸精度的影响？
6. 成形和展成刀具设计、制造和安装误差会造成哪些加工误差？
7. 何谓机械加工工艺系统？何谓工艺系统刚度？工艺系统承受哪些外力？
8. 为什么工艺系统刚度较同一尺寸单一物体的刚度低？
9. 为什么会产生误差复映？减小误差复映的途径有哪些？
10. 工艺系统刚度随切削力作用点的变化而变化吗？
11. 车床刚度切削测定法是根据什么原理进行的？
12. 车削薄壁套筒和磨削薄板零件时，如何减小夹紧力引起的变形？
13. 工件热变形与哪些因素有关？
14. 减少机床热变形的措施有哪些？
15. 如何减小残余应力对加工精度的影响？
16. 精密切削加工时，如何减小微量进给误差？
17. 影响加工精度的因素中，哪些属于系统误差？哪些属于随机误差？
18. 试举例说明加工精度、加工误差、公差的概念以及它们之间的区别。

例题解析

1. 在车床上加工短而粗的光轴(工件刚度相对于机床刚度大得多,可以认为不变形),已知径向切削分力 $F_p = 1000N$,主轴刚度 $k_{主轴} = 100000N/mm$,尾座刚度 $k_{尾座} = 50000N/mm$,试求机床刚度不均引起的加工表面的形状误差为多少?并画出光轴加工后的形状。

【解】 在切削过程中工艺系统的总位移为

$$y_{系} = \frac{F_p}{k_{刀架}} + \frac{F_p}{k_{主轴}}\left(\frac{l-x}{l}\right)^2 + \frac{F_p}{k_{尾座}}\left(\frac{x}{l}\right)^2$$

先求位移最小值,此时切出的工件直径最小。为此对 $y_{系}$ 求导

$$y'_{系} = \frac{2F_p x}{k_{尾座}l^2} - \frac{2Fp(l-x)}{k_{主轴}l^2}$$

令 $y'_{系} = 0, \frac{x}{k_{尾座}} - (\frac{l-x}{k_{主轴}}) = 0$,则

$$x = \frac{k_{尾座}l}{k_{主轴} + k_{尾座}} = \frac{50000l}{100000 + 50000} = \frac{l}{3}$$

所以,当 $x = \frac{l}{3}$ 时,$y_{系}$ 最小(即系统刚度最大),最小值为

$$y_{系\min} = \frac{F_p}{k_{刀架}} + \frac{F_p}{k_{尾座}}\left(\frac{1}{3}\right) + \frac{F_p}{k_{主轴}}\left(\frac{2}{3}\right)^2$$

在尾座处($x = l$)系统刚度最小,$y_{系}$ 最大,最大值为

$$y_{系\max} - \frac{F_p}{k_{刀架}} + \frac{F_p}{k_{尾座}}$$

则加工后,轴的形状误差如图 4-4 所示。

$$\begin{aligned}
\Delta D &= 2(y_{系\max} - y_{系\min}) \\
&= 2\left[\left(\frac{F_p}{k_{刀架}} + \frac{F_p}{k_{尾座}}\right) - \left(\frac{F_p}{k_{刀架}} + \frac{F_p}{k_{尾座}} \times \frac{1}{}9 + \frac{F_p}{k_{方轴}} \times \frac{4}{9}\right)\right] \\
&= 2\left[\frac{F_p}{k_{尾座}}(1 - \frac{1}{9}) - \frac{F_p}{k_{主轴}} \times \frac{4}{9}\right] \\
&= 2\left(\frac{1000}{50000} \times \frac{8}{9} - \frac{1000}{100000} \times \frac{4}{9}\right) \\
&= 0.0266mm
\end{aligned}$$

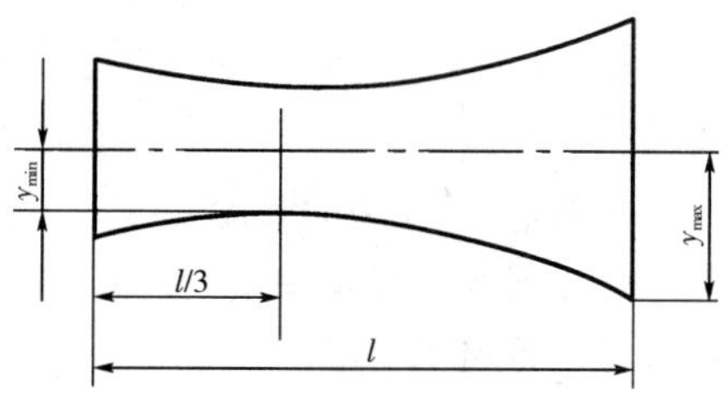

图 4-4

2. 已知卧式车床的主轴刚度 $k_{主轴} = 300000N/mm$,尾座刚度 $k_{尾座} = 56600N/mm$,$k_{刀架} = 30000N/mm$,径向切削分力 $F_p = 4000N$,设工件刚度、刀具刚度、夹具刚度相对较大,试计算加工一光轴由于工艺系统刚度发生变化引起的圆柱度误差。

【解】 由工艺系统变形极值公式

$$y_{系\max} = \frac{F_p}{k_{刀架}} + \frac{F_p}{k_{尾座}}, y_{系\min} = \frac{F_p}{k_{刀架}} + \frac{F_p}{k_{尾座} + k_{主轴}}$$

得

$$y_{系max} = 4000 \times (\frac{1}{30000} + \frac{1}{56600}) = 0.204\text{mm}$$

$$y_{系min} = 4000 \times (\frac{1}{30000} + \frac{1}{300000 + 56600}) = 0.144\text{mm}$$

则由于工艺系统刚度变化引起的工件圆柱度误差

$$\Delta d = y_{系max} - y_{系min} = (0.204 - 0.144)\text{mm} = 0.06\text{mm}$$

3. 图4-5所示，车削具有偏心量$e = 1.5$mm的短阶梯轴，分两次进给粗车小头外圆，设两次进给的误差复映系数均为$\varepsilon = 0.1$，试估算加工后阶梯轴的偏心量是多大？

【解】 第一次进给后的偏心量为

$$\Delta_{工1} = \varepsilon\Delta_{毛}$$

第二次进给后的偏心量为

$$\Delta_{工2} = \varepsilon\Delta_{工1} = \varepsilon^2\Delta_{毛} = 0.1^2 \times 1.5 = 0.015\text{mm}$$

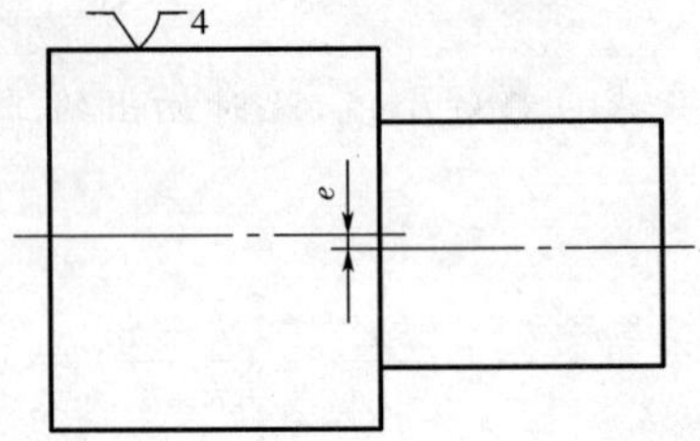

图4-5

4. 在车床上半精车大直径短孔，加工前内孔的圆度误差为0.4mm，加工后要求圆度误差达到0.01mm。已知主轴刚度$k_{主轴} = 40000$N/mm，刀架刚度$k_{刀架} = 3000$N/mm，尾座刚度$k_{尾座} = 25000$N/mm，走刀量$f = 0.05$mm/r，走刀量指数$y_{F_p} = 0.75$，工件材料布氏硬度HBS = 200，材料硬度指数$n = 2$，径向切削力系数$C_{F_p} = 1000$，切削条件系数$C_y = 0.025$。试分析计算在只考虑机床刚度的影响时，一次走刀圆度精度能否达到图样要求？若达不到要求，可采取何种工艺措施？

【解】 车工件孔时，工艺系统的刚度为

$$k_{系} = \frac{1}{1/k_{刀架} + 1/k_{主轴}} = \frac{k_{刀架} \times k_{主轴}}{k_{刀架} + k_{主轴}} = \frac{40000 \times 3000}{43000} = 2790\text{N/mm}$$

误差复映系数由题意得

$$\varepsilon = \frac{C_{F_p} f^{y_{F_p}}}{k_{系}} = \frac{1000 \times 0.05^{0.75}}{2790} = 0.037$$

或
$$\varepsilon = \frac{C_y HB^2 f^{yF_p}}{k_{系}} = \frac{0.025 \times 200^2 \times 0.05^{0.75}}{2790} = 0.037$$

故
$$\Delta_{后} = \Delta_{前} \cdot \varepsilon = 0.4 \times 0.037 = 0.015\text{mm}$$

可见，一次走刀达不到要求。

为达到加工精度要求，可再一次走刀或减少走刀量、提高工艺系统刚度、减小误差复映系数等工艺措施。

6. 图4-6所示为套筒零件，当其在外圆磨床上用心轴定位磨削外圆时，由于磨削区的高温冷却后存在残余应力，试分析外圆及内孔处残余应力的符号？若用锯片刀铣开此套筒，问铣开后的两个半圆环将产生什么样的变形？

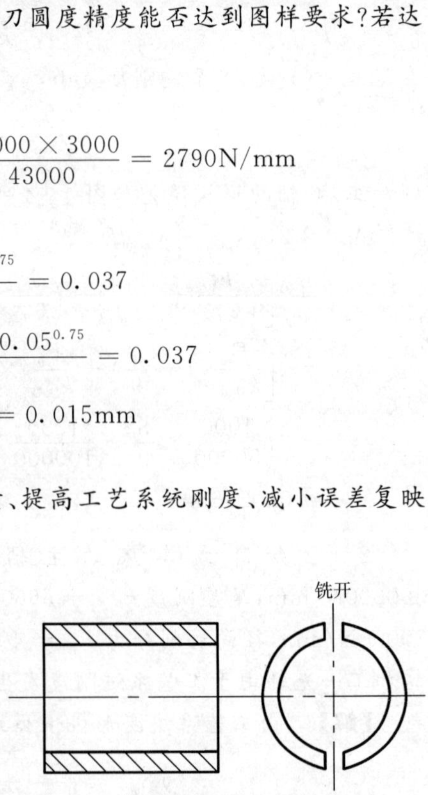

图4-6

【解】 外层金属处于磨削区高温下，热涨时产生了热塑性变形，冷却时外层组织微观体积要收缩，

受到内层基体的阻碍而产生残余应力，外层受拉，内孔表面受压。

铣开后，两半环中的残余力将重新分布，在上述表面残余应力作用下，工件将发生变形以达到新的应力平衡，此时半圆环变"直"，即曲率半径变大。

7. 图4-7所示为采用夹具装夹加工一批工件的通槽，试分析在只考虑工艺系统静误差影响的条件下，造成加工后通槽侧面与工件侧面 A 平行度误差的主要因素。

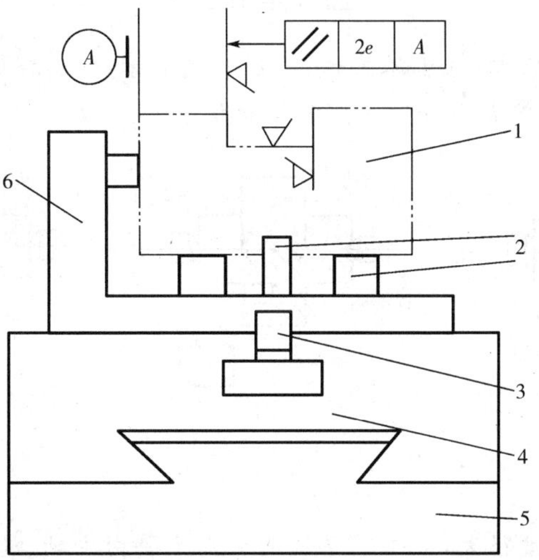

1—工件　2—定位元件　3—定向键　4—滑板　5—工作台　6—夹具体

图4-7

【解】　组成工艺系统静误差的是机床和夹具制造误差，造成加工后通槽侧面与工件侧面 A 平行度误差的主要因素有：

(1) 夹具左侧定位元件的定位表面对夹具定位键侧面之间的平行度误差；

(2) 夹具定位键与铣床工作台 T 型槽之间的配合间隙；

(3) 铣床工作台 T 型槽侧面对工作台燕尾导轨的平行度误差。

8. 图4-8所示为在镗床上镗孔，镗床主轴与工作台面有平行度误差 α。问当工作台作进给运动时，所加工的孔将产生何种误差？其值为多大？当主轴作进给运动时，该孔将产生何种误差？其值多大？

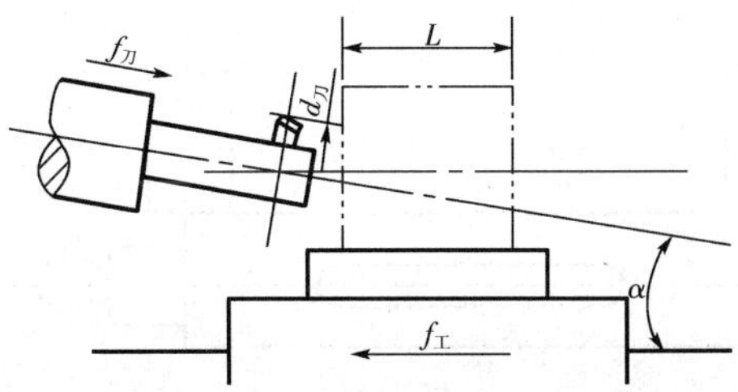

图4-8

【解】 (1) 由于存在平行度误差，工作台进给加工后的工件内孔为椭圆形，其圆度误差为

$$\Delta D_1 = \frac{d_{刀}}{2}(1-\cos\alpha)$$

在 α 很小时，可近似计算为

$$\Delta D_1 = \frac{\alpha^2}{4} d_{刀}$$

(2) 当主轴进给时，将镗出一个与工件底面夹角为 α 的圆孔，平行度误差为

$$\Delta D_2 = L\tan\alpha$$

9. 假设工件的刚度极大，且车床主轴、尾座刚度不等，$k_{主轴} > k_{尾架}$，试分析图 4-9 所示的三种加工情况，加工后工件表面会产生何种形状误差？

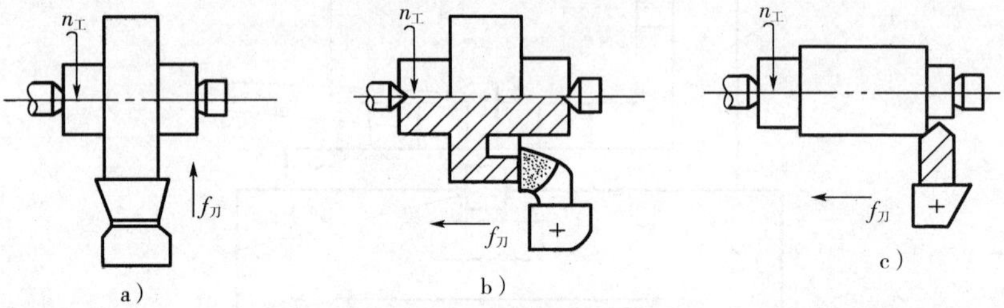

图 4-9

【解】 由于工件刚度很大，故工艺系统的变形主要由主轴、尾座和刀架刚度引起。

图 a 中，用宽刀刃横切外圆，在径向切削力的作用下，尾座顶尖处的位移量大于前顶尖处的位移量，加工后工件外圆表面成锥形，右端直径大于左端直径，存在圆柱度误差；

图 b 中，用宽刀刃纵切端面，在轴向切削力的作用下，工件受到扭矩的作用会产生顺时针方向的偏转。若刀具刚度很大，加工后端面会产生中凹；

图 c 中，用尖刀纵切外圆，由于切削力作用点位置变化，工件的偏转角度随刀具所在位置不同而不同，将使工件形成鞍形，且右端直径大于左端直径，造成工件加工后的圆柱度误差。

10. 图 4-10 所示为在外圆磨床上磨削一根带有键槽的细长轴。现机床的几何精度高，且床头、尾架的刚度不等，$k_{头架} > k_{尾架}$，试分析在只考虑工艺系统受力变形影响下，往复磨削一次后，被磨轴径在轴向和径向将产生何种形状误差？采取何措施可提高加工后的形状精度？

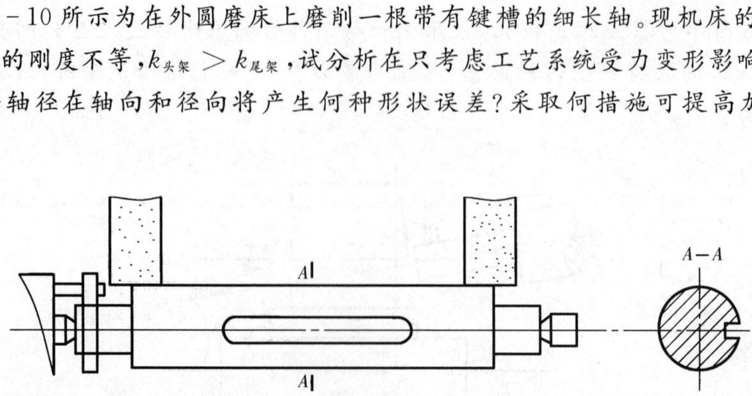

图 4-10

【解】 由于磨削量和正压力较大，工件刚度较低，工件中间有较大变形，往复磨削一次后出现两头小、中间大的腰鼓形误差。且在 $k_{头架} > k_{尾架}$ 时，靠近机床尾架处直径大于靠近床

头处直径。如果砂轮在轴的两端的超出量过大，会因砂轮与工件接触面积的变化，出现磨削量的差异，轴的两端产生锥度误差。工件在轴向的形状误差是上述三种形状误差的合成。

在径向截面上，因轴向开有键槽，使轴在键槽对称平面内的刚度削弱，磨后会出现圆度误差；砂轮磨至槽口处，与工件的接触面积减小，磨削力减小，靠弹性恢复使磨除量变大，磨后出现槽口塌陷。

为提高形状精度，应适当增加无进给光磨磨削次数，控制砂轮在轴两端的超出量，并使砂轮在工件各处停留时间均匀。

11. 加工一合金钢管，其外径为 $\phi100^{0}_{-0.054}$mm，长度 $l = 2100$mm，圆柱度公差在全长范围内为 0.02mm。选用刀具材料 YT15(单位磨损量 $\mu_0 = 8.5\mu$m，初始磨损量 $\mu_B = 4\mu$m)，进给量 $f_1 = 0.32$mm/r，试计算由于刀具磨损所产生的圆柱度误差是否超差？若改用 YT30 车刀(单位磨损量 $\mu_0 = 3.5\mu$m，初始磨损量 $\mu_B = 2\mu$m)，采用大进给 $f_2 = 1.98$mm/r 加工，试计算由于刀具磨损是否会造成圆柱度超差？

【解】 由题意知，采用 YT15 车刀，则

切削路程 $L = \dfrac{\pi dl}{1000f} = \dfrac{3.14159 \times 100 \times 2100}{1000 \times 0.32} = 2061.67\text{m}$

车刀尺寸磨损量 $NB = \mu_B + \dfrac{L}{1000}\mu_0 = (4 + \dfrac{2061.67}{1000} \times 8.5) = 21.5\mu\text{m}$

全长的圆柱度误差 $\Delta d = 2NB = 2 \times 21.5 = 43\mu\text{m} > 32\mu\text{m}$

故圆柱度超差。

由题意知，采用 YT30 车刀，则

切削路程 $L = \dfrac{\pi dl}{1000f} = \dfrac{3.14159 \times 100 \times 2100}{1000 \times 1.98} = 333.2\text{m}$

车刀尺寸磨损量 $NB = \mu_B + \dfrac{L}{1000}\mu_0 = (2 + \dfrac{333.2}{1000} \times 3.5) = 3.2\mu\text{m}$

全长的圆柱度误差 $\Delta d = 2NB = 2 \times 3.2 = 6.4\mu\text{m} < 20\mu\text{m}$

故圆柱度合格。

12. 在车床上加工一丝杠，工件总长为 $l = 2650$mm，螺纹部分的长度 $L = 2000$mm，工件材料与机床丝杠材料都是 45 钢，加工时室温为 $t_0 = 20$℃，加工后工件温度升高至 $t_{工} = 45$℃，车床丝杠温度升高至 $t_{母} = 30$℃，试求工件全长上由于热变形引起的螺距累积误差为多少？(钢的线性膨胀系数为 11×10^{-6}/℃)

【解】 加工时车床丝杠螺纹部分的热伸长为

$$\Delta_{母} = \alpha \cdot L \cdot (t_{母} - t_0) = 11 \times 10^{-6} \times 2000 \times (30 - 20) = 0.22\text{mm}$$

加工时工件丝杠螺纹部分的热伸长为

$$\Delta_{工}\ \alpha \cdot L \cdot (t_{工} - t_0) = 11 \times 10^{-6} \times 2000 \times (45 - 20) = 0.55$$

工件冷却后的螺距累积误差为

$$\Delta'_{工} = \Delta_{母} - \Delta_{工} = 0.22 - 0.55 = -0.33\text{mm}$$

即工件螺距因工件冷却收缩而变小。

思考与练习

1. 一批工件加工误差的性质分为哪几类？试举例说明它们的概念以及它们之间的

区别?

2. 工艺系统的几何(静态)误差及动态误差各包括哪些内容?试举例说明各种误差因素的原始误差如何影响加工误差?

3. 何谓误差敏感方向与误差不敏感方向?试举例说明不同方向的原始误差对加工误差影响程度有何不同?

4. 为什么对卧式车床床身导轨在水平面内的直线度要求高于在垂直面内的直线度要求?而对平面磨床的床身导轨其要求却相反?对镗床导轨的直线度为什么在水平面与垂直面都有较高的要求?

5. 何谓传动链误差?在什么加工场合下,才要考虑机床传动链误差对加工精度的影响?

6. 试分析在车床上车锥孔或车外锥体时,由于刀尖安装高于或低于工件轴线时将会引起什么样的误差?

7. 在车床的使用过程中,发现主轴内锥孔或三爪卡盘的定心表面径向跳动过大,为此常在刀架上安装内圆磨头以修磨主轴内锥孔或三爪卡盘的定心表面,修磨后用千分表测量时使其径向跳动大大下降,试分析此时主轴回转精度能否提高?为什么?

8. 在卧式镗床上镗箱体工件孔,试分别分析:

(1) 采用刚性主轴镗杆;

(2) 采用浮动镗杆(指与主轴连接的方式)和镗模夹具。

影响镗杆回转精度的主要因素(静态)有哪些?

9. 机床上各部件都有误差,加工时如何判断哪些部件的误差对加工精度有直接影响?哪些部件的误差对加工精度没有影响?

10. 在车床上加工丝杠时,产生传动链误差最主要的环节是什么?它们引起的误差对一批工件而言其误差性质属于什么?通常采用哪些措施来提高传动链精度?

11. 在车床上用三爪卡盘夹持轴承外环的外圆进行镗孔时,试问三爪卡盘的制造误差(如有偏心)对镗孔的尺寸,几何形状及相互位置精度(如孔对定位外圆的同轴度误差)是否有直接影响?为什么?

12. 在内圆磨床上磨削主轴锥孔时,若工件回转轴线与砂轮回转轴线不等高,锥孔会产生怎样的加工误差?当用标准检验棒做着色检验接触情况时会发现什么现象?它对机床主轴的使用性能有何影响?

13. 何谓加工原理误差?由于近似加工方法都将产生加工原理误差,因而都不是完善的加工方法,这种说法对吗?

14. 若只考虑机床刚度对加工精度的影响,试比较在牛头刨床、龙门刨床、单臂刨床上加工平面的几何形状精度。

15. 试分别说明下列各种加工条件下,工艺系统产生热变形及其对加工误差的影响有何不同:

(1) 刀具的连续切削与间断切削;

(2) 加工时工件均匀受热与不均匀受热;

(3) 机床热平衡前与热平衡后。

16. 一批要求精密配合(间隙 0.01 ~ 0.02mm)的偶件,若小轴尺寸为 $\phi10\times50$,孔轴都已加工好了,零件经检验都合格入库了,但在装配时发现小轴装不进孔中去,试分析造成以上现象的可能原因。

17. 加工外圆、内孔与平面时，机床传动链误差对加工精度有无影响？在怎样的加工场合下，才须着重考虑机床传动链误差对加工精度的影响？传动元件的误差传递系数的物理意义是什么？

18. 试举例说明用误差补偿法如何提高加工精度。对于变值系统（规律性）误差及随机误差能否补偿呢？

19. 实际生产中加工一大批工件时，在什么条件下才能获得加工尺寸的正态分布曲线？该曲线有何特点？表征曲线的基本特性参数有哪些？

20. 用调整法精镗一批工件的孔，要求孔的直径为 $\phi60_{0}^{+0.10}$ mm，测得的实际尺寸列表如下：

组号＼序号	1	2	3	4	5	6	7	8	9	10
Ⅰ	60.07	60.08	60.07	60.09	60.10	60.07	60.06	60.06	60.08	60.10
Ⅱ	60.08	60.10	60.08	60.07	60.05	60.06	60.08	60.10	60.09	60.09
Ⅲ	60.06	60.05	60.05	60.04	60.05	60.05	60.06	60.06	60.08	60.06
Ⅳ	60.08	60.07	60.04	60.05	60.07	60.09	60.10	60.08	60.06	60.09
Ⅴ	60.09	60.08	60.09	60.10	60.09	60.08	60.09	60.07	60.08	60.10

求：(1) 该批工件所能达到的加工精度为多少？能否满足加工要求？

(2) 该批工件的最大及最小的加工误差为多少？

21. 图 4-11 所示为精镗活塞销孔工序的示意图，工件以止口面及半精镗过的活塞销孔定位，试分析影响工件加工精度的工艺系统的各种原始误差因素。

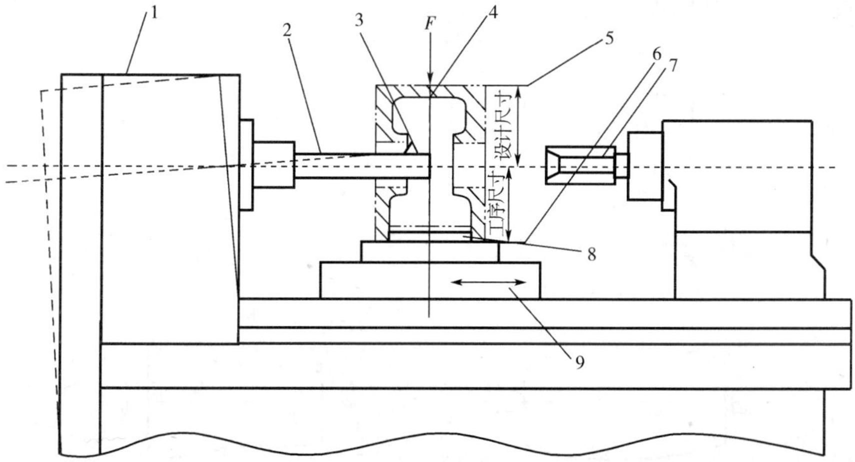

图 4-11

1— 机床主轴箱　2— 镗杆　3— 镗刀　4— 压紧力　5— 设计基准　6— 定位基准　7— 削边销　8— 止口　9— 工作台

22. 图 4-12 所示为在车床上加工台阶轴，粗车、半精车外圆 A 及肩台面 B 后，再精车 A

及 B，经检测发现 A 有圆柱度误差，B 对 A 有垂直度误差。试从机床几何误差的影响，分析产生以上误差的主要原因有哪些？

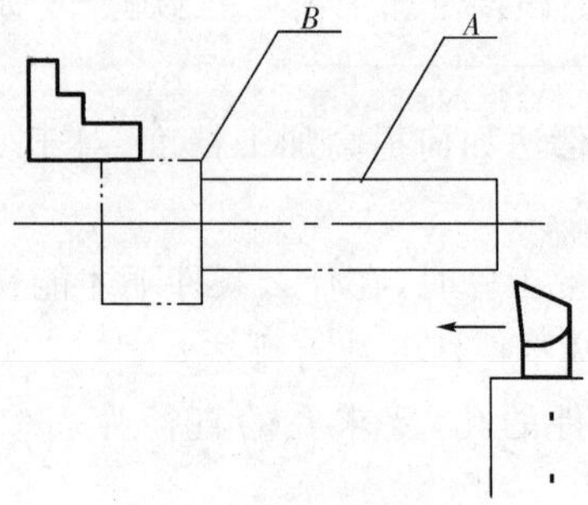

图 4－12

23. 图 4－13 所示为用成形车刀在车床上加工手柄件的曲面，若成形刀刃安装略高（或略低）于工件的回转轴线，或成形刀具在水平面内安装倾斜，试分析加工后工件将产生怎样的几何形状误差？

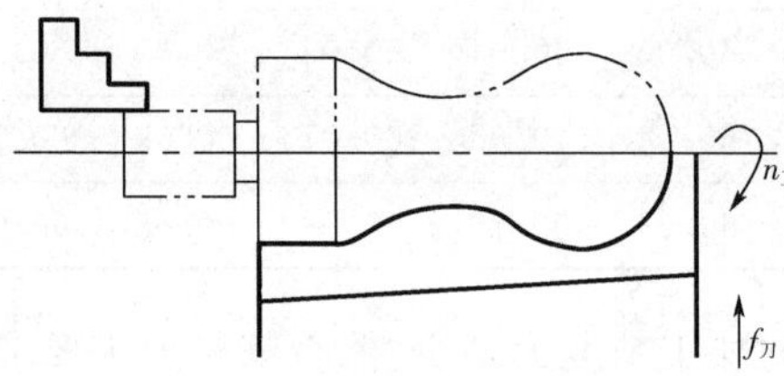

图 4－13

24. 在车床上加工一批光轴的外圆，加工后经度量发现整批工件有下列几何形状误差：

（1）锥形（图 4－14a）；

（2）鞍形（图 4－14b）；

（3）腰鼓形（图 4－14c）；

（4）喇叭形（图 4－14d）。

试分别说明可能产生上述误差的各种因素。

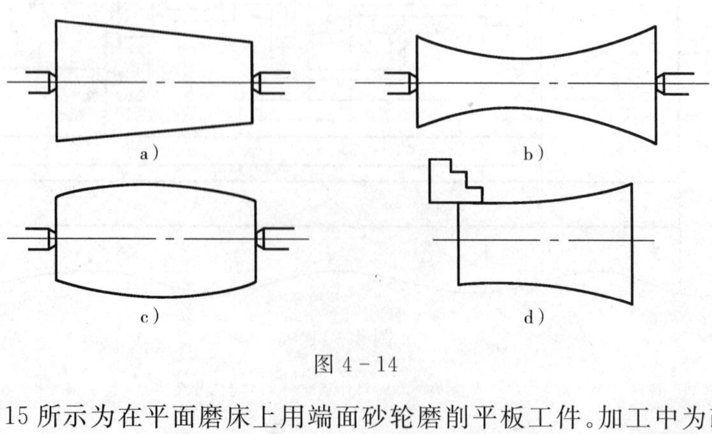

a）　b）　c）　d）

图 4－14

25. 图 4－15 所示为在平面磨床上用端面砂轮磨削平板工件。加工中为改善切削条件，减少砂轮与工件的接触面积，常将砂轮倾斜一个很小的角度。若 $\alpha=2°$，试绘出磨削后平面的形状并计算其平面度误差。

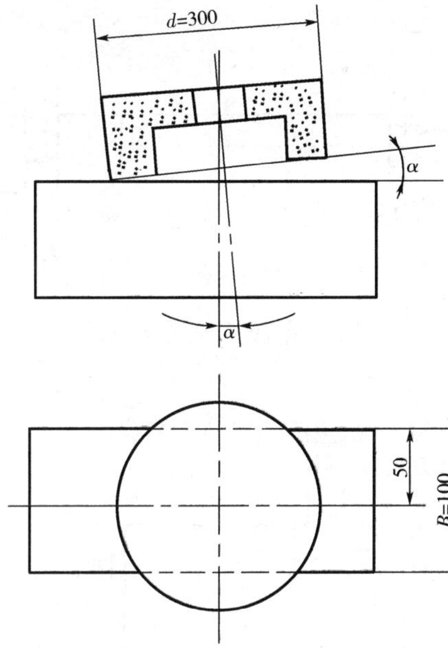

图 4 - 15

26. 图 4-16 所示为在车床上精车一批薄壁铜套的内孔。工件以 ϕ50h6 定位，用调整法加工，试分析影响镗孔的尺寸、几何形状及孔对已加工外圆 ϕ46h7 的同轴度误差的主要因素有哪些项目，并分别指出这些因素产生的加工误差的性质属于哪一类。

27. 图 4 - 17 所示为在金刚镗床上精镗活塞销孔。镗刀轴回转，工件安装在机床工作台的夹具上做进给运动，工件以活塞底面及止口定位。活塞销孔精镗后必须保证：

(1) 销孔轴线到顶面的尺寸 32 ± 0.05mm；

(2) 销孔轴线与裙部轴线的垂直度允差 0.03/100；

(3) 销孔轴线与裙部轴线的对称度(不相交度) 允差 0.05mm。

试分析影响上述三项精度要求的主要因素有哪些？

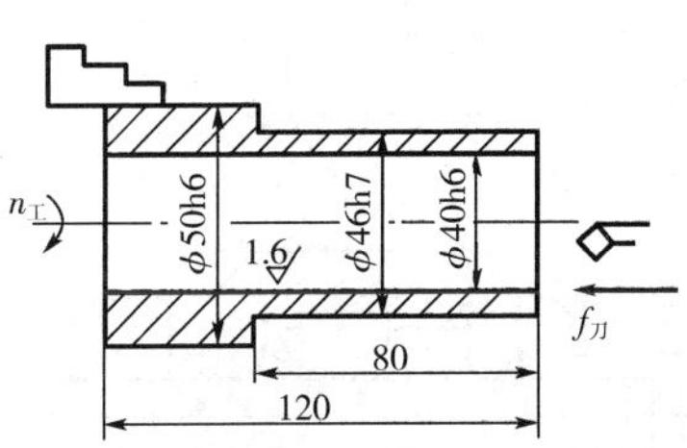

图 4 - 16

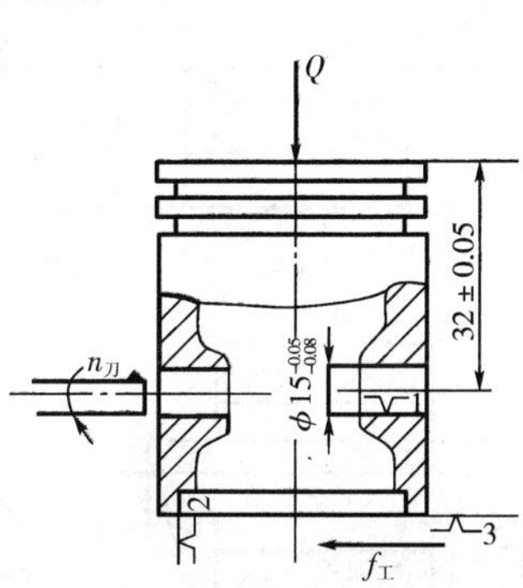

图 4 - 17

28. 图 4 - 18 所示为在车床的两顶尖的一次调整中加工一批细长轴的外圆，试分别说明影响外圆直径尺寸精度、几何形状精度(圆度及圆柱度) 及外圆对已加工端面 A 的垂直度的因素有哪些(各举 2 ～ 3 个因素并按主次排列),分别指出这些因素产生的加工误差的性质属于哪一类。

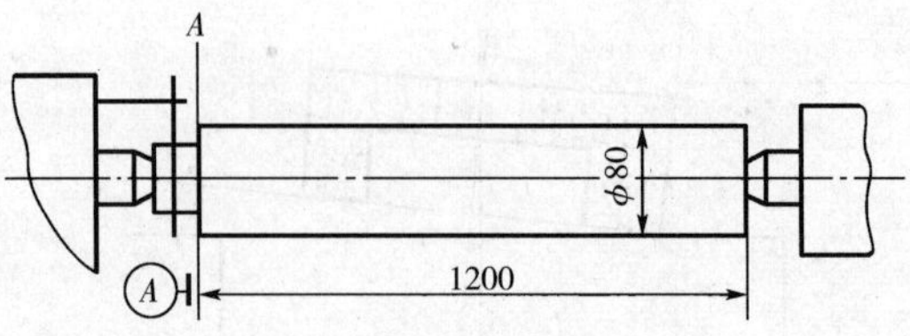

图 4 - 18

29. 图 4 - 19 所示牛头刨床,在装配完成后工作台面与滑鞍不平行,可采用什么措施来达到其精度要求?

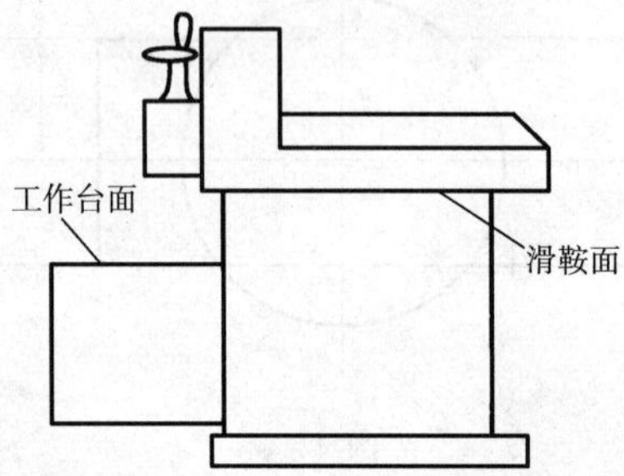

图 4 - 19

30. 图 4 - 20 所示为在卧式镗床上加工箱体孔的四种镗孔方式,若只考虑镗杆刚度的影响,试分析说明加工后孔的形状,为什么?

(1) 镗杆送进,有后支承(图 a);

(2) 镗杆送进,无后支承(图 b);

(3) 工作台送进(图 c);

(4) 在镗模上加工(图 d)。

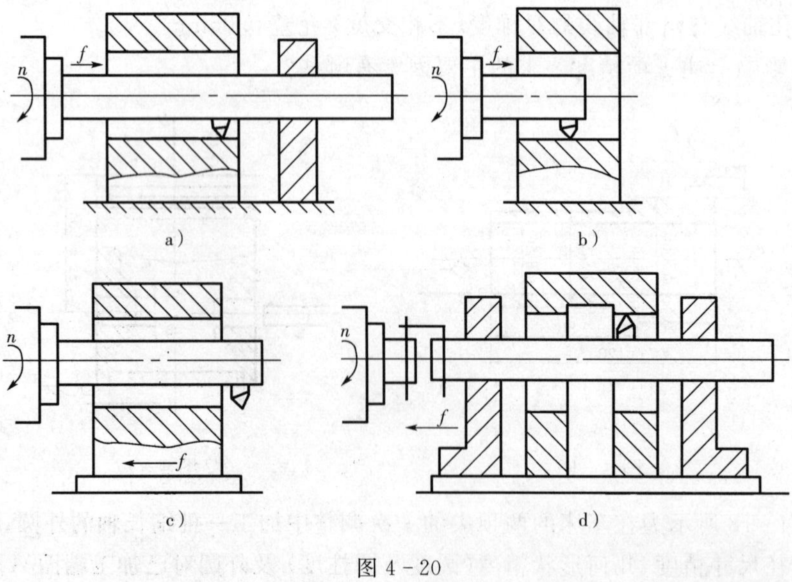

图 4 - 20

31. 图 4－21a 所示铸件，若只考虑铸造残余应力的影响，试分析当用端铣刀铣去上部连接部分后，工件将发生什么样的变形？又图 4－21b 所示之铸件，当采用宽度为 B 的三面刃铣刀分别将中部板条、左边框板条切开时，开口宽度 B 的尺寸各将如何变化？

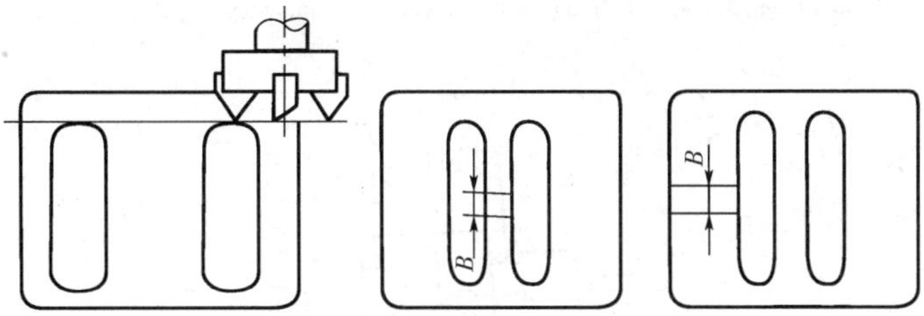

a)　　　　b)

图 4－21

32. 图 4－22 所示，在外圆磨床上磨削零件外圆，当 $n_1 = 2n_2$，或 $n_1 = n_2$ 时，若只考虑主轴回转误差的影响，试分析在图中给定砂轮轴与滑动轴承孔形状不同的两种情况下，磨削后工件的外圆应是什么形状，为什么？

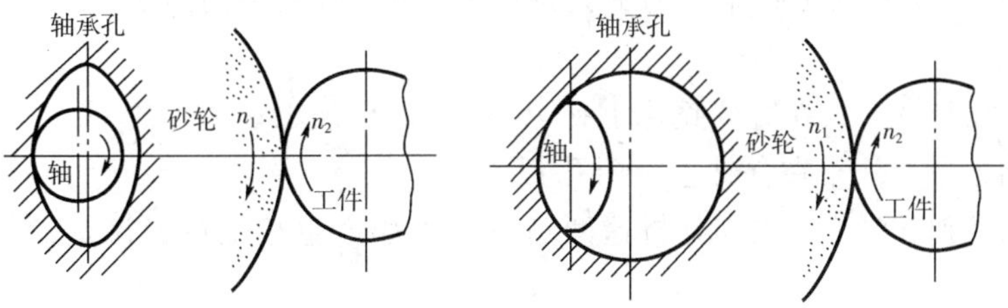

a)　　　　b)

图 4－22

33. 在车床上加工圆盘端面时，有时会出现圆锥面(中凸或中凹)或端面凸轮似的形状(如螺旋面)，试从机床几何误差的影响分析造成图 4-23 所示的端面几何形状误差的原因是什么？

34. 图 4－24 所示，在车床上镗孔时，若主轴回转运动与刀具的直线进给运动均很准确，只是回转轴线与进给方向在水平面内或垂直面上不平行，试分别分析在只考虑机床主轴与导轨的相互位置误差的影响时，加工后工件内孔将产生什么样的形状误差？

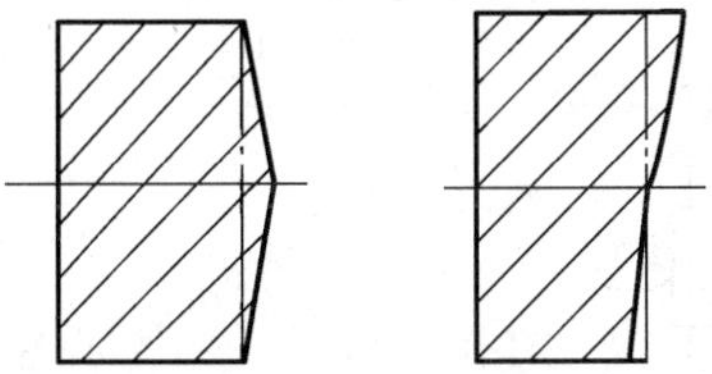

a)　　　　b)

图 4－23

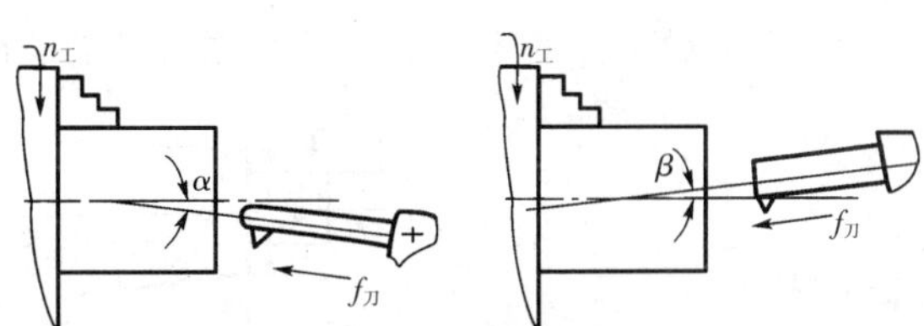

a)　　　　b)

图 4－24

35. 图 4－25 所示为车削装在心轴上齿轮坯 A、B、C、D、E 五个表面(内孔 F 面已加工好)，其加工顺序如下：

先车削 A、B、C 然后调头车削 D、E（调头时不拆下工件，只调换心轴位置，即把心轴回转180°），若前顶尖相对于主轴回转中心有偏心量 e，且调头时前顶尖处于图示位置（即处于偏心量 e 的最上方）。

试分析 A、B、C、D、E 各面之间将出现何种相互位置误差？

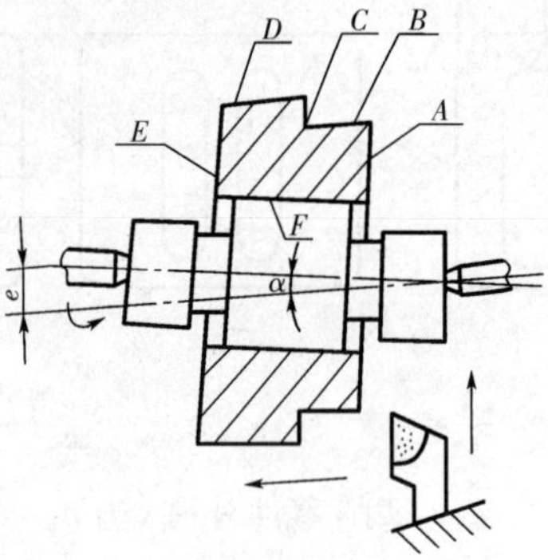

图 4－25

36. 图 4－26 所示为工具车间加工夹具的钻模板时，其中两道工序的加工情况及技术要求：

工序 Ⅰ（图 4－26a）：在卧式铣床上铣 A 面，B 面已加工；

工序 Ⅴ（图 4－26b）：在立钻上钻两孔 C。

试从机床几何误差的影响，分析这两道工序中如产生相互位置误差，则其主要原因是什么？

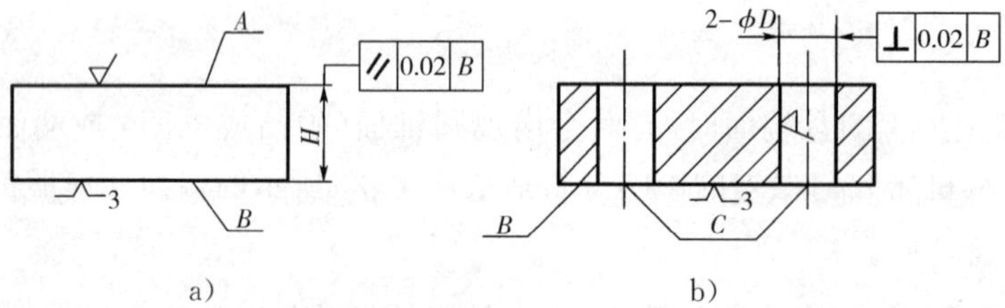

图 4－26

37. 图 4－27 所示为在车床上车削圆锥面。当车刀刀尖安装位置低于机床主轴轴线2.5mm，工人按锥体大端直径 $\phi100$ 试切调刀时，试分析计算在只考虑刀具安装位置不准确的情况下，加工后工件的实际形状及小端直径的实际尺寸。

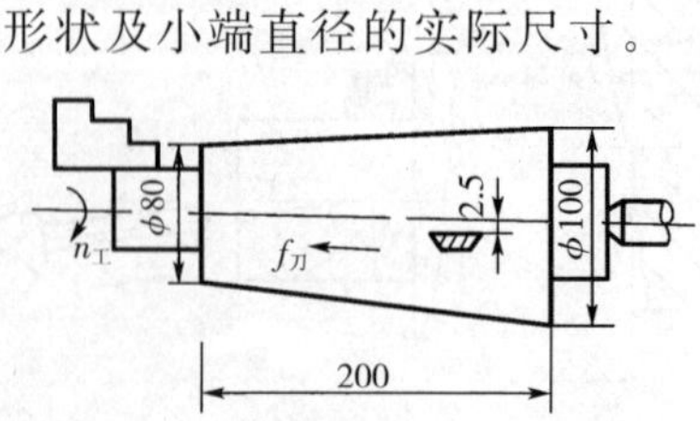

图 4－27

38. 图 4－28a 所示为用小钻头加工深孔，在钻床上常发生孔轴线偏弯；图 4－28b 所示为在车床上钻孔，常发现钻孔孔径扩大。试分析其原因。

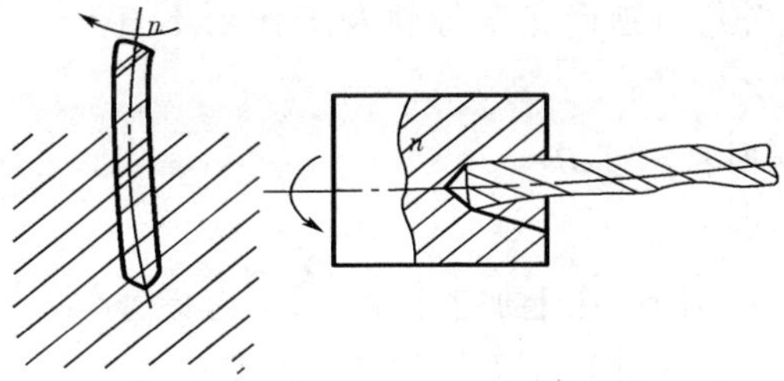

图 4－28

39. 试分析图 4－29 所示工件钻孔的情况下，若钻孔部位壁薄，可能会产生怎样的加工误差？为什么？怎样减小这个误差？

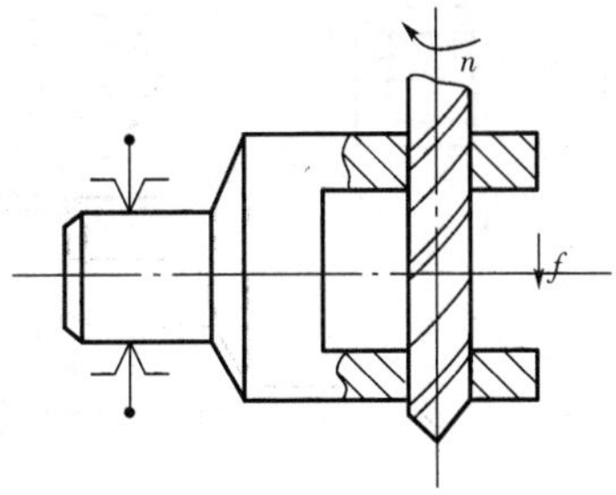

图 4－29

40. 图 4－30a 所示为拉削一批齿轮坯的内孔，图 4－30b 所示为拉削一批薄板零件的孔，试分析加工表面可能会出现怎样的几何形状误差并提出相应的改进措施。

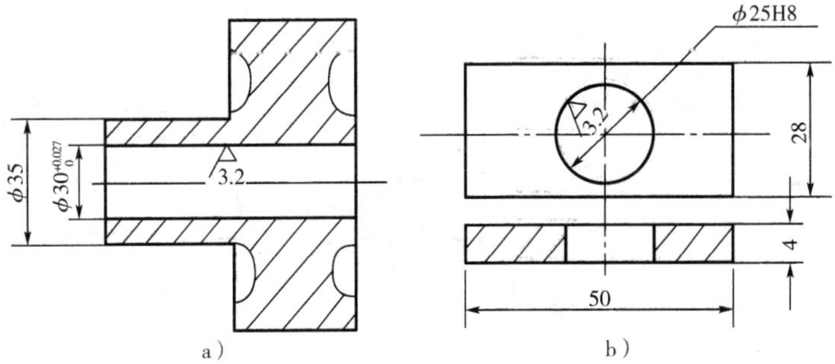

图 4－30

41. 图 4－31 所示为精镗连杆大小头孔的安装情况。精镗后在机床上测量两孔中心距，平行度都合格。工件卸下后再测量发现两孔的平行度超差，试问这是什么原因引起的？

42. 图 4－32 所示为在外圆磨床上磨削薄壁套筒的安装情况，当磨削外圆至要求的尺寸（合格），卸下工件后发现工件外圆呈鞍形，试分析造成此项误差的原因。

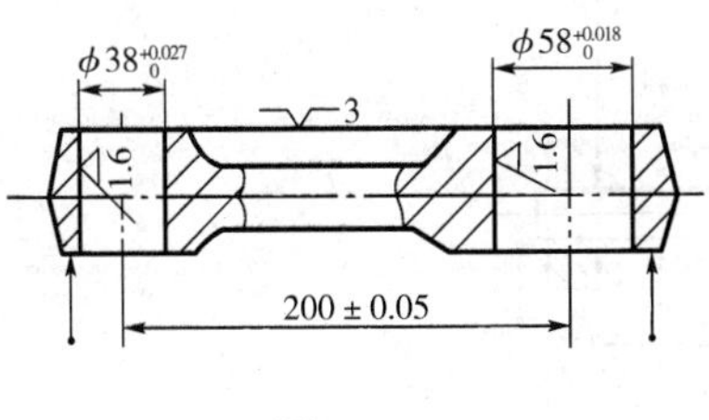

图 4－31

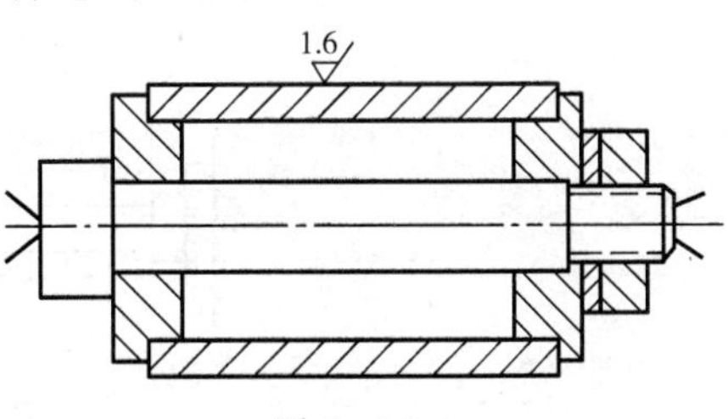

图 4－32

43. 图 4－33 所示，当龙门刨床床身导轨及工作台不直时，加工后的工件会成什么形状？

(1) 当工件刚度很差时；

(2) 当工件刚度很大时。

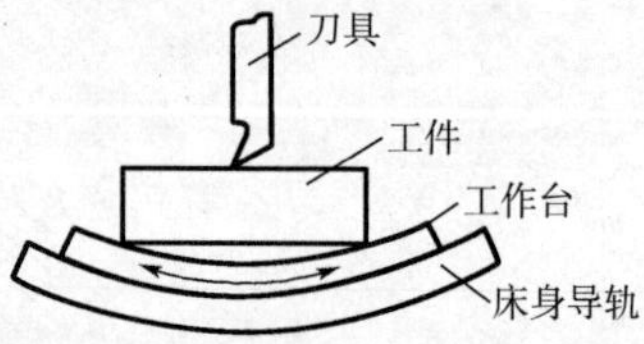

图 4－33

44. 图 4－34 所示为在内圆磨床上加工盲孔，若只考虑磨头的受力变形，试分析孔表面可能产生怎样的加工误差？

45. 图 4－35 所示为在大型立车上加工盘形零件的端面进给方向 f_1 及外圆进给方向 f_2。刀架较重，试分析由于刀架自重可能会产生怎样的加工误差？

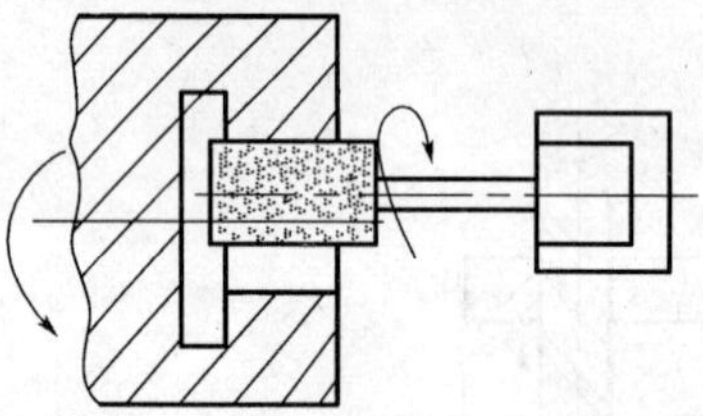

图 4－34

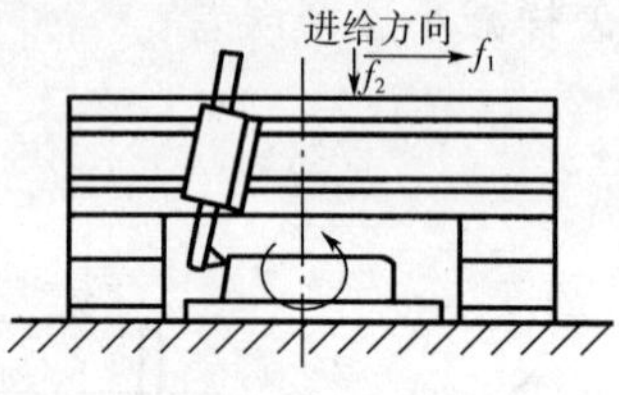

图 4－35

46. 图 4－36 所示铣铸件上有一个冒口的平面，试分析该平面铣削后可能产生怎样的加工误差？

47. 图 4－37 所示为在车床上精车连杆大头孔，若机床的几何精度好，试：

(1) 画出加工后孔的几何形状；

(2) 分析产生几何形状误差的原因；

(3) 提出消减误差的改进措施。

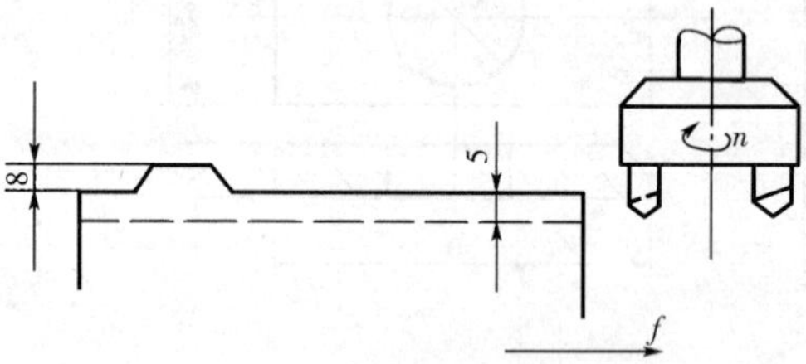

图 4－36

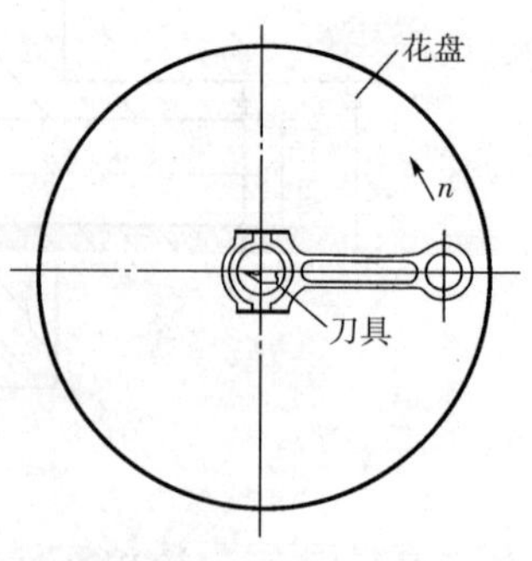

图 4－37

48. 图 4－38 所示镗削加工（工件进给）主轴与镗杆刚性连接，试分析后支承的心与镗杆的轴心线不重合时对孔径及轴向形状误差的影响。

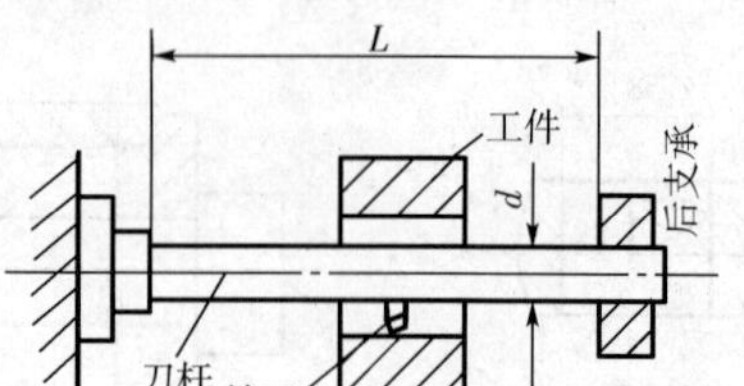

图 4－38

49. 试分析图 4-39 所示床身铸坯形成残余应力的原因，并确定 A、B、C 各点残余应力的符号。当粗刨床面切去 A 层后，床面会产生怎样的变形？

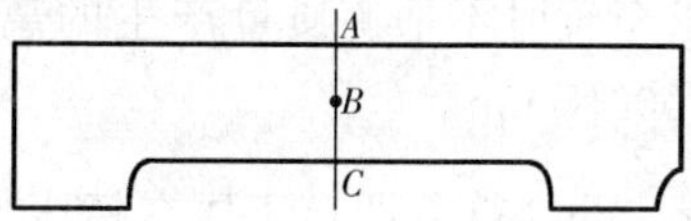

图 4-39

50. 在车床上用三爪自定心卡盘装夹精镗一盘套零件上内孔，已知镗前内孔圆度误差为 0.5mm，进给量 $f=0.4\text{mm/r}$，$C_{F_p}=1000$，$y_{F_p}=0.75$，工件材料为铸铁，刀具材料为高速钢，机床主轴和刀架刚度分别为 $k_{主轴}=10000\text{N/mm}$，$k_{刀架}=4000\text{N/mm}$，若只考虑工艺系统受力变形对加工精度的影响，问：

(1) 经几次走刀方可使精镗后的圆度误差控制在 0.01mm 以内？

(2) 若想一次走刀即达到 0.01mm 的圆度要求，需选用多大进给量？

51. 在滚齿机上滚齿，工件齿轮的分度圆直径为 $D=100\text{mm}$ 滚齿机传动链中 最后一个交换齿轮的分度圆直径 $d=200\text{mm}$。分度蜗轮副的降速比为 1∶96，若此交换齿轮的周节累积误差 $\Delta_{Fp}=0.12\text{mm}$，试求由此引起的工件的周节偏差为多少？

52. 图 4-40 所示在车床上采用加一垫片的方法成批加工偏心量 $e=2_{0}^{+0.01}\text{mm}$ 的偏心轴。试分析计算：

(1) 选用垫片厚度 h。

(2) 如果车床在切削力作用下产生变形。当放入可用的最厚垫片，且在主轴刚度 $k_{主轴}=13900\text{N/mm}$，刀架刚度 $k_{刀架}=7400\text{N/mm}$，走刀量 $f=0.10\text{mm/r}$，走刀量指数 $y_{F_p}=0.75$，径向切削力系数 $C_{F_p}=1000$ 的条件下需几次进给方能达到 $e=2_{0}^{+0.06}\text{mm}$ 的要求？

(3) 如果想一次进给达到上述要求时，又需要重新选用多厚的垫片？

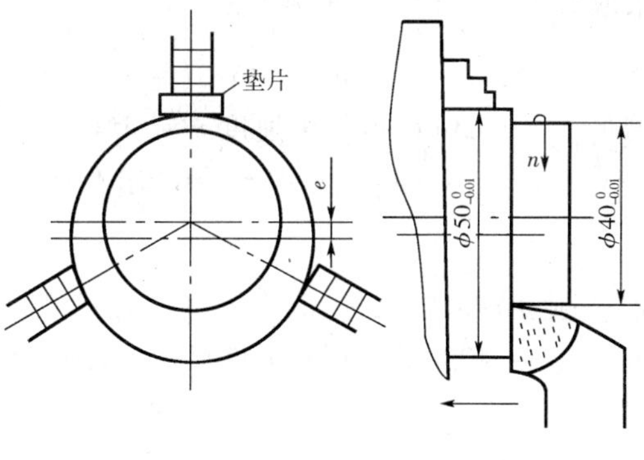

图 4-40

53. 在车床上加工丝杠，工件总长为 2500mm，直径为 $\phi80\text{mm}$，螺纹部分的长度 $L=1600\text{mm}$，工件材料与机床丝杠材料都是 45 钢。加工时室温为 20℃，加工后工件温升至 50℃，车床丝杠温升至 35℃，试求工件全长上由于热变形引起的螺距累积误差为多少？直径误差为多少？(线膨胀系数为 $11\times10^{-6}/℃$)

54. 精刨钢件平板，长 $L=2000\text{mm}$，高度 $h=200\text{mm}$，刨削时加工表面与平板底面温差 $\Delta t=3.5℃$。求平板因热变形造成的平面度误差。(线膨胀系数 $\alpha=1.2\times10^{-5}℃^{-1}$)

55. 工件质量 10kg，主轴转速 $n=500\text{r/min}$，不平衡质量到回转中心距离 $\rho=10\text{mm}$，试

求车轴时不平衡质量产生的离心惯性力造成的加工误差大小。(该工艺系统刚度 $k_{系统}$ = 1000N/mm)

56. 欲分两道工序在镗床上对某箱体零件 ϕ100mm 孔进行镗孔加工。

(1) 前一工序镗床主轴与工作台面有平行度误差 $\alpha = 2°$，采用工作台进给方式，一次走刀。设工艺系统刚度很高，刀尖位置准确调整 $d_刀 = \phi103$mm，如图 4 - 41 所示。

(2) 后一工序加工时，镗床主轴与工作台面平行，采用主轴进给方式。将刀尖经准确调整至 ϕ105mm 后，一次走刀加工。若工艺系统刚度 $k_{系统}$ = 10000N/mm，f = 0.10mm/r，y_{F_p} = 0.75，C_{F_p} = 2100N/mm^2。

求经两道工序加工后孔的圆度误差。

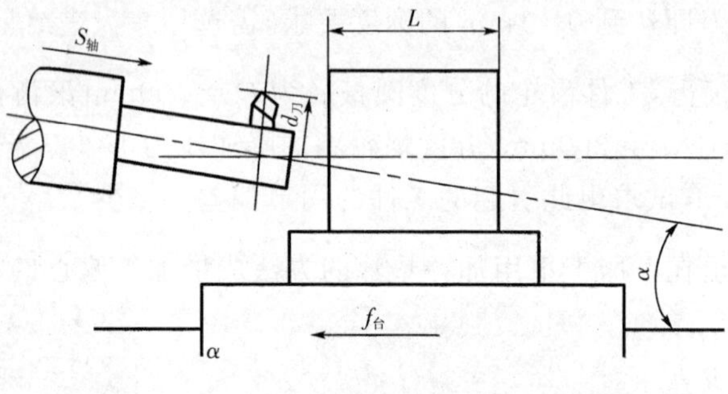

图 4 - 41

57. 在普通车床上加工一直径为 $\phi80^{0}_{-0.06}$mm，长度为 800mm 的轴，其圆柱度公差为 0.01mm。该车床导轨直线度精度很高，但前后顶尖的连线在水平和垂直方向的平行度误差均为 0.02/1000。若只考虑此平行度误差影响时，试通过计算，确定加工后工件能否满足要求?若不能满足要求，可采取哪些工艺措施来解决?

58. 精车一根 45 钢光轴，轴长 L = 2000mm，直径 $d = \phi100$mm，所用车刀材料 YT15，背吃刀量 a_p = 0.5mm，进给量 f = 0.2mm/r，切削速度 v_c = 100m/min。已知初始磨损量 μ_B = 6μm，初始切削路程 l_0 = 500m，单位磨损 μ_0 = 8μm/km。求在切削工件全长时，刀具的尺寸磨损对工件尺寸的影响。

59. 图 4-42 所示横磨一刚度较大的工件，其径向磨削力 F_p 为 100N，主轴与尾架的刚度分别 $k_{主轴}$ = 50000N/mm，$k_{尾架}$ = 40000N/mm，工件尺寸。试画出加工后的工件形状并计算工件的形状误差。

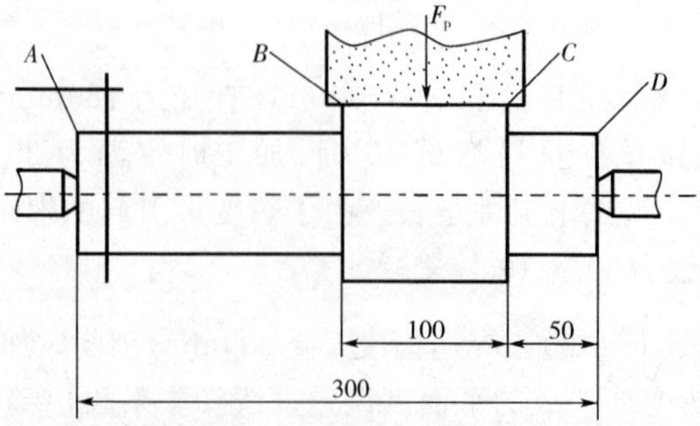

图 4 - 42

60*. 图 4－43 所示在工作状态下测量工艺系统静刚度的方法，其过程如下：在车床顶尖间装夹一根刚度很大的轴，在轴靠近前、后顶尖及中间位置预先车出三个台阶，尺寸分别为 H_{11}、H_{12}、H_{21}、H_{22}、H_{31}、H_{32}。经过一次走刀后，测量加工后的台阶尺寸分别为 h_{11}、h_{12}、h_{21}、h_{22}、h_{31}、h_{32}。试：

(1) 说明用此方法测量工艺系统静刚度的原理；

(2) 说明如何由上面的数据确定工艺系统刚度；

(3) 说明该方法的优缺点。

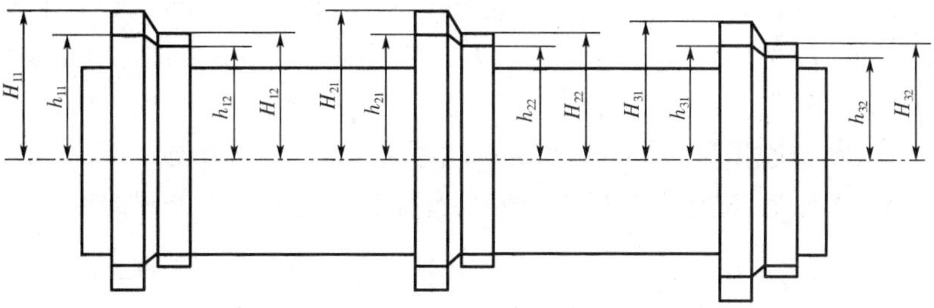

图 4－43

61. 图 4－44 所示在普通车床上加工一光轴，已知光轴长度 $L=1000\text{mm}$，加工直径 $D=\phi100^{0}_{-0.06}\text{mm}$，当该车床导轨相对于前后顶尖连心线在水平面内平行度为 0.015/1000，在垂直面内平行度为 0.015/1000，试求所加工的工件几何形状的误差值，并给出加工后光轴的形状。

62. 上题中若该车床因使用年限较久，前后导轨磨损不均，前山形导轨磨损大，且中间最明显，形成导轨扭曲，如图 4－45 所示，经测量前后导轨在垂直面内的平行度（扭曲值）为 0.015/1000，试求所加工的工件几何形状的误差值，并绘出加工后光轴的形状。

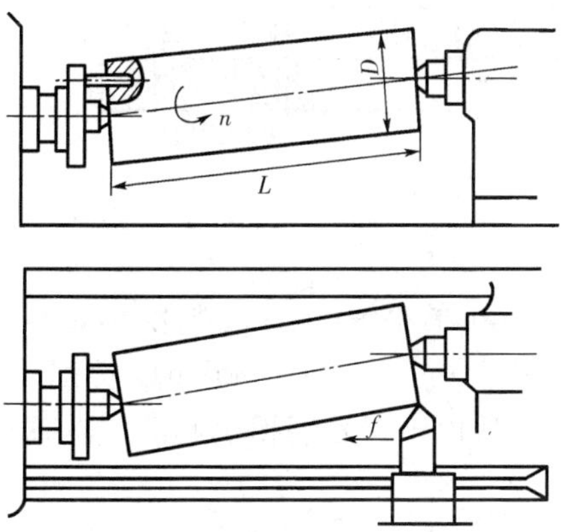

图 4－44

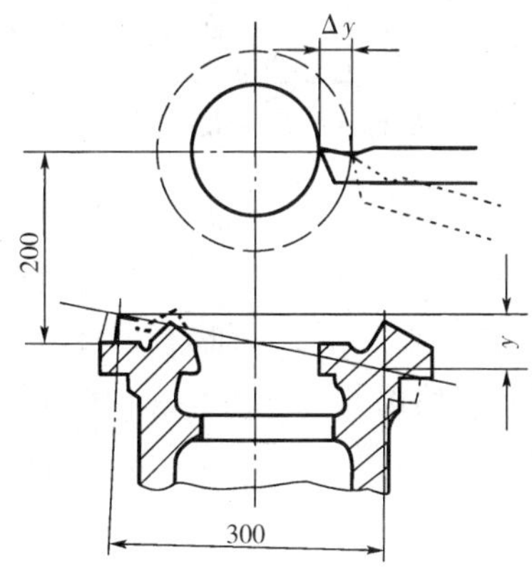

图 4－45

63. 图 4－46 所示外圆磨床导轨在水平面内的直线度误差图，若只考虑导轨直线度误差时，试计算磨削长度为 1200mm 的光轴，加工后工件的几何形状误差为多少？为减少此误差，应如何调整机床较合适？

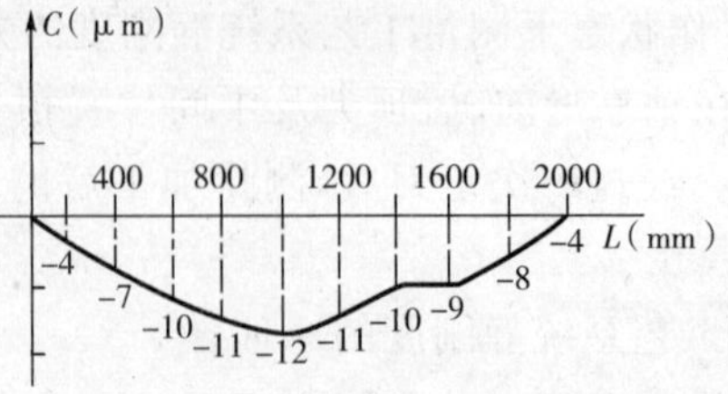

图 4－46

64. 加工一合金钢管，其外径为 $\phi150^{0}_{-0.025}$ mm，工件长度 $l = 2500$mm，锥度允差在全长范围内为 0.02mm。原选用刀具材料 YT15（初始磨损量 $\mu_B = 0.003$mm，单位磨损量 $\mu_0 = 0.0075$mm/m），走刀量 $f_1 = 0.25$mm/r，试计算由于刀具磨损所产生的锥度值是否超差？若改用 YT30 车刀（初始磨损量 $\mu_B = 0.003$mm，单位磨损量 $\mu_0 = 0.0025$mm/m），采用大进给（$f_2 = 1.65$mm/r）加工，试计算分析由于刀具磨损是否会使加工外圆的锥度超差。

65. 在卧式镗床上采用工件进给镗孔时，若镗刀回转直径 $d_{刀} = 80$mm，工件直线进给运动与镗杆回转运动轴线有 1°30′ 的交角，试求加工后孔的圆度误差。

66*. 用双轴镗头加工，如图 4－47a 所示工件的四孔 ϕ50H8，加工时工件分两次安装（第一次安装工件以 A 端靠在夹具定位销 1 的左侧，第二次安装则靠在定位销 2 的左侧，如图 4－47b 所示）。若已知与安装无关的其他因素引起的工件孔距加工误差为 ±0.01mm。试分析计算工件上任意两孔的中心距允差为 ±0.05mm 的技术要求能否保证。

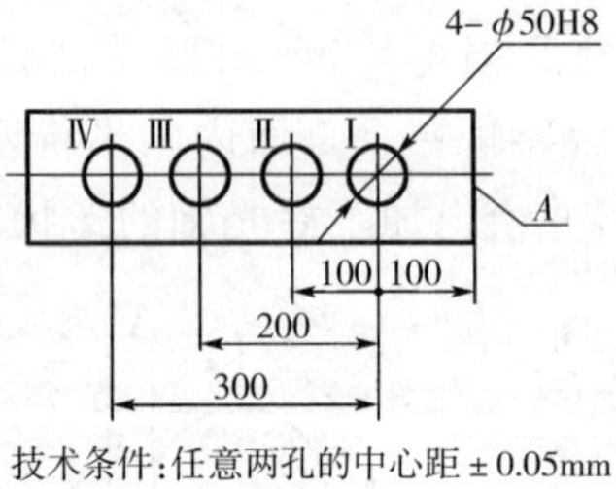

a）零件图

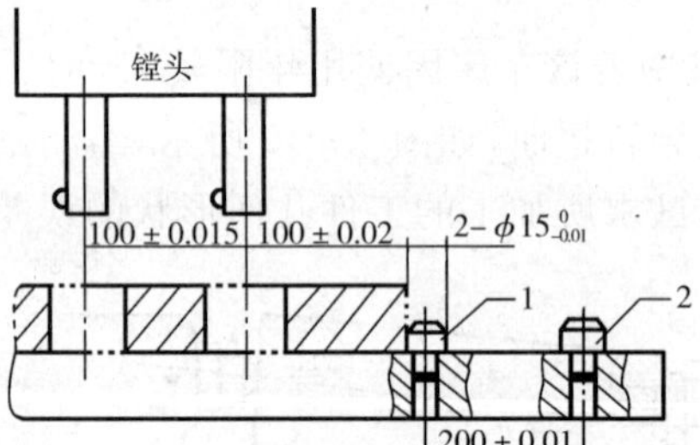

b）镗孔工序图

图 4－47

67. 在车床上加工一批直径 ϕ20mm 长 $L = 30$mm 的小轴（工件材料为 45 钢），刀具材料用 YT15（初始磨损量 $\mu_B = 0.008$mm，单位磨损量 $\mu_0 = 0.008$mm/m），切削速度 $\vartheta_c = 100$m/min，走刀量 $f = 0.3$mm/r，试求加工 500 件后由于刀具磨损引起的工件直径误差是多少？

68. 在无心磨床上采用切入法（径向进给）磨削一批小轴，图纸要求尺寸 $\phi40^{0}_{-0.045}$ mm，小轴的余量为 0.3mm，砂轮外径 $D = 500$mm。若已知砂轮磨耗量与工件的金属切削量之比为 1：25，只考虑砂轮磨耗影响的条件下，试计算磨削加工多少工件之后就须重新调整机床？（已知工件的调整尺寸为 ϕ39.955mm）。

69. 在车床的两顶尖间加工短而粗的光轴外圆时（工件的刚度相对于机床刚度大得多），若已知 $F_p = 100$N，$k_{主轴} = 100000$N/mm，$k_{尾架} = 5000$N/mm，试求由于机床刚度不均引起的加工表面的形状误差为多少?并画出光轴加工后的形状。

70. 图 4-48 所示车削直径 ϕ60mm 的合金钢光轴,已知刀杆截面尺寸为 16×16mm,悬伸长度 $L = 60$mm,主切削力 $F_c = 8500$N,试计算由于刀杆受力弯曲使工作直径尺寸可能的增大值。(提示:刀杆弯曲量可由集中载荷作用下悬臂梁的弯曲公式 $y_z = \dfrac{F_c L^3}{3EI}$ 求得)

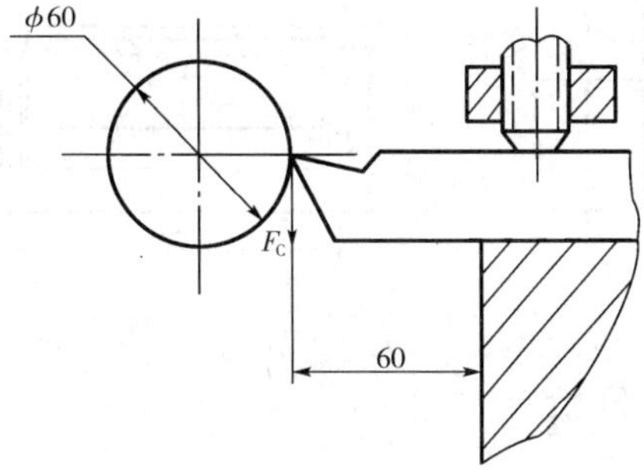

图 4-48

71. 在车床两顶尖间车削光轴,工件的直径 $D = 40$mm,长度 $L = 400$mm,若 $F_p = 300$N,车床各主要部件的刚度为 $k_{主轴} = 60000$N/mm,$k_{尾架} = 50000$N/mm,$k_{刀架} = 40000$N/mm,求由于机床刚度变化和工件受力弯曲变形而产生的直径误差,并画出加工后光轴的形状。

72. 车削一管形零件的外圆,若工件的外径 $d = 140$,内径 $D = 100$mm,长度 $L = 300$mm,材料为 45 钢,切削用量为 $v_c = 150$m/min、$f = 0.2$mm/r、$a_p = 3$mm,并假定全部切削热的 14% 传至工件。若已知材料的比热 $c = 460.55$J/(kg·K),密度 $\rho = 7890$kg/m^3,试求由于工件热变形所产生的外径误差。

73. 磨削 CA6140 车床床身的导轨面,若床面长度 $L = 2240$mm,厚度 $H = 400$mm,磨削后床身导轨上下面的温差 $\Delta t = 5$℃,试估算由于工件热变形使加工后床身导轨产生直线度误差为多少?(线膨胀系数 $\alpha = 11 \times 10^{-6}$/℃)

74. 当磨削一批直径 ϕ100mm 光轴外圆时,加工后在机床上用量规检验全都合格了,为什么下班后送检时发现部分工件量规止端可通过?若加工后工件的温度为 40℃,车间的室温为 20℃,工件和量具的材料都是钢,求由于温度差引起的直径尺寸的测量误差为多少?(线膨胀系数 $\alpha = 11 \times 10^{-6}$/℃)

75. 在组合镗床上多轴加工箱体件的孔,其中某孔图纸要求孔径尺寸为 $\phi 80_{0}^{+0.03}$mm,加工时由于切削热的影响,工件内孔温度比室温升高 15℃,问此时应如何控制孔的尺寸才能保证不出废品?

76. 图 4-49 所示车床主轴箱热变形后产生主轴抬高并倾斜 θ 角,若已测出前轴承温升 $\Delta t_1 = 34.7$℃,后轴承温升 $\Delta t_2 = 25.6$℃,主轴箱右端壁下部平均温升 $\Delta T_{M1} = 29.9$℃,左端壁下部平均温升 $\Delta T_{M2} = 21.4$℃,前轴承外圆半径 $R_1 = 75$mm,后轴承半径 $R_2 = 65$mm,并取箱壁材料(铸铁)的线膨胀系数 $\alpha_1 = 1.05 \times 10^{-5}$/℃,主轴与轴承材料(钢)的线膨胀系数

$\alpha_2 = 1.2 \times 10^{-5}/℃$，试求主轴在垂直面内的倾斜角 θ。

77. 图 4-50 所示在铣床上加工一批轴件上的键槽，已知铣床工作台面与导轨的平行度误差为 0.05/300，夹具两定位 V 型块夹角 $\alpha = 90°$，交点 A 的连线与夹具体底面的平行度误差为 0.01/150，阶梯轴工件两端轴颈尺寸为 $\phi 20 \pm 0.05$mm。试分析计算加工后键槽底面对工件轴线的平行度误差（只考虑上述因素影响，并忽略两轴颈与 $\phi 35$mm 外圆的同轴度误差）。

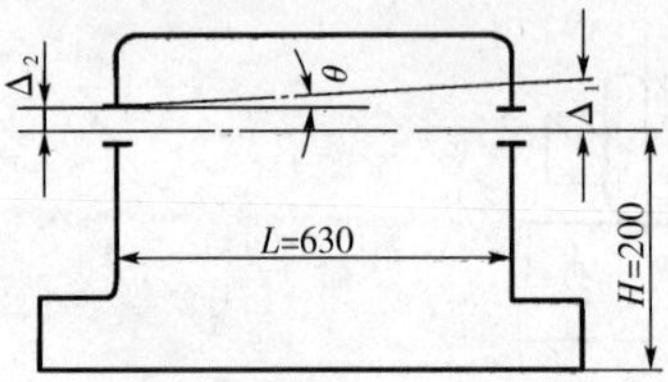

图 4-49

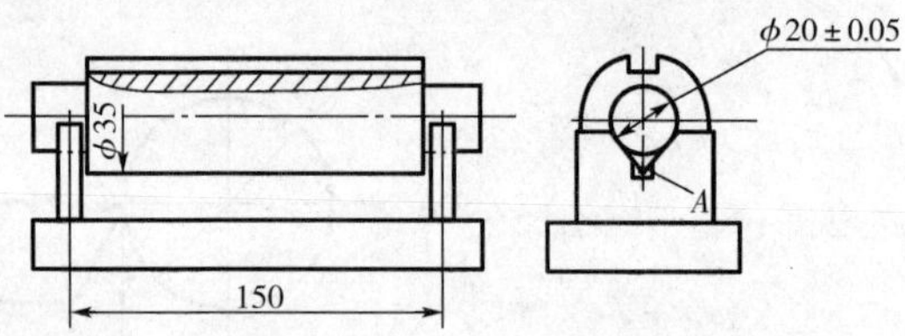

图 4-50

二、加工误差的统计分析

知识要点设问

1. 何谓加工误差统计分析法？如何应用？
2. 切削加工过程中可能出现加工误差非正态分布的原因有哪些？
3. 分布图分析法是如何判断加工误差性质的？
4. 什么是工序的工艺能力？什么是某工序的工艺能力系数？
5. 分布图分析法有何不足之处？
6. 如何应用平均值-极差点图？
7. 何谓精度曲线图？它与分布曲线有什么关系？

例题解析

1. 镗孔公差为 0.1mm，该工序精度的标准误差 $\sigma = 0.025$mm，已知不能修复的废品率为 0.5%，试求产品的合格率为多少？

【解】 按已知条件画出分布图，如图 4-51 所示（解此类题目，最好先画出分布示意图，利于理解、分析和计算）。

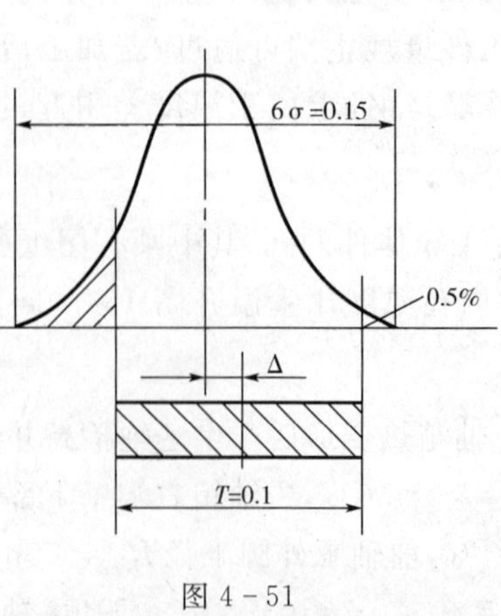

图 4-51

已知不可修复的废品率(对于孔即大于上限尺寸的部分)为0.5%,则

$$Q_1 = 0.5 - 0.5\% = 49.5\%$$

查概率积分表可知 $Z_1 = 2.6$。

因为

$$Z_1 = \frac{T/2+\Delta}{\sigma}$$

所以,分布中心偏移量 $\Delta = Z_1\sigma - \frac{T}{2} = 2.6\times 0.025 - \frac{0.1}{2} = 0.015\text{mm}$

又

$$Z_2 = \frac{T/2-\Delta}{\sigma} = \frac{\frac{0.1}{2}-0.015}{0.025} = 1.4$$

查积分表得 $Q_2 = 0.4192 = 41.92\%$。

故产品合格率为 $Q_1 + Q_2 = 49.5\% + 41.95\% = 91.42\%$。

2. 有一批小轴,其直径尺寸要求为 $\phi 80^{0}_{-0.035}$ mm,加工后尺寸属正态分布,测量计算得一批工件直径的算术平均值 $\overline{x} = 79.975$mm,均方根差 $\sigma = 0.01$mm。试计算合格品率及废品率,分析废品产生的原因,指出减少废品率的措施。

【解】 (1) 画尺寸分布曲线与公差带间的关系,如图4-52所示。

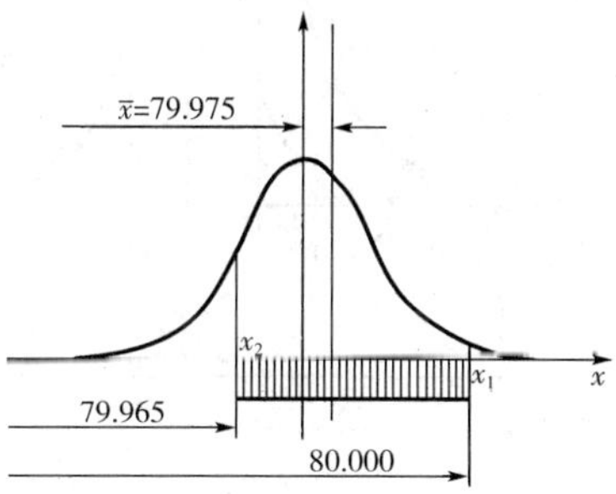

图4-52

(2) 设计尺寸可写作

$$\phi 80^{0}_{-0.035} = \phi 79.9825 \pm 0.0175$$

(3) 系统误差

$$\Delta = \overline{X} - \overline{x} = 79.9825 - 79.975 = 0.0075$$

(4) 计算合格品率和废品率

$$x_1 = \frac{T}{2} + \Delta = 0.0245$$

$$\frac{x_1}{\sigma} = \frac{0.025}{0.01} = 2.5$$

查概率积分表知 $Q_1 = 0.9876$。

$$x_2 = \frac{T}{2} - \Delta = 0.01$$

$$\frac{x_2}{\sigma} = \frac{0.01}{0.01} = 1$$

查概率积分表得 $Q_2 = 0.6826$。

故合格品率为 $Q = \frac{1}{2}(Q_1 + Q_2) = 83.51\%$，废品率为 $1 - Q = 16.49\%$。

(5) 产生废品的原因：其一是对刀不准，存在系统误差；其二是本工序加工的精度较差。减少废品率的有效措施是在消除系统误差基础上进一步改善工艺条件，使 σ 减小至 $6\sigma < T$。

3. 在两台相同的自动车床上加工一批小轴的外圆，要求保证直径 $\phi 11 \pm 0.02$mm，第一台加工 1000 件，其直径尺寸按正态分布，平均值 $\overline{x}_1 = 11.005$mm，均方差 $\sigma_1 = 0.004$mm。第二台加工 500 件，其直径尺寸也按正态分布，且 $\overline{x}_2 = 11.015$mm，$\sigma_2 = 0.0025$mm。要求：

(1) 在同一图上画出两台机床加工的两批工件的尺寸分布图，并指出哪台机床的精度高？

(2) 计算并比较哪台机床的废品率高，分析其产生废品的原因及提出改进的办法。

【解】 两台机床上加工的两批小轴，其加工直径的分布曲线，如图 4-53 所示。

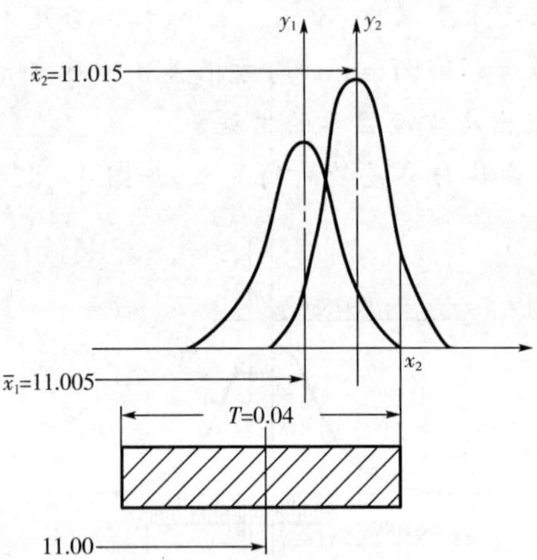

图 4-53

(1) 第一台机床的精度

$$6\sigma_1 = 6 \times 0.004 = 0.024\text{mm}$$

第二台机床的精度

$$6\sigma_2 = 6 \times 0.0025 = 0.015\text{mm}$$

所以，$6\sigma_2 < 6\sigma_1$，故第二台机床的精度高。

(2) 第一台机床加工的小轴，其直径全部落在公差带内，故无废品。

第二台机床加工的小轴，有部分小轴的直径落在公差带外，成为可修复废品。

$$Q\left(\frac{x_2 - \overline{x}_2}{\sigma_2}\right) = Q\left(\frac{11.02 - 11.015}{0.0025}\right) = Q(2)$$

查概率积分表可得 $Q(2) = 0.9542$。

废品率为 $0.5 - 0.9542 \div 2 = 2.28\%$。

从图 4-54 可见，第二台机床产生废品的主要原因是刀具调整不当，使一批工件尺寸分布中心大于公差带中心，从而产生可修废品。

改进的办法是对第二台机床的车刀重新调整，使之再进刀 0.0075mm 为宜。

5. 图 4-54 所示为在平面磨床上采用调整法加工一批工件，要求零件厚度尺寸为 $H =$

$20^{+0.10}_{-0.02}$mm。当本工序的均方根偏差 $\sigma = 0.01$mm，且只考虑调整误差的影响时，试通过分析计算确定采用哪种调整方法（即按试切一个工件的尺寸或按试切一组工件的平均尺寸调整）方可满足要求。

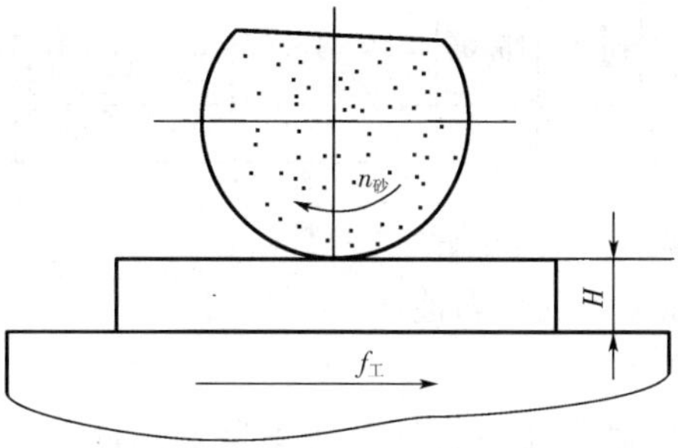

图 4 - 54

【解】 因零件制造公差 $T = 0.12 = 12\sigma$，使得试切一件后的调整误差 $\Delta = T - 12\sigma = 0$。可见采用一件试切调整是不合理的。利用调整法加工，需试切一组试件，以提高尺寸判断精度，获得调整公差。

设试切一组后的调整误差为 Δ'

由
$$\Delta' = T - 6\sigma(1 + \frac{1}{\sqrt{m}} > 0$$

即
$$\Delta' = 0.06 - \frac{0.06}{\sqrt{m}} > 0$$

得 $m = 4$ 时，$\Delta' = 0.03$。

由此可见，试切一组（4 件）试件，可使调整公差达到可操作的程度，以满足图样的加工要求。

思考与练习

1. 实际生产中加工一大批工件时，在什么条件下才能获得加工尺寸的正态分布曲线？该曲线有何特点？表征曲线的基本特性参数有哪些？

2. 用调整法加工一批工件时，当试切一个（或一组）工件进行调刀时，正确的调整尺寸应如何确定？在什么情况下按理想尺寸（即平均尺寸）来调刀才是合理的？

3. 试分析研究加工精度的分布曲线法与点图法的区别。

4. 变值系统性误差与随机性误差判断别依据是什么？

5. 为什么 $\bar{x}$ 点图和 R 点图必须结合起来应用？$\bar{x}-R$ 点图的取样原则是什么？如何利用 $\bar{x}-R$ 点图来判断加工工艺是否稳定？

6. 车削一批小轴，经测量实际尺寸大于要求的尺寸而必须返修的小轴数为 24%，小于要求尺寸而不能返修的小轴数为 2%，若小轴的直径公差 $T = 0.16$mm，整批工件的实际尺寸按正态分布，试确定该工序的标准误差 σ、工艺能力系数 C_p，并判断车刀的调整误差为多少？

7. 在自动车床上加工一批小轴，从中抽验 200 件，若以 0.01mm 为组距将该批工件按尺寸大小分组，所测得数据如下表：

<table>
<tr><td rowspan="2">尺寸间隔</td><td>自(mm)</td><td>15.01</td><td>15.02</td><td>15.03</td><td>15.04</td><td>15.05</td><td>15.06</td><td>15.07</td><td>15.08</td><td>15.09</td><td>15.10</td><td>15.11</td><td>15.12</td><td>15.13</td><td>15.14</td></tr>
<tr><td>到(mm)</td><td>15.02</td><td>15.03</td><td>15.04</td><td>15.05</td><td>15.06</td><td>15.07</td><td>15.08</td><td>15.09</td><td>15.10</td><td>15.11</td><td>15.12</td><td>15.13</td><td>15.14</td><td>15.15</td></tr>
<tr><td colspan="2">零件数 n_i</td><td>2</td><td>4</td><td>5</td><td>7</td><td>10</td><td>20</td><td>28</td><td>58</td><td>26</td><td>18</td><td>8</td><td>6</td><td>5</td><td>3</td></tr>
</table>

若图样的加工要求为 $\phi15^{+0.14}_{-0.04}$mm，试：

(1) 绘制整批工件实际尺寸的分布曲线；

(2) 计算合格率及废品率；

(3) 计算工艺能力系数；若该工序允许废品率为 3%，问工序精度能否满足？

(4) 分析出现废品的原因，并提出改进办法。

8. 在外圆磨床上磨削一批工件的外圆，若加工测得本工序尺寸是按正态分布，$\sigma=0.005$mm，零件尺寸公差 $T=0.01$mm，公差带对称于尺寸分布中心，求其废品率。

9. 镗床上镗削直径公差 $T=0.16$ 的一批管类零件，其实际分布曲线接近正态分布，加工后工件的可修复废品率为 24%，不可修复废品率为 2%。试求该镗削工序所能达到的加工精度，并判断镗刀的调整误差为多少。

10. 某箱体孔图样尺寸为 $\phi50^{+0.034}_{+0.009}$，根据过去经验镗孔后，尺寸呈正态分布，$\sigma=0.003$，试分析计算：

(1) 该镗孔工艺的工艺能力如何？

(2) 为保证加工精度要求，应将 $\bar{x}$ 调整到什么尺寸？

11. 加工一批零件外圆，尺寸要求为 $\phi20.015^{0}_{-0.03}$ 从中抽查 100 件，整理后得 $\sigma=0.01$，试：

(1) 如果 $\bar{x}=20$，用图示标注出合格部分与不合格部分。

(2) 如要将不合格部分零件全部变为可修复件，那么 $\bar{x}=$?并用图表示之。

12. 有一批小轴，其直径尺寸要求为 $\phi18^{0}_{-0.035}$mm，加工后尺寸属正态分布，测量计算得一批工件的直径尺寸算术平均值 $\overline{X}=17.975$mm，均方根差 $\sigma=0.01$mm。试计算合格品率及废品率，分析废品产生的原因及减少废品率的措施。

13. 在磨床上加工销轴，要求外径 $d=12^{0.016}_{-0.043}$mm，抽样后测得 $\overline{X}=11.974$mm，$\sigma=0.005$mm，其尺寸分布符合正态分布，试分析该工序的加工质量。

14. 测量一批活塞销孔，图纸要求销孔尺寸为 $\phi28^{0}_{-0.015}$mm，抽查件数为 100 件，若将测量结果按尺寸大小分组(组距为 0.002mm)，所测数据如下表：

<table>
<tr><td rowspan="2">尺寸间隔</td><td>自(mm)</td><td>27.992</td><td>27.994</td><td>27.996</td><td>27.998</td><td>28.00</td><td>28.002</td></tr>
<tr><td>到(mm)</td><td>27.994</td><td>27.996</td><td>27.998</td><td>28.00</td><td>28.002</td><td>28.004</td></tr>
<tr><td colspan="2">零件数 n_i</td><td>4</td><td>16</td><td>32</td><td>30</td><td>16</td><td>2</td></tr>
</table>

试绘制销孔尺寸的实际分布曲线并确定该批销孔尺寸的分散范围，计算子样平均值(尺寸分散中心 $\bar{x}$)、子样均方差 S，计算尺寸分散中心($\bar{x}$)、相对于公差带中心(x_m) 的偏移值(Δ_0)。

15*. 采用试切法加工一批相互配合的工件，工人为防止出现不可修废品，习惯于使轴的尺寸偏大些，孔的尺寸偏小些，获得的不对称分布曲线（如图 4－55 所示）。试：

(1) 在图中指出加工孔与轴的工序精度；

(2) 画出加工孔与轴的废品区；

(3) 说明由这种方法加工的孔与轴装配后对机器使用性能的影响。

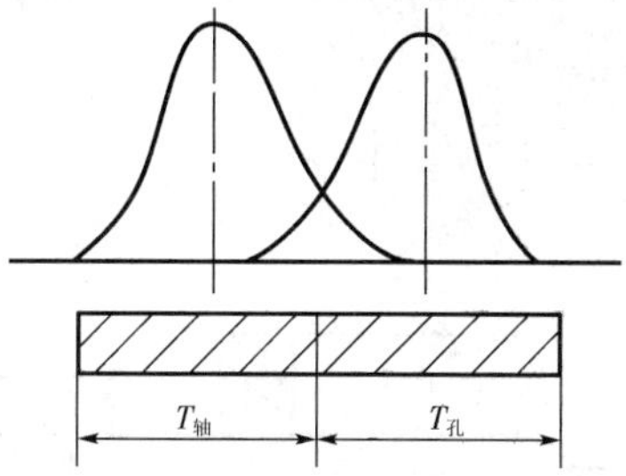

图 4－55

16. 车削一批轴的外圆，其尺寸要求为 $\phi20^{0}_{-0.1}$mm，若此工序尺寸按正态分布，均方差 $\sigma=0.025$mm，公差带中心小于分布曲线中心，其偏移值 $\Delta_0=0.03$mm，如图 4－56 所示，试指出该批工件的常值系统误差及随机误差，并计算合格率及废品率。

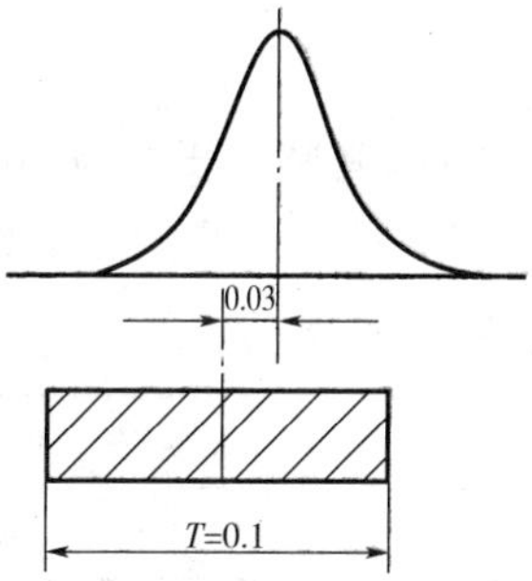

图 4－56

17. 加工一批工件的外圆，图纸要求尺寸为 $\phi20\pm0.07$mm，若加工尺寸按正态分布，加工后发现有 8% 的工件为废品，且其中一半废品的尺寸小于零件的下偏差，试确定该工序所能达到的加工精度。

18. 在车床上车削一批小轴，经测量实际尺寸大于要求的尺寸从而必须返修的小轴数为 4%，小于要求的尺寸从而不能返修的小轴数为 2%，若小轴的直径公差 $T=0.16$mm，整批工件的实际尺寸按正态分布，试确定该工序的均方差 σ，并判断车刀的调整误差。

19. 镗孔公差为 0.1mm，该工序精度的均方差 $\sigma=0.025$mm，已知不能修复的废品率为 0.5%，试求产品的合格率为多少？

20. 在生产现场测量一批小轴的外圆（计 1000 件），其最大尺寸 $D_{max}=25.030$mm，最小尺寸 $D_{min}=25.000$mm，若整批工件尺寸为正态分布，图纸要求该轴的外径为 $\phi25^{+0.025}_{-0.006}$mm，求这批零件的废品有多少件？能否修复？

21. 图 4－57 所示，用钻模钻一批工件的孔 $\phi15$mm，要求保证孔轴线与端面间尺寸为 50

± 0.08。若工序尺寸按正态分布，且分布中心的尺寸 $\overline{x} = 50.050\text{mm}$，均方差 $\sigma = 0.02\text{mm}$。试求：

(1) 这批工件的废品率是多少?

(2) 为防止废品的产生应采取什么改进措施?

(3) 分析此工序产生尺寸分散的主要原因及采取相应的控制措施有哪些?

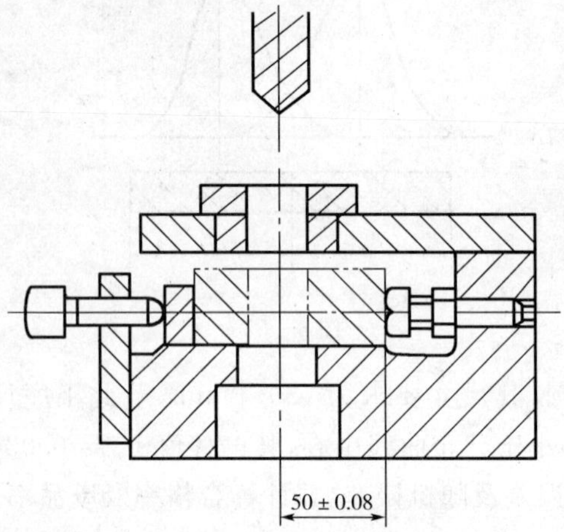

图 4-57

22. 在平面磨床上加工 100 个工件，其厚度要求为 $20 \pm 0.008\text{mm}$，若以 0.002mm 为组距，将该批工件按尺寸大小分组，其厚度尺寸尾数的测量数据如下表：

表中数据为 $(2 \times 10^{-4} + x)\mu\text{m}$

组距 × (μm)	-12 ~ 10	10 ~ -8	-8 ~ -6	-6 ~ -4	-4 ~ -2	-2 ~ 0	0 ~ 2	2 ~ 4	4 ~ 6	6 ~ 8	8 ~ 10
频数 ni	3	6	9	14	16	16	12	10	6	5	3

试求：(1) 计算废品率(可修，不可修)及工艺能力系数；(2) 若加工要求限制可修废品率为 3%，不允许出现不可修废品，机床应如何作补充调整?该工序精度能否满足要求?

23. 在无心磨床上磨削一批活塞销工件，若按工件外圆尺寸的加工顺序作点图($\overline{x}-R$ 图)，如图 4-58 所示，要求按公差带中心来调整砂轮。要求：(1) 在图中标明 $\Delta_{常值}$、$\Delta_{变值}$、$\Delta_{随机}$；(2) 分别说明产生 $\Delta_{常值}$、$\Delta_{变值}$、$\Delta_{随机}$ 的主要因素。

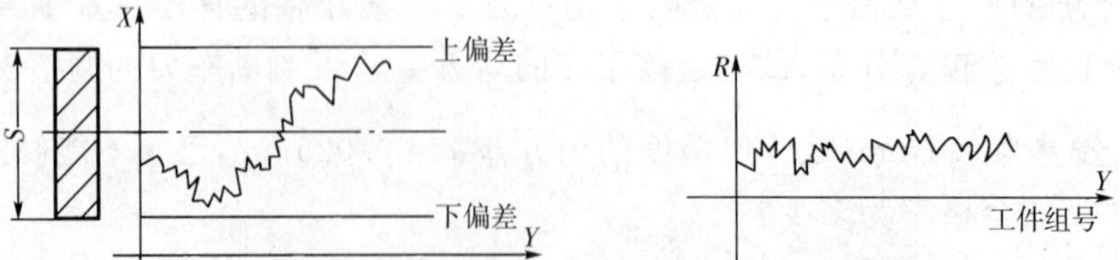

图 4-58

24. 加工小轴及铜套各 1000 件，图纸要求小轴的直径 $d = \phi 15^{0}_{-0.07}\text{mm}$，铜套的孔径 $D = \phi 15_{0}^{+0.11}\text{mm}$，加工后知其尺寸均属正态分布，允许可返修废品率小于 3%，每隔半小时从连续加工的工件中抽检四件为一组，经分组检验测得轴与孔的分组尺寸均值的分布中心分别为 $\overline{x}_{分轴}=14.965\text{mm}$，$\overline{x}_{分孔}=15.070\text{mm}$，$\sigma_{分孔}^{分轴}=0.01\text{mm}$。要求：

(1) 计算小轴与铜套的废品件数(是否可返修)，分析产生废品的原因并提出改进措施。

(2) 若对不满足加工要求的零件采取措施后再加工一批，得可返修废品率为 2.28%，那么采取的措施是什么？

[提示：正态分布中，$\sigma_{分}=\dfrac{\sigma}{\sqrt{m}}$(式中：$\sigma$——一批工件的均方差；$\sigma_{分}$——分组尺寸均值的均方差，$m$——每组零件数)]

25. 现加工一批外径尺寸要求为 $\phi28\pm0.6\text{mm}$ 的零件，已知过去在相同的工艺条件下加工同类零件的均方差 $\sigma=0.14\text{mm}$，试设计加工该批零件的控制图。若该批零件加工后尺寸如下表：

试件号	尺寸(mm)	试件号	尺寸(mm)	试件号	尺寸(mm)	试件号	尺寸(mm)	试件号	尺寸(mm)
1	28.10	6	28.10	11	28.20	16	28.00	21	28.10
2	27.90	7	27.80	12	28.38	17	28.10	22	28.12
3	27.70	8	28.10	13	28.43	18	27.90	23	27.90
4	28.00	9	27.95	14	27.90	19	28.04	24	28.06
5	28.20	10	28.26	15	27.84	20	27.86	25	27.80

试分析该工序的稳定程度。

26. 磨削某工件外圆时，图纸要求直径为 $\phi52_{-0.14}^{-0.11}$，每隔一定时间测定一组数据，共测得 12 组 60 个数据列于下表：(抽样检测时把比较仪尺寸按 51.86mm 调整到零)

工件尺寸实测数据表

抽样组号		1	2	3	4	5	6	7	8	9	10	11	12
工作序号	1	2	20	14	6	16	16	10	18	22	18	28	30
	2	8	8	8	10	20	10	18	28	16	26	26	34
	3	12	6	-2	10	16	12	16	18	12	24	32	30
	4	12	12	8	12	18	20	12	20	16	24	28	38
	5	28	8	12	10	20	16	26	18	12	24	28	36

试根据表中的统计抽样数据：

(1) 计算整批零件的尺寸均值及均方差；

(2) 绘制实际尺寸的分布曲线；

(3) 计算合格率与废品率(包括可修，不可修)；

(4) 绘制该批零件的质量控制图并分析该工序的加工稳定性；

(5) 讨论产生废品的原因及改进措施。

27. 在自动车床上加工一批小轴，其外径尺寸要求为 $\phi11\pm0.05\text{mm}$，正常加工时，每隔一小时抽检一次，每次为连续加工的五只工件，连续抽样 20 次测得其直径并计算各组的均值及极差，其数据如下表，试绘制加工该批零件的质量控制图。

样本号	样本均值 $\bar{x}_i$(mm)	极差 R_i(mm)	样本号	样本均值 $\bar{x}_i$(mm)	极差 R_i(mm)
1	10.986	0.09	11	11.020	0.09
2	10.994	0.08	12	10.976	0.08
3	10.994	0.11	13	11.006	0.05
4	10.998	0.05	14	11.008	0.05
5	11.002	0.10	15	10.970	0.03
6	11.002	0.07	16	11.020	0.11
7	11.018	0.10	17	10.996	0.04
8	10.988	0.09	18	10.990	0.02
9	10.980	0.05	19	10.996	0.06
10	10.994	0.05	20	11.028	0.10

若在同一条件下继续加工一批小轴，每隔一定时间又抽检一组零件，其实测数据如下表：

组号＼测定值	x_1	x_2	x_3	x_4	x_5	$\bar{x}_i$	R_i	组号＼测定值	x_1	x_2	x_3	x_4	x_5	$\bar{x}_i$	R_i
1	64	78	89	54	80			9	58	26	74	88	94		
2	70	62	45	58	85			10	72	96	38	82	22		
3	88	75	55	42	65			11	84	56	74	21	60		
4	20	40	28	50	12			12	95	37	69	72	82		
5	18	52	68	35	17			13	76	50	25	12	62		
6	16	72	48	54	25			14	99	71	50	78	82		
7	42	18	31	53	86			15	63	48	34	83	72		
8	67	78	24	5	15			16	97	73	60	44	56		

试以正常加工的机床精度为标准，判断工艺过程的稳定性。

28. 图 4-59 所示，在车床车一批工件的孔，其直径为 $D=\phi 19_{0}^{+0.01}$ mm，长度为 $L=32_{-0.01}^{+0.05}$ mm，当连续试切五个工件测得尺寸如下表：

试件尺寸	1	2	3	4	5
D(mm)	18.92	18.97	18.93	18.95	18.98
L(mm)	31.84	31.82	31.81	31.85	31.83

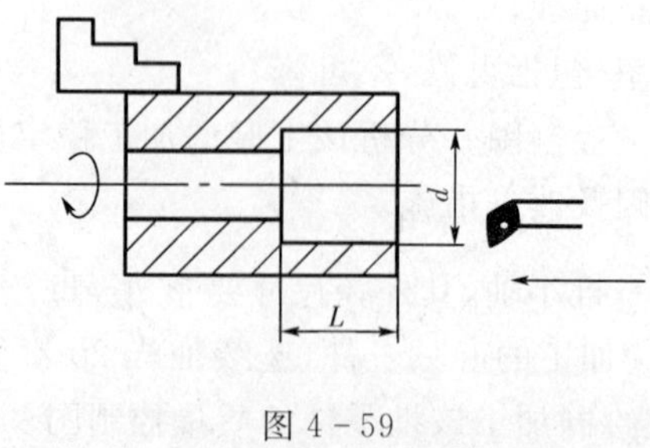

图 4-59

若希望按理想尺寸来调刀，试计算：

(1) 按试切首件对刀；

(2) 按试切一组($m=5$)工件对刀。

应如何调整刀具和机床行程档块的位置？

29. 在平面磨床上精磨一批连杆的端面，要求保证连杆厚度 $H=38_{-0.24}^{-0.17}$mm，若本工序的均方差 $\sigma=0.008$mm，对刀调整误差 $\Delta_H=0.01$mm。试分析计算：

(1) 按试切首件尺寸调整刀具位置能否达到图纸要求？

(2) 若要求排除废品，应至少需按试切几件来调刀？

30. 在无心磨床上磨削销轴，销轴外径尺寸要求为 $\phi12\pm0.01$。现随机抽取100件进行测量，结果发现其外径尺寸接近正态分布，平均值为 $\overline{X}=11.99$，均方根偏差为 $\sigma=0.003$。要求：

(1) 画出销轴外径尺寸误差的分布曲线；

(2) 计算该工序的工艺能力系数；

(3) 估计该工序的废品率；

(4) 分析产生废品的原因，并提出解决办法。

31. 在车床上加工一批小轴的外圆，尺寸要求为 $\phi60_{-0.1}^{0}$mm。测量工序尺寸接近正态分布，其标准公差为 $\sigma=0.015$mm，公差带中心小于分布曲线中心，偏差值为0.02mm。试计算不合格品率。

32. 在无心磨床上磨削圆柱销，直径要求为 $\phi8_{-0.040}^{0}$mm。每隔一段时间测量一组数据，共测得200个数据，列于下表，表中数据为($x+7960$)μm。要求：

(1) 画出 $\overline{x}-R$ 图；

(2) 判断工艺规程是否稳定；

(3) 判断有无变值系统误差；

(4) 对 $\overline{x}-R$ 图进行分析。

组号	测量值					平均值	极差	组号	测量值					平均值	极差
	x_1	x_2	x_3	x_4	x_5	$\overline{x}_i$	R_i		x_1	x_2	x_3	x_4	x_5	$\overline{x}_i$	R_i
1	30	25	18	21	29	24.6	12	11	26	27	24	25	25	25.4	3
2	37	29	28	30	35	31.8	9	12	22	22	20	18	22	20.8	4
3	31	30	33	35	30	31.8	5	13	28	20	17	28	25	23.6	11
4	35	40	35	35	38	36.6	5	14	24	25	28	34	20	26.2	14
5	36	30	43	45	35	37.8	15	15	29	28	23	24	34	28.6	11
6	43	35	38	30	45	38.2	15	16	38	35	30	33	30	33.2	8
7	35	18	25	21	18	23.4	17	17	28	27	35	38	31	31.8	11
8	21	18	11	23	28	20.2	17	18	30	31	29	31	40	32.2	11
9	20	15	21	25	19	20.0	10	19	28	38	32	28	30	31.2	10
10	26	31	24	25	26	26.4	7	20	33	40	38	33	30	34.8	10

33. 在自动车床上加工销轴，直径要求为 $d=12\pm0.013$mm，现按时间顺序先后抽检 20 个样组，每组取样 5 件。在千分比较仪上测量，比较仪按 $\phi11.987$mm 调整零点，测量数据列于下表中，单位为 μm。试作出 $\overline{x}-R$ 图，并判断该工序工艺过程是否稳定。

组号	测量值					$\overline{x}$	R	组号	测量值					$\overline{x}$	R
	x_1	x_2	x_3	x_4	x_5				x_1	x_2	x_3	x_4	x_5		
1	28	20	28	14	14	20.8	14	11	16	21	14	15	16	16.4	7
2	20	15	20	20	15	18	5	12	16	17	14	15	15	15.4	3
3	8	3	15	18	18	12.4	15	13	12	12	10	8	12	10.8	4
4	14	15	15	15	17	15.2	3	14	10	10	7	18	15	13.6	11
5	13	17	17	17	13	15.4	4	15	14	15	18	24	10	16.2	14
6	20	10	14	15	19	15.6	10	16	19	18	13	14	24	17.6	11
7	10	15	20	10	13	15.4	10	17	28	25	20	23	20	23.2	8
8	18	18	20	25	20	20.4	7	18	18	17	25	28	21	21.8	11
9	12	8	12	15	18	13	10	19	20	21	19	21	30	22.2	11
10	10	5	11	15	9	10	10	20	18	28	22	18	20	21.2	10

第五章　工艺规程设计

第一节　概　述

一、生产过程与工艺过程

知识要点设问

1. 什么是机械加工生产过程和机械加工工艺过程?
2. 生产过程中工艺过程主要完成哪些工作?
3. 工艺过程的基本单元是什么? 如何划分?
4. 什么是工序、安装、工步、工位和走刀?

二、生产类型和工艺特征

知识要点设问

1. 生产纲领的含义是什么? 如何划分生产类型?
2. 不同生产类型的工艺过程特点是什么?

例题解析

1. 某厂年产某型柴油机 2000 台,已知每台有两个连杆,其生产备品率为 20%、机械加工废品率为 1%,试计算连杆的生产纲领。并说明其生产类型。

【解】 连杆的年产量

$$N=Q\times n(1+\alpha\%)(1+\beta\%)=2000\times 2\times(1+20\%)(1+1\%)=4848(\text{件})$$

该连杆零件属于中型机械的轻型零件,年生产纲领约 5000 件,按生产类型和生产纲领的关系查表,应属于中小批生产。

思考与练习

1. 某机床厂生产某车床 250 台。已知机床主轴的备品率为 10%,废品率为 4%。试确定主轴的生产纲领,并说明属于哪种生产类型,其主轴的工艺过程有何特点?

2. 图 5-1 所示为联轴器的零件图,其机械加工工艺过程有如下两种方案,试划分每种方案的工艺过程的组成(工序、安装、工位、工步、走刀等),并说明它们分别适用于何种生产类型。

方案 1:在车床上粗车、精车端面 C;粗镗、精镗 $\phi60^{+0.074}_{0}$ 内孔,倒角、粗车、半精车 ϕ200mm 外圆;调头、粗、精车端面 A,车 ϕ96mm 外圆及端面 B,内孔倒角;在插床上插键槽;划线;在钻床上按线钻 6—ϕ20mm 孔;钳工去毛刺。

方案 2：在车床上粗、精车一批零件的端面 C，并粗、精镗 $\phi 60^{+0.074}_{0}$ 内孔，倒角；将工件安装在可涨心轴上，粗、半精车这批工件的 ϕ200mm 外圆、ϕ96mm 外圆及端面 B，粗、精车端面 A，内孔倒角；在拉床上拉键槽；在钻床上用钻模钻 6－ϕ20mm 孔；钳工去毛刺。

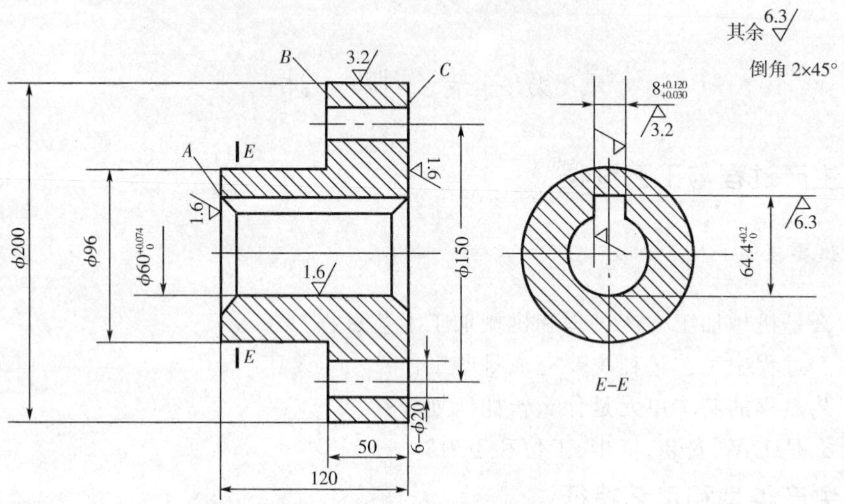

图 5－1

三、机械加工工艺规程

知识要点设问

1. 什么是机械加工工艺规程？它的作用是什么？工艺规程设计的原则和格式有哪些？
2. 简述工艺规程设计的原始资料和设计步骤。
3. 拟订工艺路线要完成哪些工作？
4. 编制工艺规程时必须达到哪些要求？其中主要要求是什么？

第二节　机械加工工艺规程设计

一、定位基准选择

知识要点设问

1. 选择粗基准主要考虑什么？如何选择？为什么粗基准在同一尺寸方向只能使用一次？
2. 选择精基准主要考虑什么？如何选择？试举例说明。
3. 你见过的附加精基准有哪些？

例题解析

1. 图 5－2 所示的毛坯，在铸造时内孔 2 与外圆 1 有偏心。如果要求获得：(1)与外圆有较高同轴度的内孔,应如何选择粗基准?(2)内孔 2 的加工余量均匀,应如何选择粗基准?

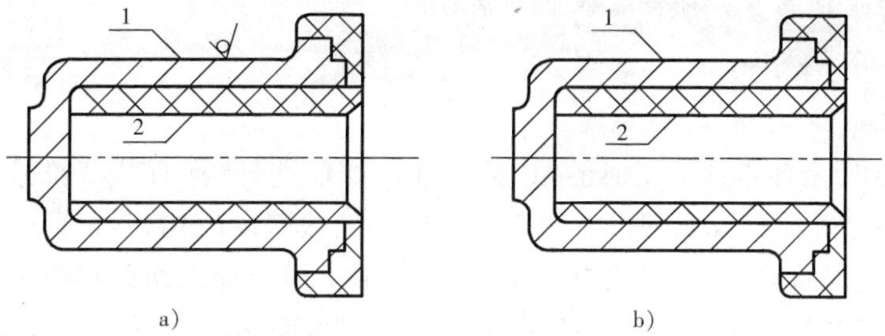

图 5-2

【解】 (1) 用不需加工的外圆 1 作粗基准(用三爪卡盘夹持外圆 1)加工内孔 2,此时虽然加工余量不均匀,但内孔与外圆同轴度较高,壁厚均匀、与外形对称(见图 5-2a)。

(2) 如果要求内孔的加工余量均匀,可用四爪卡盘夹住外圆 1,然后按内孔 2 找正。此时,内孔加工余量均匀,但加工后的内孔与外圆不同轴,壁厚不均匀(见图 5-2b)。

2. 图 5-3 所示为一铸造的轴套,通常是孔的加工余量较大,外圆的加工余量较小。试选择粗、精基准。

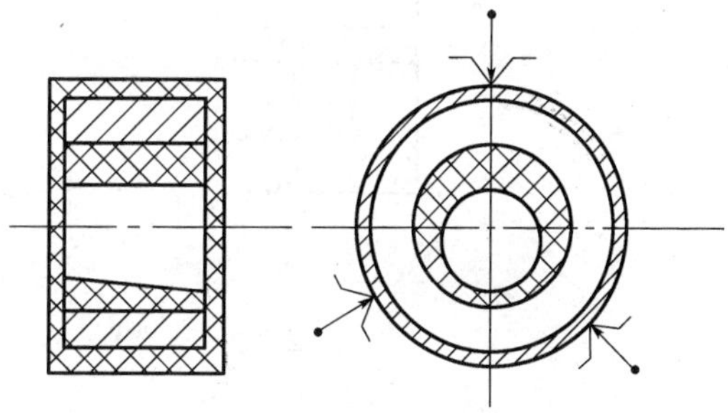

图 5-3

【解】 以外圆为粗基准加工孔,然后以孔为精基准加工外圆,保证工件壁厚均匀,外圆与内孔同轴。

3. 图 5-4 所示零件的 A、B、C 面,ϕ10H7mm 及 ϕ30H7mm 孔均已加工。试分析加工 ϕ12H7mm 孔时,选用哪些表面作为定位基准最合理?为什么?

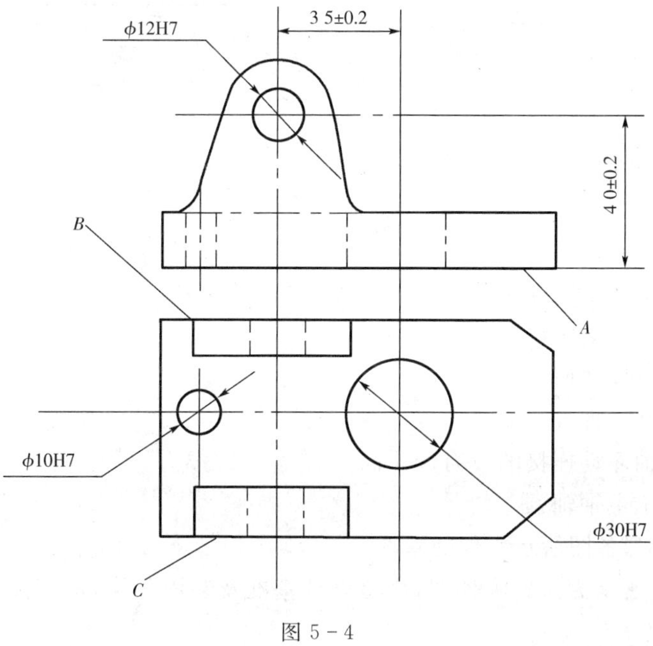

图 5-4

【解】 选 A 面(定位元件为支承板)、ϕ30H7 孔(定位元件为圆柱销)、ϕ10H7(定位元件为削边销)作为定位基准。符合基准重合原则。

思考与练习

1. 图 5-5 所示各零件加工时的粗、精基准应如何选择(标有"$\sqrt{}$"符号的为加工面,其余为非加工面)?并简要说明理由。图 5-5a 要求轮毂壁厚较均匀,b 要求壳壁均匀。c 所示零件要求内外圆同轴,端面与孔中心线垂直,非加工面与加工面间尽可能保持壁厚均匀;图 5-5d 所示零件毛坯孔已铸出,要求孔加工余量尽可能均匀。

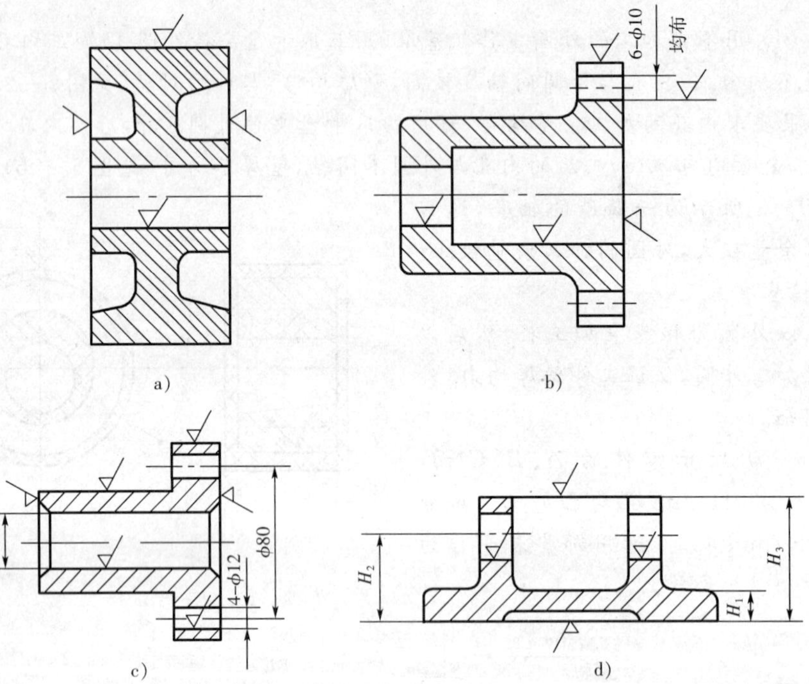

图 5-5

2. 试分析下列加工情况下的定位基准:

(1) 拉齿坯内孔;

(2) 珩磨连杆孔;

(3) 无心磨削活塞销外圆;

(4) 用浮动镗刀块精镗内孔;

(5) 磨削床身导轨面;

(6) 箱体零件攻螺纹;

(7) 用与主轴浮动连接的铰刀铰孔;

(8) 超精加工主轴轴颈。

3. 试分析下列各图所示零件的基准:

(1) 图 5-6 所示为齿轮零件图,找出设计基准及装配基准,滚切齿形时的定位基准及度量基准是什么?

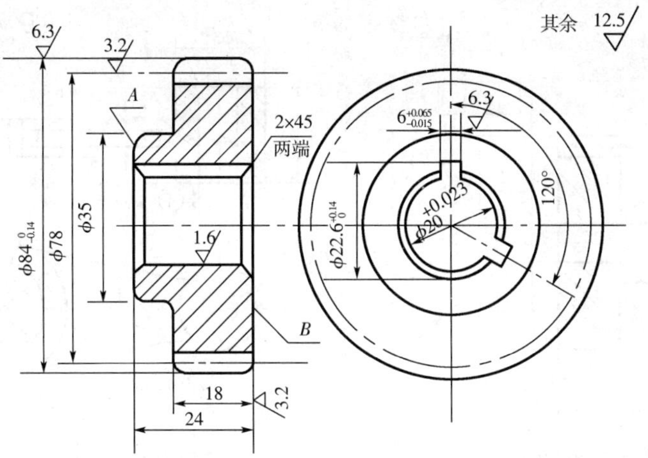

图 5－6

(2) 图 5－7 所示为小轴在车床顶尖间加工小端外圆及肩台面 2 的工序图，试分析肩台面 2 的定位基准及度量基准。

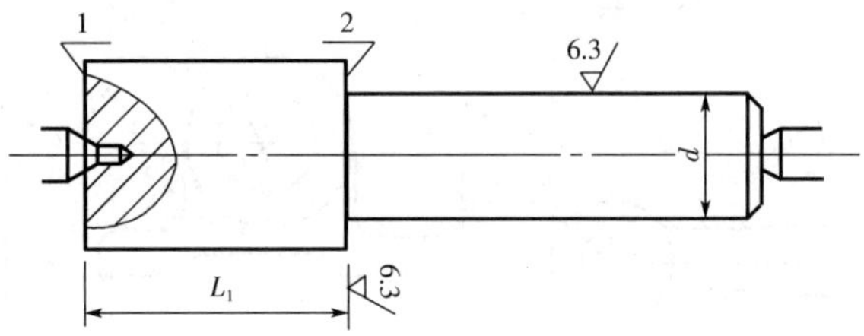

图 5－7

(3) 图 5－8 所示为箱体的零件图及工序图，试在图中指出：

① 平面 2 的设计基准，定位基准及度量基准；

② 孔 4 的设计基准，定位基准及度量基准。

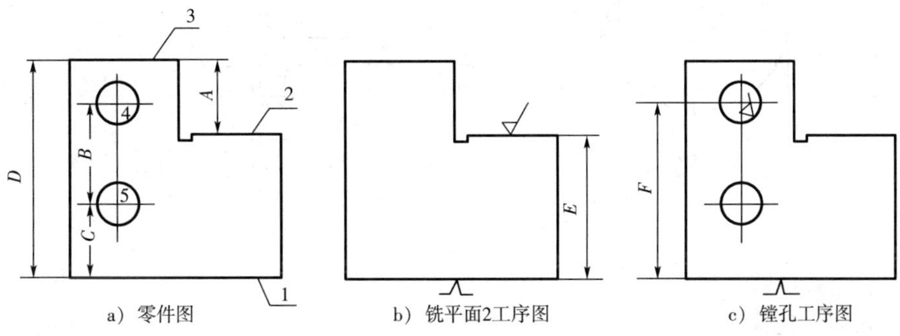

图 5－8

4. 试分析说明图 5－9 中各零件加工主要表面时定位基准(粗，精基准)应如何选择？

5. 加工大型箱体件时(单件、小批生产)，经常要先划线后加工，试分析箱体划线时的基准是哪些表面？为什么？

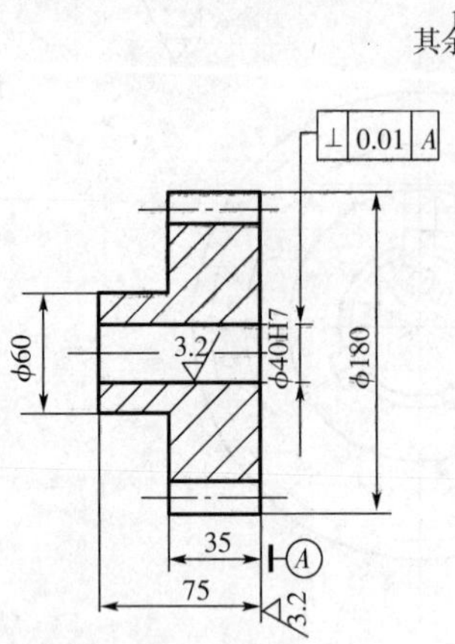

a) 齿轮(毛坯为模锻件)

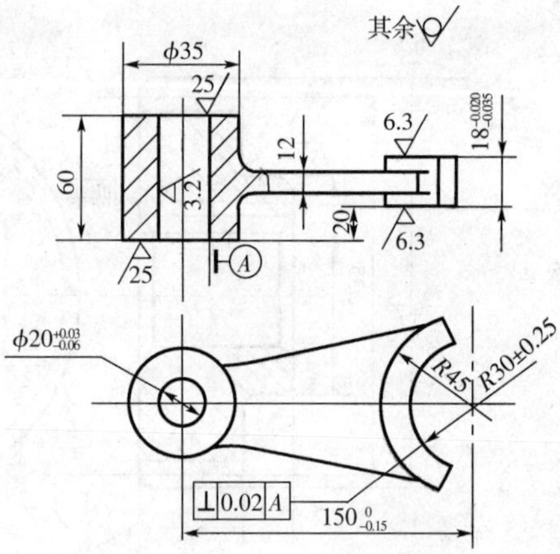

b) 拨叉(毛坯为精铸件)

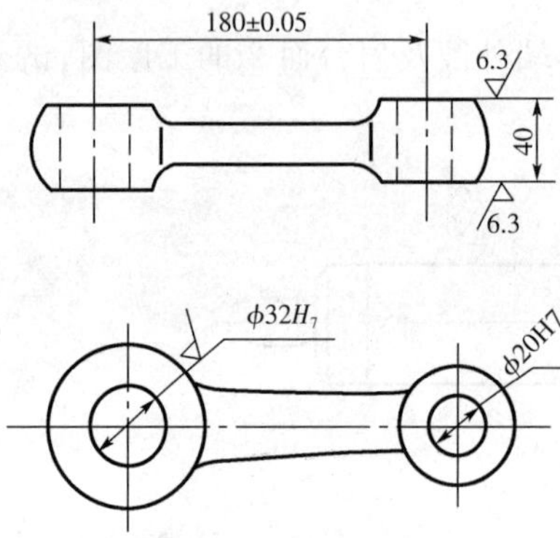

c) 连杆(毛坯为模锻件)

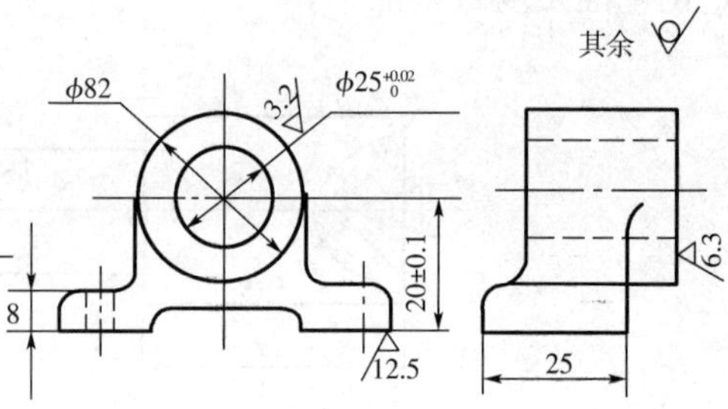

d) 轴承座(毛坯为铸件)

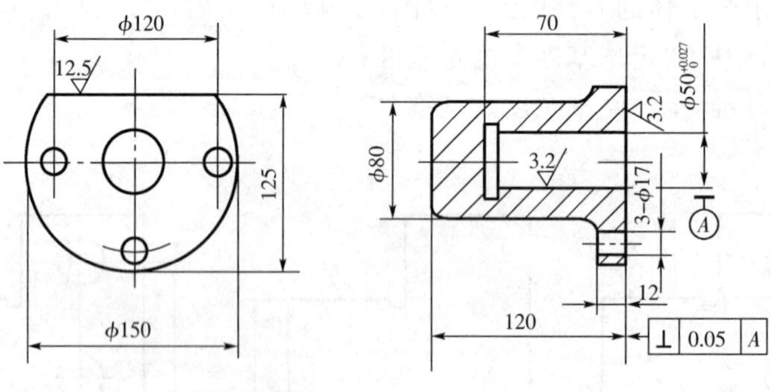

e) 轴承座(毛坯为铸件)

图 5－9

6. 图 5－10 所示零件若孔及底面 B 已加工完毕，在加工导轨上平面 A 时，应选择哪个面作为定位基准较合理？试列出两种可能的定位方案进行比较。

7. 加工活塞的辅助精基准为端面及止口，见图 5－11，试选择粗基准，并以两种可能的定位方案进行比较(提示：应满足活塞的技术要求之一，活塞的壁厚差不大于 0.9mm)。

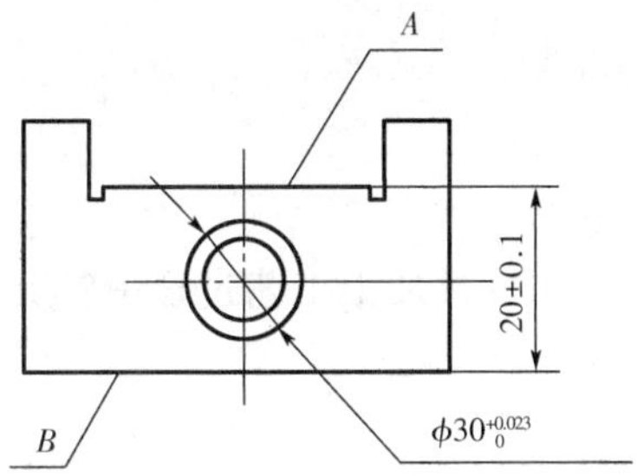

图 5－10

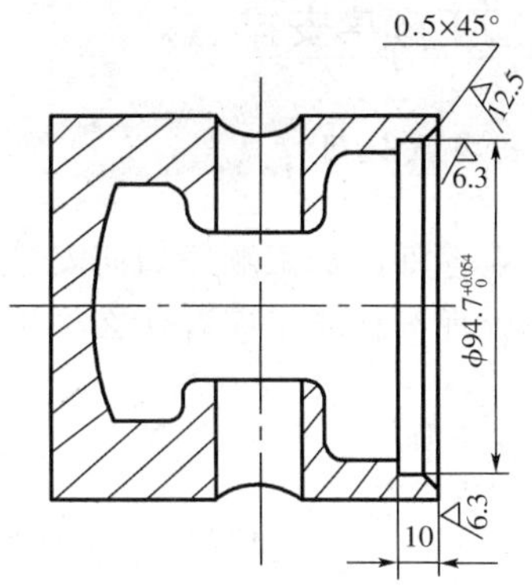

图 5－11

8. 图 5－12a 为被加工零件图，其加工工艺过程为：

工序Ⅰ：铣削上下平面 B、C。

工序Ⅱ：钻、扩、铰 ϕ30H7 孔。

工序Ⅲ：钻、铰 ϕ10H8 孔(图 5－12b)(以平面 ϕ30H7 孔及毛坯外圆定位)。

工序Ⅳ：钻、攻螺孔 M8(图 5－12c)(以平面，ϕ30H7 孔及毛面定位)。

试分析定位基准的选择是否有原则性的错误？应如何改进？

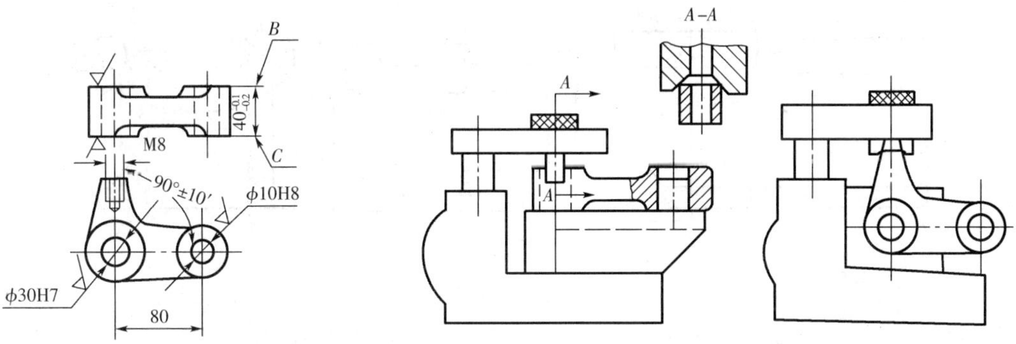

a) 被加工零件图　　b) 工序Ⅲ钻铰 ϕ10H8　　c) 工序Ⅵ钻攻螺孔 M8

图 5－12

二、表面加工方法选择

知识要点设问

1. 了解平面、外圆和孔的常见加工方法所能达到的经济加工精度和表面粗糙度。

2. 大批大量生产时，零件加工表面形状和位置精度要求较高时应考虑选择什么加工方法？

3. 多品种、小批量生产时考虑什么加工方法？

4. 淬火钢和有色金属的精加工方法相同吗？

三、加工顺序安排

知识要点设问

1. 一般零件的加工顺序如何安排？应遵循哪些原则？
2. 热处理与检验工序有什么作用？如何将其安插在机械加工工艺过程中？

思考与练习

1. 图 5－13 所示之床身，小批生产，其主要加工工序内容如下：
(1) 加工导轨面 A、B、C、D、E、F：粗铣，半精刨，粗磨，精磨。
(2) 加工底面 J：粗铣，半精刨，精刨。
(3) 加工压板配合面及齿条安装面 G、H、I：粗刨，半精刨。
(4) 加工主轴箱安装面 K、L：粗铣，精铣，精磨。
(5) 其他：划线，人工时效，导轨面高频淬火。
试将上述加工内容排成合理的工艺路线，并指出各工序的定位基准，生产类型为小批量生产。

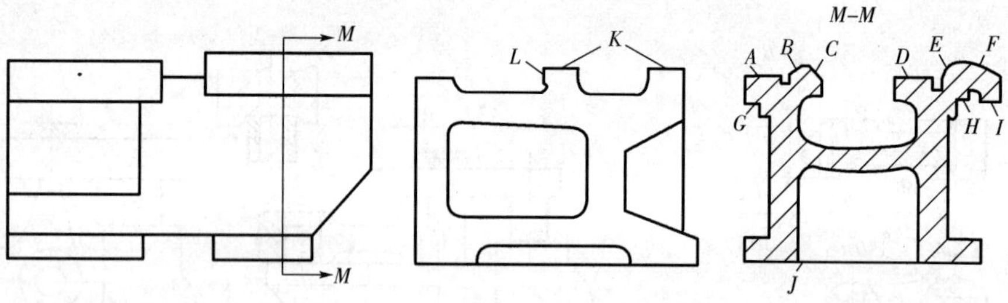

图 5－13

2. 在小批生产条件下，加工一批直径为 $\phi 20_{-0.01}^{\ 0}$ mm，长度为 50mm 的光轴（材料为 45 钢），表面粗糙度为 $R_a 0.2$，试确定其加工方法及工序。

四、工序内容组成

知识要点设问

1. 机械加工工艺过程的长短与哪些因素有关？
2. 何谓工序集中？按工序集中原则组织机械加工工艺过程有什么特点？
3. 何谓工序分散？按工序分散原则组织机械加工工艺过程有什么特点？

五、加工阶段的划分

知识要点设问

1. 机械加工工艺过程按工序性质不同一般分几个阶段？
2. 为什么粗精加工要分开？

例题解析

1. 试拟订图 5-14 所示连杆零件的机械加工工艺路线(包括工序名称、工序简图、加工方法、定位基准及夹紧位置)。生产类型为成批生产。

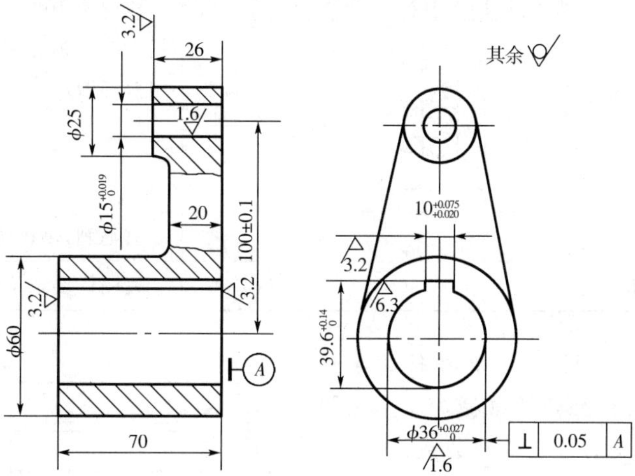

图 5-14

【解】 其参考方案列于表 5-1 中。

表 5-1 连杆零件加工工艺卡片

工序号	工序名称	工序简图	工序内容
0	铸		铸—清沙—退火—检验
1	车	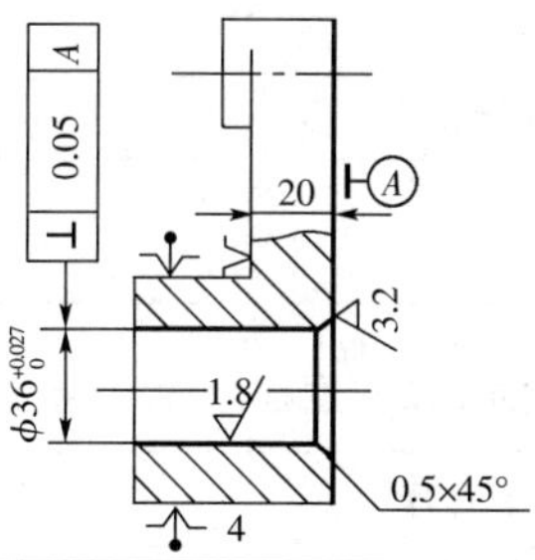	三爪自定心卡盘夹持 $\phi60$mm 粗车、精车 A 面 20mm 粗车、精车孔 $\phi36^{+0.027}_{0}$ mm 倒角
2	铣	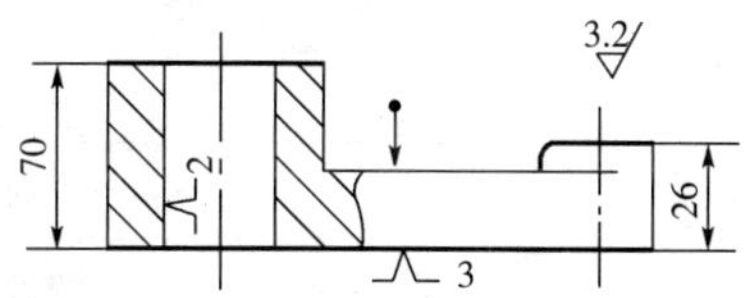	铣大端面 70mm 铣小端面 26mm
3	钻	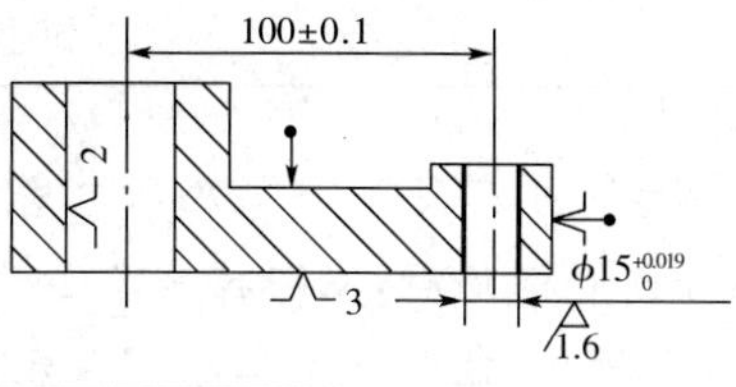	钻—扩—铰小端面孔 $\phi15^{+0.019}_{0}$ mm 和 100±0.1mm

（续表）

工序号	工序名称	工序简图	工序内容
4	插	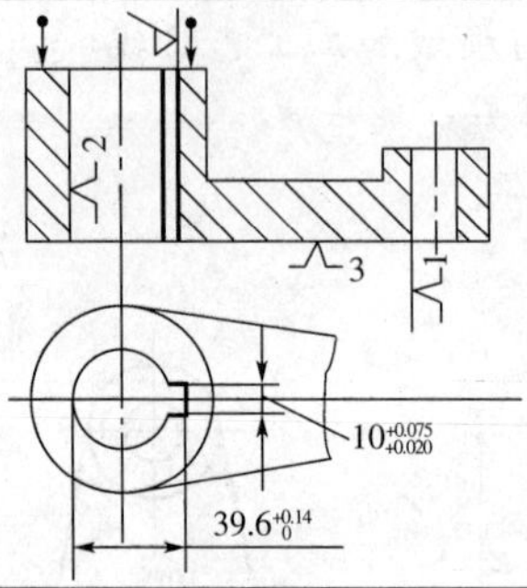	插键槽 $10^{+0.075}_{+0.020}$ mm 和 $39.6^{+0.14}_{0}$（根据生产纲领和工厂具体情况，也可改用拉键槽）
5	钳		去毛刺，倒棱边
6	检验		按图样要求检验

2. 试拟出图 5－15 所示阶梯轴的单件小批生产和大批大量生产的机械加工工艺规程，并分析每一方案的工艺过程组成。

【解】 零件的机械加工工艺规程如表 5－2和表 5－3 所示。

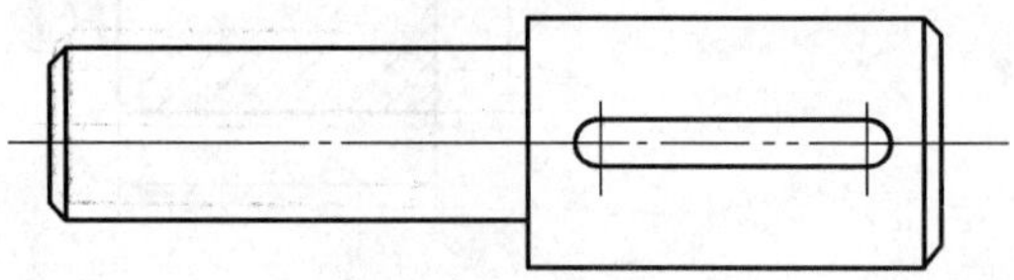

图 5－15

表 5－2　阶梯轴加工工艺过程(单件小批生产)

工序号	工序内容	设　备
1	车一端面，打中心孔 掉头车另一端面，打中心孔	车床
2	车大端外圆及倒角 掉头车小端外圆及倒角	车床
3	铣键槽 除毛刺	铣床

表 5－3　阶梯轴加工工艺过程(大批大量生产)

工序号	工序内容	设　备
1	铣端面，打中心孔	铣端面打中心孔机床
2	车大端外圆及倒角	车床
3	车小端外圆及倒角	车床
4	铣键槽	键槽铣床
5	除毛刺	钳工台

从表中可看出，生产类型不同工序的划分及每一个工序所包含的加工内容是不同的。表 5－2 中，因为车完一个工件的大端外圆和倒角后，立即掉头车小端外圆及倒角，这样在一台机床上连续完成大端、小端外圆加工和倒角，就是一个工序。在表 5－3 中，因为在车完一

批工件的大端外圆和倒角后再进行车小端外圆和倒角，故分为两个工序。另外，去毛刺的工作在单件小批生产中由铣工在加工后顺便进行。而在大批大量生产中，由于生产效率较高，铣工忙于装卸工件及操作机床，因此必须另设一道工序，专门去除毛刺。

3. 试拟出成批生产图 5－16 所示孔盘零件的机械加工工艺过程（从工序到工步），并指出各工序的定位基准。

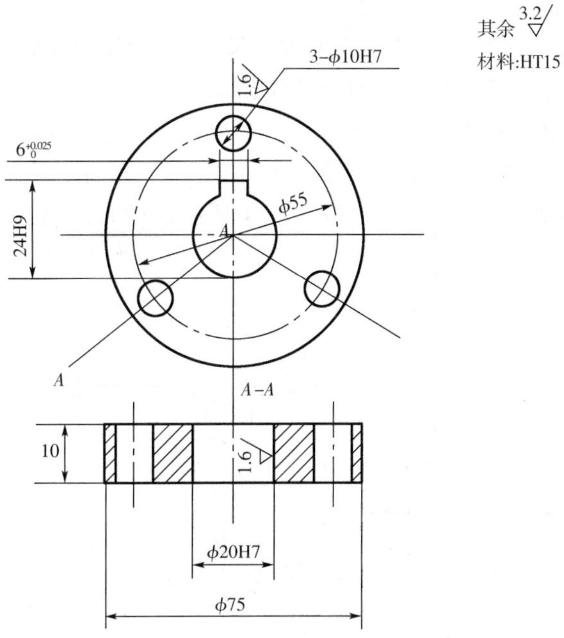

图 5－16

【解】　工艺过程安排如表 5－4。

表 5－4　孔盘零件加工工艺过程

工序号	工序内容（工步）	定位基准（面）
1	车端面，钻、扩、铰 ϕ20H7 孔	外圆
2	车另一端面 10 及外圆 ϕ75	端面及内孔
3	拉键槽 24H9，$6^{+0.025}_{0}$	内孔及端面
4	钻、扩、铰 3－ϕ10H7	内孔及端面

思考与练习

1. 为保证工件上两个主要表面的相互位置精度（如图 5－17 中 A 面、B 面平行度要求），若各工序之间无相关误差，并仅从比较各种定位方式的定位误差入手，在拟订工艺方案，选择精基准时，一般可以采取下列的定位方式：(1)基准重合加工；(2)统一基准（分两次安装）加工；(3)不同基准

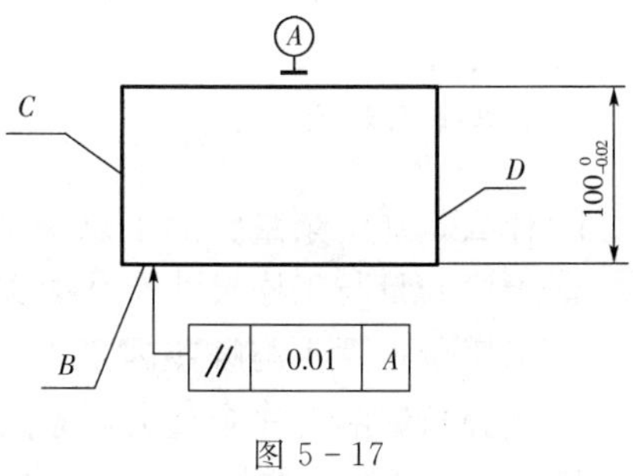

图 5－17

加工；(4)互为基准加工；(5)同一次安装加工。

试按照获得相互位置精度最有利的条件，依次写出五种定位方式的先后次序并简要说明理由。

2. 在成批生产条件下，加工如图 5－18 所示零件，其机械加工工艺过程如下所述：

(1)在车床上加工整批工件的小端端面、小端外圆(粗车、半精车)、台阶面、退刀槽、小端孔(粗镗、精镗)、内外倒角；

(2)调头，在同一台车床上加工整批工件的大端端面、大端外圆及倒角；

(3)在立式钻床上利用分度夹具加工四个螺纹孔；

(4)在外圆磨床上粗、精磨 ϕ120h6 外圆。

试列出其工艺过程的组成，并确定各工序的定位基准，画出各工序的工序简图，用符号"⊽"标明加工面、"⌐⌐"标明定位基准面，用数字注明所限制的自由度数，其他用文字说明，工艺过程分析到工步。

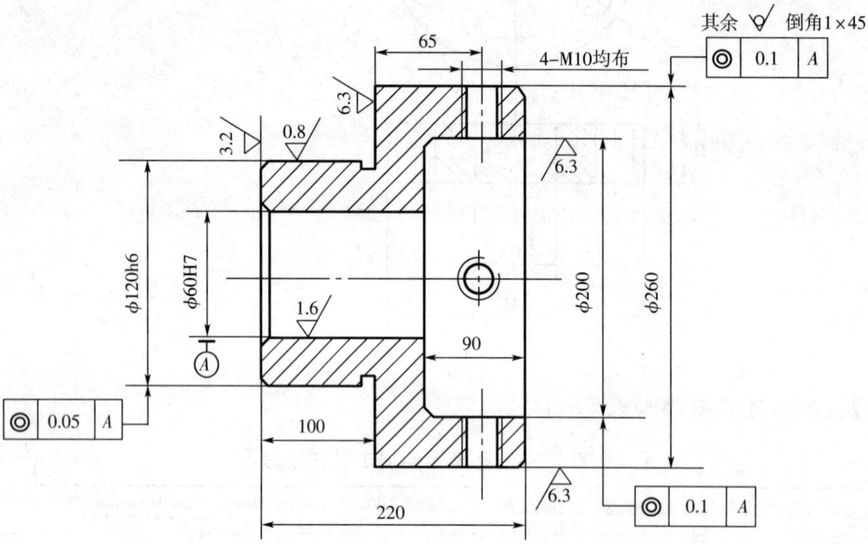

图 5－18

第三节　加工余量、工序尺寸及公差的确定

一、加工余量

知识要点设问

1. 什么是加工余量？加工总余量与哪些因素有关？

2. 工序余量与工序尺寸有什么关系？工序余量公差如何确定？

3. 工序余量大小与哪些因素有关？

4. 试分析影响工序余量的因素，为什么在计算本工序加工余量时必须考虑本工序装夹误差和上工序制造公差的影响？

二、工序尺寸及公差

知识要点设问

1. 何谓工序尺寸？工序尺寸公差如何确定和标注？
2. 基准重合时，工序尺寸的解算为什么从最终工序开始向前推算？

例题解析

1. 某零件上有一孔直径 $\phi60^{+0.03}_{0}$ mm，表面粗糙度 R_a1.6，材料 45 钢，热处理淬火 HRC42，毛坯为锻件。孔的加工工艺过程是：(1)粗镗；(2)半精镗；(3)热处理；(4)磨孔。查相关手册得工序余量、加工精度等，如表 5－5 中所列，试求工序尺寸及其公差。

【解】 计算结果如表 5－5 中所示。

表 5－5 工序尺寸计算

工序名称	工序余量(mm)	经济精度(mm)	表面粗糙度(R_a)(μm)	工序的基本尺寸(mm)	工序尺寸及其公差(mm)
磨孔	0.5	0.03	1.6	60	$\phi60^{+0.03}_{0}$
半精镗	1.5	0.12	6.3	60－0.5＝59.5	$\phi59.5^{+0.012}_{0}$
粗镗	4	0.4	12.5	59.5－1.5＝58	$\phi58^{+0.4}_{0}$
毛坯孔		±2		58－4＝54	$\phi54\pm2.0$

思考与练习

1. 有一大量生产之小轴，毛坯为热轧棒料，经粗车、半精车、淬火、磨削后，其外圆尺寸达图样要求 $\phi30_{-0.013}^{0}$ mm。已知各工序的加工余量及加工精度，试确定各工序尺寸、偏差、毛坯尺寸，并填入下表(余量系双边余量)。

工序名称	工序余量(mm)	加工精度(mm)	工序尺寸及偏差(mm)
精　磨	0.1	0.013(IT6)	$\phi30_{-0.013}^{0}$
粗　磨	0.4	0.033(IT8)	
半精车	1.1	0.084(IT10)	
粗　车	4	0.21(IT12)	
毛坯尺寸		－0.4 ＋0.75	

2. 某轴设计尺寸为 $\phi45_{-0.016}^{0}$ mm，加工工艺过程为粗车——半精车——精车——磨，试确定各工序尺寸及其极限偏差，并填入下表。

工序名称	工序余量(mm)	工序公差(mm)	工序尺寸及公差(mm)
磨外圆	0.2	0.016	$\phi45_{-0.016}^{0}$
精车	0.8	0.025	
半精车	1.5	0.062	
粗车	3.5	0.100	
毛坯		±1.0	

3. 某齿轮内孔加工要求为$\phi58_{0}^{+0.03}$,加工工艺路线为扩孔——拉孔——磨孔,试确定各工序尺寸及其极限偏差,并填入下表。

工序名称	工序余量(mm)	工序公差(mm)	工序尺寸及公差(mm)
磨孔	0.25	0.03	$\phi58_{0}^{+0.03}$
拉孔	1.05	0.025	
扩孔	6.7	0.12	
毛坯孔	—	3	

4. 某45钢工件上,欲加工$\phi72.5_{0}^{+0.03}$ mm的孔。其加工工序为扩孔、粗镗、半精镗、精镗、精磨。各工序尺寸及偏差为:

精磨:$\phi72.5_{0}^{+0.03}$ mm;精镗:$\phi71.8_{0}^{+0.046}$ mm;半精镗:$\phi70.5_{0}^{+0.12}$ mm;粗镗:$\phi68_{0}^{+0.19}$ mm;扩孔:$\phi64_{0}^{+0.46}$ mm;模锻孔:$\phi59_{-1}^{+1}$ mm。

试计算各工序的加工余量及其变动范围,并绘出加工余量、工序尺寸及其公差关系图。

5. 箱体零件的底面经粗铣、精铣两道工序的加工余量分布如图5-19所示。试在图中指出总余量Z_{Σ},工序余量Z_a和Z_b最大余量Z_{amax}、Z_{bmax}以及最小余量Z_{amin}、Z_{bmin},并计算工序余量偏差Δ_{Za}、Δ_{Zb}。

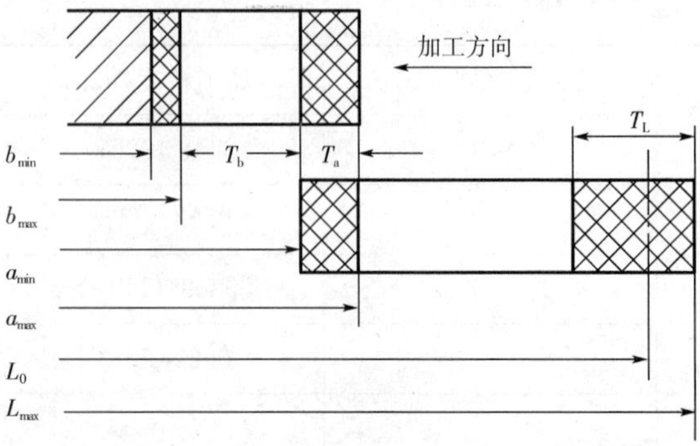

图5-19

L_0—毛坯的基本尺寸;L_{max}—毛坯的最大尺寸;T_L—毛坯的公差;

a_{max}—上工序最大尺寸;a_{min}—上工序最小尺寸;T_a—上工序的公差;

b_{max}—本工序最大(公称)尺寸;b_{min}—本工序最小尺寸;T_b—本工序的公差;

6. 为什么毛坯尺寸的公差一般是双向分布的，而工序尺寸的公差一般采用“单向入体分布”？

7. 若在立钻上用浮动夹头铰削 $\phi32^{+0.05}_{0}$mm 的内孔，铰削前为精镗。设精镗的尺寸公差为 0.2mm，精镗的粗糙度 $H_a=0.002$mm，精镗的缺陷层深度 $T_a=0.003$mm，试确定铰孔的余量及镗孔的尺寸。

8. 试计算小轴，大端外圆 $\phi28_{-0.013}^{0}$ 表面加工中各道工序的工序尺寸及偏差，见图 5－20。已知零件材料为普通精度的热轧圆钢，工件装夹在顶尖上加工，零件的加工过程如下：(1)下料；(2)车端面，打中心孔；(3)粗车各面；(4)精车各面；(5)热处理；(6)研磨中心孔；(7)磨外圆。

9. 单件加工图 5－21 所示工件(材料为 45 钢)，若底平面已加工好了，现欲加工上平面，其尺寸为 $80_{-0.05}^{-0.08}$mm，表面粗糙度 $R_a0.6$。若平面的加工工艺过程是：粗铣－精铣－粗磨－精磨。试求各工序的工序尺寸及其公差。

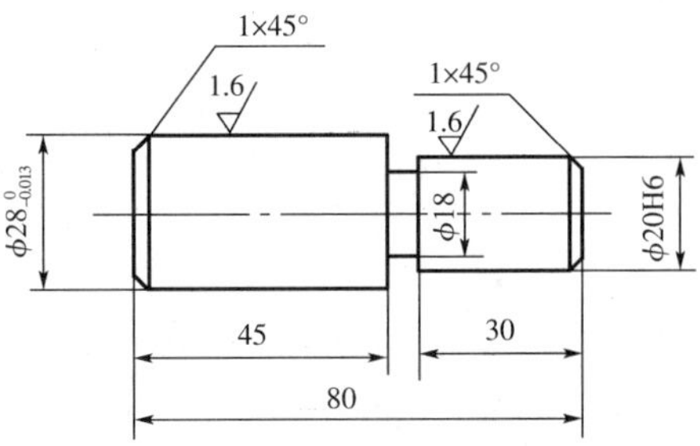

图 5－20

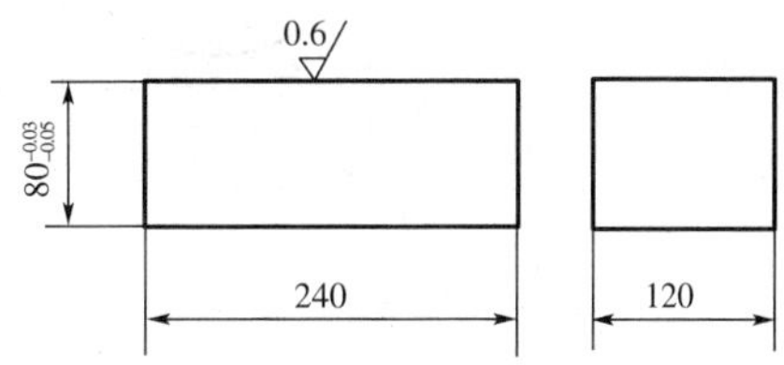

图 5－21

第四节　工艺尺寸链

知识要点设问

1. 什么是尺寸链？何谓尺寸链的封闭环？何谓尺寸链的组成环？如何判断增减环？
2. 尺寸链有哪些种类？尺寸链的计算方法有几种？又可分为几种计算情况？
3. 用极值法和统计法解算尺寸链时，它们有什么本质区别？
4. 解算尺寸链时，封闭环的公差如何分配？协调环如何选择？
5. 试分析比较用极值法解尺寸链计算公式与用统计法解尺寸链计算公式的异同。
6、什么叫工艺尺寸链？在什么情况下必须进行工序尺寸的换算？

例题解析

1. 加工图 5－22a 所示轴，要求保证轴径尺寸 $\phi28^{+0.024}_{+0.008}$和键槽深度 $t=4^{+0.16}_{0}$mm 的有关工艺过程如下：

(1) 车外圆至 $\phi28.5_{-0.01}^{0}$mm；

(2) 在铣床上铣键槽深至 H；

(3) 热处理;

(4) 磨外圆至尺寸 $\phi28^{+0.024}_{+0.008}$mm。

若车后外圆与磨后外圆的同轴度误差为 $\phi0.04$,试分别用极值法与概率法计算铣键槽的工序尺寸 H 及其极限偏差。

【解】 按加工顺序作出尺寸链图,见图 5-22b,图中封闭环 A_0 为 $4^{+0.16}_{0}$ mm,因为它是磨外圆后不必再特意测量而由前面工序尺寸所间接保证的,也是最后才形成的一个尺寸,它是尺寸链的封闭环。车后外圆与磨后外圆同轴度误差也是组成环之一,记为 0 ± 0.02mm,用回路法判断尺寸链的增减环:A_2 A_3 A_4 为增环,A_1 为减环。

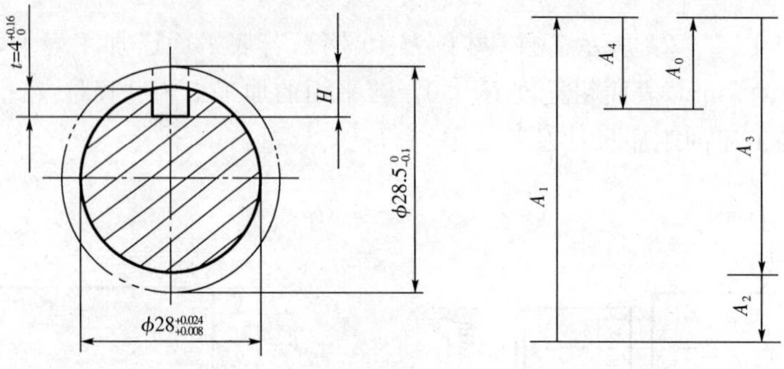

a)　　b)

图 5-22

(1) 极值法计算

由封闭环极限尺寸关系式:

$$A_{0\max}=\sum_{p=1}^{k}A_{p\max}-\sum_{q=k+1}^{m}A_{q\min}$$

$$4.16=H_{\max}+14.012+0.02-14.20$$

$$H_{\max}=4.328\text{mm}$$

$$A_{0\min}=\sum_{p=1}^{k}A_{p\min}-\sum_{q=k+1}^{m}A_{q\max}$$

$$4=H_{\min}+14.004+(-0.02)-14.25$$

$$H_{\min}=4.266\text{mm}$$

所以 $H=4.266^{+0.062}_{0}$mm。

(2) 概率(统计)法计算

假定加工中尺寸无异常,按正态分布,则各环相对分布系数 $k_i=1$。

先将各环化为平均尺寸:

$$4^{+0.016}_{0}=4.08\pm0.08$$

$$14.25^{0}_{-0.05}=14.225\pm0.025$$

$$14^{+0.012}_{+0.004}=14.008\pm0.004$$

由
$$4.08=H_M+14.008+0-14.225$$

所以 $H_M=4.297\text{mm}$。

再根据各环统计公差关系式 $T_{av}^2=\sum_{i=1}^{m}T_i^2$ 求尺寸 H 的公差 T_H：

$$0.08^2\text{mm}=\left(\frac{T_H}{2}\right)^2+0.004^2\text{mm}+0.02^2\text{mm}+0.025^2\text{mm}$$

$$\frac{T_H}{2}=0.073\text{mm}$$

所以 $H=4.297\pm0.073\text{mm}=4.224_{0}^{+0.146}\text{mm}$。

此题说明统计法解算的结果比极值法解算的结果允许的工序尺寸公差大。

2. 图 5-23 所示零件由两道工序完成。试求工序尺寸 A、B 及其极限偏差。

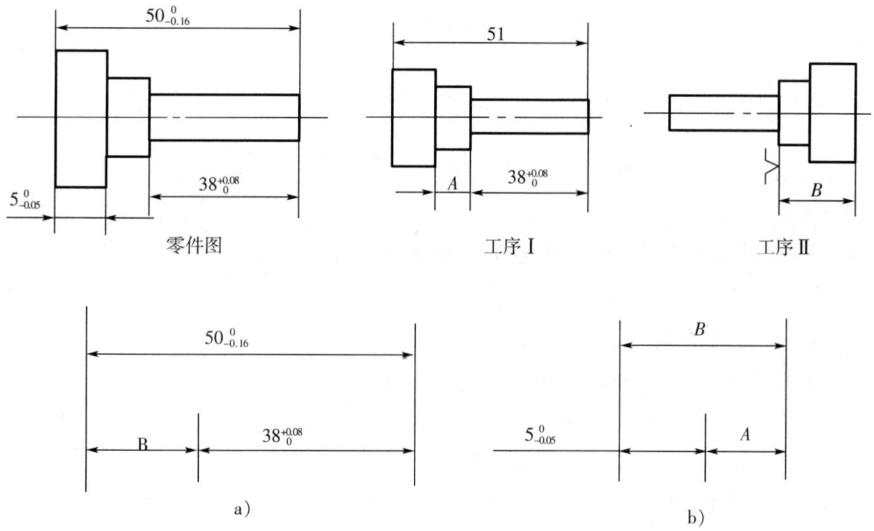

图 5-23

【解】 设计尺寸 $5_{-0.005}^{0}$ 与 $50_{-0.16}^{0}$ 在加工是由两道工序间接保证，加工完毕最终才出现的。因此为封闭环，可得到两个工艺尺寸链(图 5-23a、b)。

图 5-23a 中尺寸链中 B 和 $38_{0}^{+0.08}$ 皆为增环，$50_{-0.16}^{0}$ 为封闭环：

$$50=38+B,\quad B=12\text{mm}$$

$$ES_{50}=ES_{38}+ES_B$$

$$0=+0.08+ES_B,\quad ES_B=-0.08\text{mm}$$

$$EI_{50}=EI_{38}+EI_B$$

$$-0.16=0+EI_B,\quad EI_B=-0.16\text{mm}$$

所以 $B=12_{-0.16}^{-0.08}\text{mm}$，$T_B=0.08$。

图 5-23b 尺寸链中 B 为增环,A5 为减环,$5_{-0.05}^{\ 0}$ 为封闭环:

$$5=B-A=12-A,\quad A=7\text{mm}$$

$$ES_5=ES_B-EI_A$$

$$0=-0.08-EI_A,\quad EI_A=-0.08\text{mm}$$

$$ES_5=EI_B-ES_A$$

$$-0.05=-0.16-ES_A,\quad ES_A=-0.11\text{mm}$$

所以 $A=7_{-0.08}^{-0.11}$mm。

计算得到的尺寸 A 上偏差比下偏差还小,显然不合理。分析可知:图 5-23b 尺寸链中,$T_B>$封闭环公差 T_5,应压缩该组成环公差。现令 $T_B=0.03$mm,$B=12_{-0.11}^{-0.08}$mm,重新计算后,得

$$A=7_{-0.08}^{-0.06}\text{mm}$$

验算:$T_0=\sum_{i=1}^{m}T_i=(0.03+0.02)=0.05$mm。

此题说明设计尺寸与工序尺寸不一致时,加工中为保证设计尺寸而减小了工序尺寸公差,即提高了加工难度。

3. 某零件材料为 2Cr13,其内孔的加工顺序如下:

(1) 车内孔 $\phi31.8_{\ 0}^{+0.14}$mm;

(2) 氰化,工艺要求氰化层深度为 t;

(3) 磨内孔至 $\phi32_{+0.010}^{+0.035}$mm,要求保证氰化层深度为 0.1~0.3mm。

试求氰化工序的氰化层深度 t。

【解】 按加工顺序画出形成氰化层深度为 0.1mm 的尺寸链图(图 5-24)。其中 0.1~0.30(即 $0.1_{\ 0}^{+0.02}$)mm 是加工最终才形成的尺寸,故为封闭环。

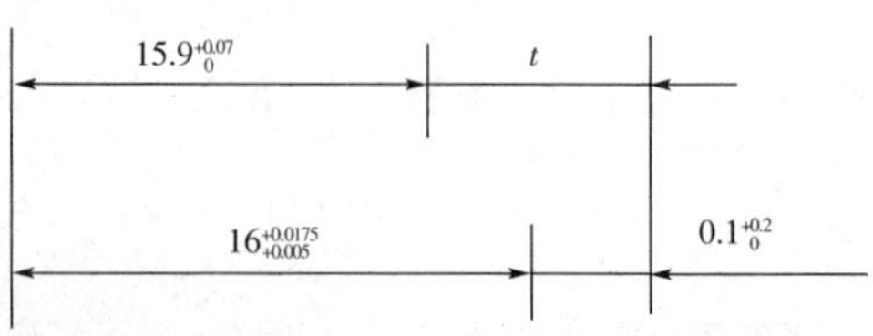

图 5-24

由封闭环极限尺寸关系式可得

$$A_{0\max}=\sum_{p=1}^{k}A_{p\max}-\sum_{q=k+1}^{m}A_{q\min}$$

$$0.3=15.97+t_{\max}-16.005$$

$$t_{\max}=0.335\text{mm}$$

$$A_{0\min}=\sum_{p=1}^{k}A_{p\min}-\sum_{q=k+1}^{m}A_{q\max}$$

$$0.1=15.9+t_{\min}-16.0175$$

$$t_{\min}=0.2175\text{mm}$$

所以根据计算结果,取整后的工艺氰化层深度应为 $0.22_{\ 0}^{+0.11}$mm。

4. 图 5-25a 所示的偏心零件,表面 A 要求渗碳处理,渗碳层深度为 0.5~0.8mm,加

工过程如下：

(1)精车 A 面，保证尺寸 $\phi26.2_{-0.01}^{\ 0}$ mm；

(2)渗碳处理，控制渗碳层深度为 H_1；

(3)精磨 A 面，保证尺寸 $\phi25.8_{-0.016}^{\ 0}$ mm，同时保证渗碳层深度达到规定的要求。试确定 H_1 的数值。

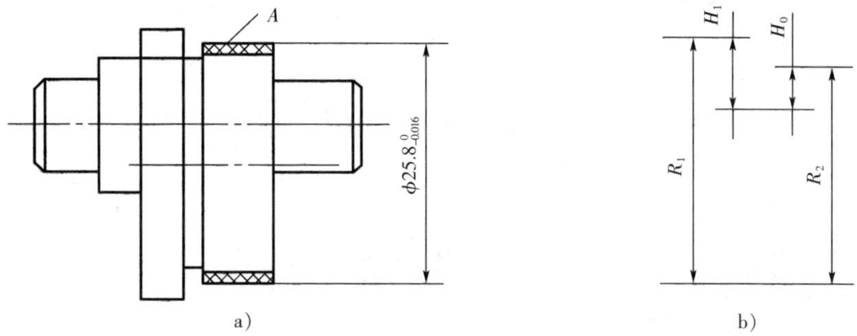

图 5－25

【解】 根据工艺过程，建立与加工过程有关的尺寸链见图 5－25b 所示。在尺寸链中，$R_1=13.1_{-0.05}^{\ 0}$ mm，$R_2=12.9_{-0.008}^{\ 0}$ mm，$H_0=0.5_{\ 0}^{+0.3}$ mm。其中 H_0 为经过磨削加工后零件上渗碳层的深度，是间接获得的尺寸，因而是尺寸链的封闭环，用回路法判断尺寸链的增减环：

$$H_0=R_2+H_1-R_1$$

将数值代入，得

$$H_1-0.7$$

$$0.3=0+\mathrm{ES}_{H_1}-(-0.05)\qquad \mathrm{ES}_{H_1}=0.25$$

$$0=-0.008+\mathrm{EI}_{H_1}-0\qquad \mathrm{EI}_{H_1}=0.008$$

$$H_1=0.7_{+0.008}^{+0.25}\ \mathrm{mm}$$

5. 加工图 5－26a 所示零件，1 面已加工，现以 1 面定位加工 3 面和 2 面，其工序简图如 5－26b图所示，试求工序尺寸 A_1 和 A_2。

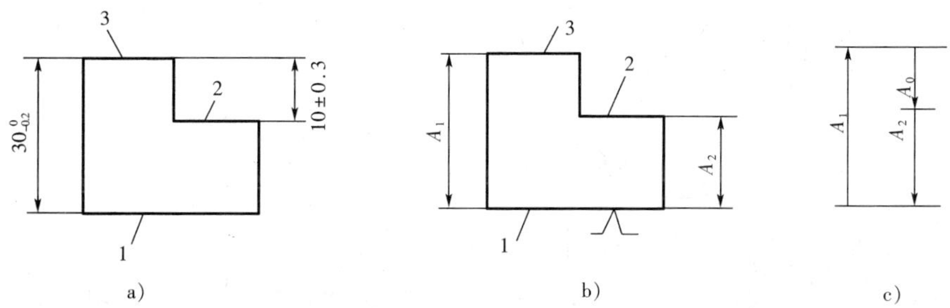

图 5－26

【解】 由于加工 3 面时定位基准与设计基准重合，因此工序尺寸 A_1 就等于设计尺寸，$A_1=30_{-0.2}^{\ 0}mm$。而加工 2 面时，定位基准 1 面与设计基准 2 面不重合，因此在用调整法加工时，只能以尺寸 A_2 为工序尺寸，但这道工序的目的是为了保证零件图上的设计尺寸，即 10±0.3mm 为封闭环，因此与 A_1、A_2 构成尺寸链。如图 5-26c 所示，根据尺寸链的特性，A_0 是封闭环，A_1、A_2 为组成环，A_1 为增环，A_2 为减环。则有封闭环基本尺寸

$$A_0 = A_1 - A_2$$

得 $A_2 = A_1 - A_0 = (30-10) = 20\text{mm}$。

则封闭环极限偏差

$$ES_0 = ES_1 - ES_2$$

所以 $EI_2 = ES_1 - ES_0 = (0-0.3)\text{mm} = -0.3\text{mm}$。

$$EI_0 = EI_1 - ES_2$$

$$ES_2 = EI_1 - EI_0 = [-0.2-(-0.3)]\text{mm} = 0.1\text{mm}$$

所以 $A_2 = 20^{+0.1}_{-0.3}\text{mm} = 20.1^{\ 0}_{-0.04}\text{mm}$。

此例说明工序尺寸与设计尺寸不一致，提高了加工难度，即提高了加工成本。

6. 一带有键槽的零件内孔要淬火及磨削，其设计尺寸见图 5-27a 所示，内孔及键槽的加工顺序是：

(1) 镗内孔至 $\phi39.6^{+0.1}_{0}\text{mm}$；

(2) 插键槽至尺寸 A；

(3) 热处理：淬火；

(4) 磨内孔，同时保证内孔直径 $\phi40^{+0.05}_{0}$ 和键槽深度 $43.6^{+0.34}_{0}$ 两个设计尺寸的要求。要求确定工序尺寸 A 及其公差(假定淬火后内孔没有胀缩)。

【解】 为解算工序尺寸 A，首先须画出它的尺寸链，如图 5-27b 所示。

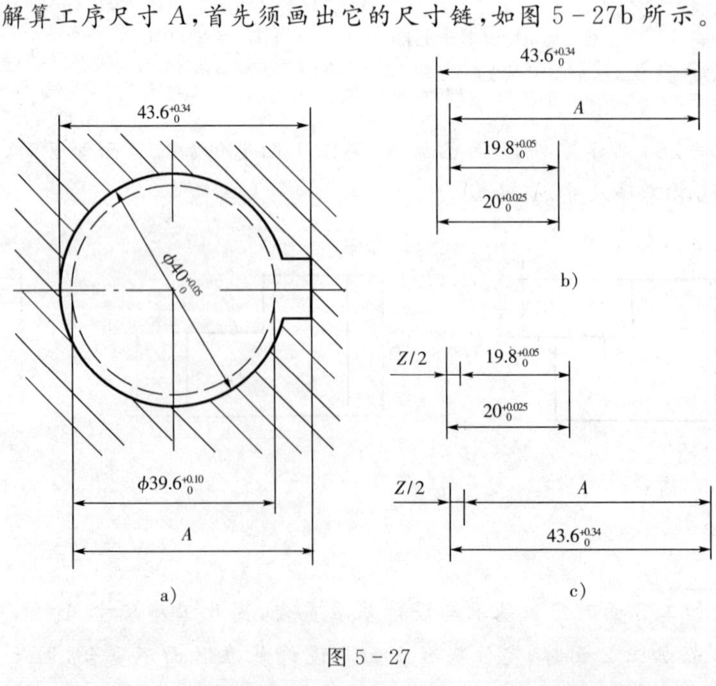

图 5-27

在图 5-27b 所示尺寸链中，尺寸 $43.6^{+0.34}_{\ 0}$ mm 是封闭环，尺寸 A 和 $20^{+0.025}_{\ 0}$ mm 是增环，尺寸 $19.8^{+0.05}_{\ 0}$ mm 是减环，由题意可得

$$A=43.6-20+19.8=43.4\text{mm}$$

$$ES_A=0.34-0.025+0=0.315\text{mm}$$

$$EI_A=0-0+0.05=0.05\text{mm}$$

所以 $A=43.4^{+0.315}_{0.050}$。

按“偏差入体标注”原则标注尺寸，并对第三位小数进行四舍五入，可得插键槽的工序尺寸：

$$A=43.45^{+0.027}_{\ 0}$$

7. 图 5-28a 所示，以工件底面 1 为定位基准，镗孔 2，然后以同样的定位基准，镗孔 3。设计尺寸 $25^{+0.4}_{+0.05}$ mm 不是直接获得的，试分析：

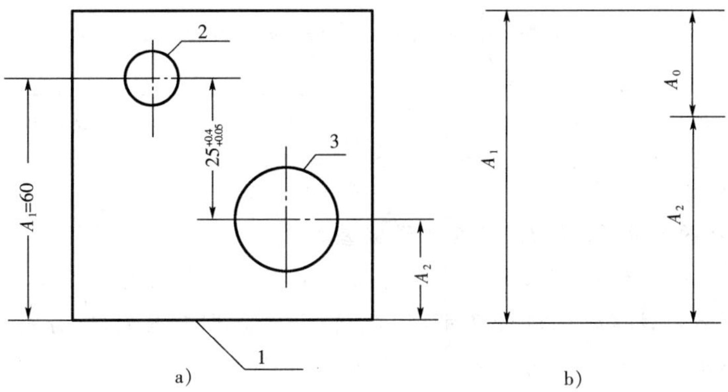

a) b)

图 5-28

(1) 如果工序尺寸 $A_1=60^{+0.2}_{\ 0}$ mm，$A_2=35^{\ 0}_{-0.2}$ mm，设计尺寸 $25^{+0.4}_{+0.05}$ mm 是否能得到保证？

(2) 如果在加工时确定 A_1 的尺寸为 $60^{+0.2}_{\ 0}$ mm，A_2 为何值时才能保证设计尺寸 $25^{+0.4}_{+0.05}$ mm？

【解】 根据加工过程可得工艺尺寸链图 5-28b 所示。其中 $A_0=25^{+0.4}_{+0.005}$ 为封闭环。

(1)因为封闭环公差

$$T_{A0}=0.35<T_{A1}+T_{A2}=0.2+0.2=0.4$$

所以保证不了尺寸 $25^{+0.4}_{+0.05}$ mm。

(2)当尺寸链中的组成环 $A_1=60^{+0.2}_{\ 0}$ mm，封闭环 $A_0=25^{+0.4}_{+0.05}$ mm，可通过解尺寸链得 $A_2=35^{-0.05}_{-0.2}$。

8. 图 5-29a 所示，采用火花磨削方法加工某齿轮轴的端面，其前后有关的工序为：

(1) 精车工序，以精车过的 A 面为基准精车 B 面，保证工序尺寸 L_1；精车 C 面，保证工序尺寸 L_2。

(2) 在热处理后的磨削工序中，对 B 面进行磨削，控制磨削余量为 $Z=0.1\pm0.02$mm。要求满足设计尺寸 $45_{-0.17}^{\ 0}$mm，$233_{-0.5}^{\ 0}$mm。

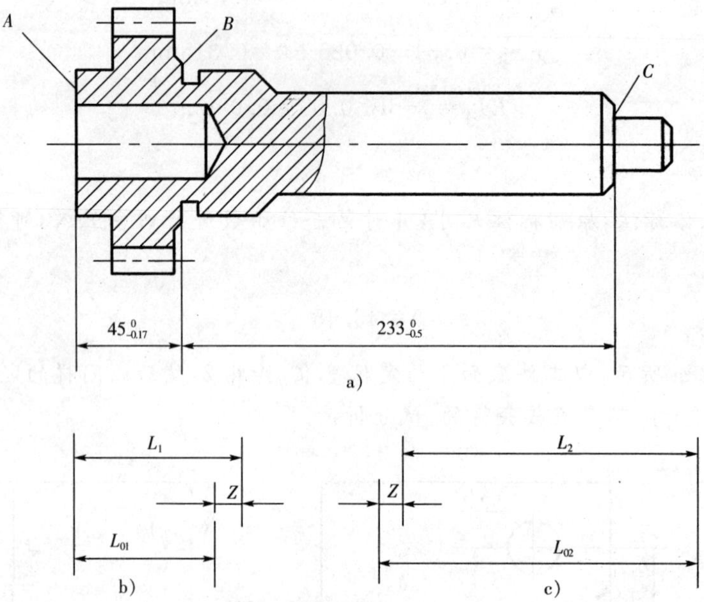

图 5-29

求车削工序的尺寸 L_1 和 L_2 及其极限偏差。

【解】 与计算 L_1 和 L_2 有关的两个工艺尺寸链图见图 5-29b、c 所示。显然磨削余量 Z 是组成环，磨削后应该保证的设计尺寸 $45_{-0.17}^{\ 0}$ 和 $233_{-0.5}^{\ 0}$ 则是封闭环，分别以 L_{01} 和 L_{02} 表示。由此，求得两个车削工序尺寸为

$$L_1=45.08_{-0.13}^{\ 0}\text{mm},\quad L_2=232.88_{-0.46}^{\ 0}\text{mm}$$

思考与练习

1. 试举例说明下列各组名词的概念、特点以及它们之间的区别：

(1)零件尺寸链，工艺过程尺寸链，工艺系统尺寸链，装配尺寸链；(2)封闭环，组成环，增环，减环。

2. 试比较尺寸链计算的极值解法及概率解法的基本公式，并讨论两种解法的实质、特点、适用范围。

3. 解尺寸链时，什么是正计算、反计算及中间计算？

4. 解尺寸链时，求算各组成环的公差时，试比较采用等公差法、等精度法及经验法的特点和适用场合。

5. 图 5-30 所示尺寸链中(图中 A_0、B_0、C_0、D_0 是封闭环)，哪些组成环是增环？哪些组成环是减环？

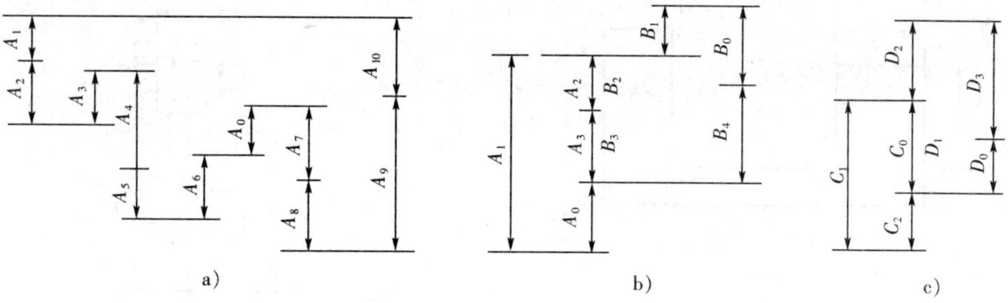

图 5-30

6. 如图 5-31 所示尺寸链，已知 $A_1=A_2=A_3=30^{+0.1}_{0}$ mm，$A_4=10\pm0.05$mm，$A_5=A_7=40^{\ 0}_{-0.1}$ mm，$A_6=15\pm0.05$mm，试用极值法和概率法求 A_0 的尺寸及极限偏差。

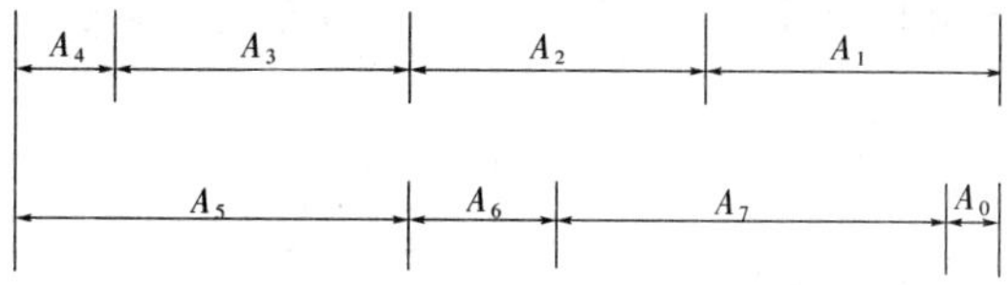

图 5-31

7. 图 5-32 所示零件加工时要求保证尺寸 6±0.1，但这一尺寸不便直接测量，只好通过度量尺寸 L 来间接保证，试求工序尺寸 L 及其极限偏差。

8. 图 5-33 为插座零件的外圆，孔和端面都已加工，现欲在铣床上以面 1 为定位基准铣槽，试计算铣槽的工序尺寸 A 及其极限偏差。

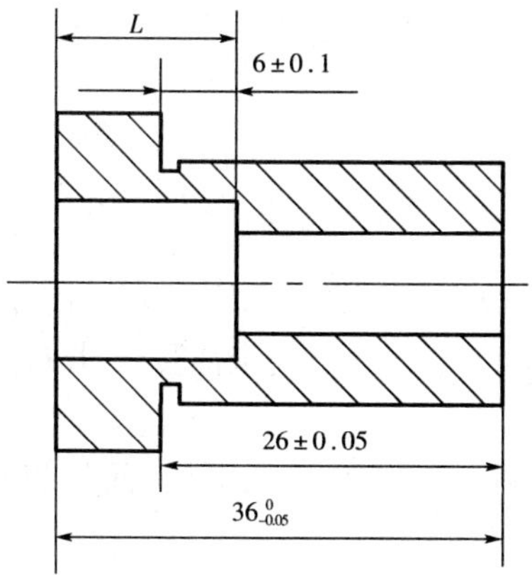

图 5-32

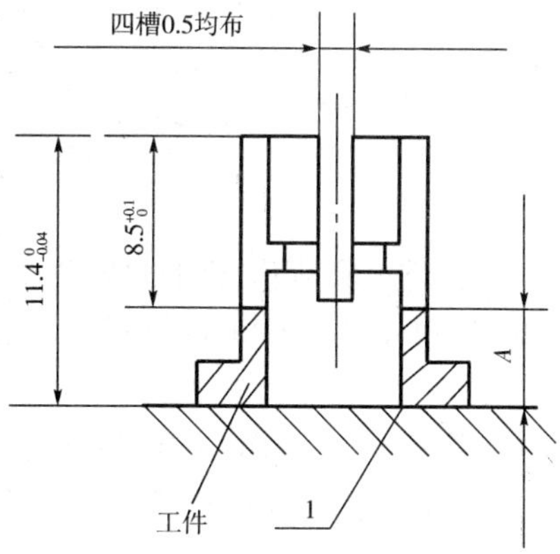

图 5-33

9. 图 5-34 所示零件若以 A 面定位，用调整法铣平面 B、C 及槽 D，画出尺寸链图并确定其工序尺寸及极限偏差。

10. 图 5-35 所示零件磨削槽宽 $20^{+0.045}_{0}$ mm，磨削时每边余量为 Z=0.05～0.3mm 较合适。已知前工序铣槽的工序尺寸为 $19.6^{+0.14}_{0}$ mm，试校核磨槽余量是否合适？

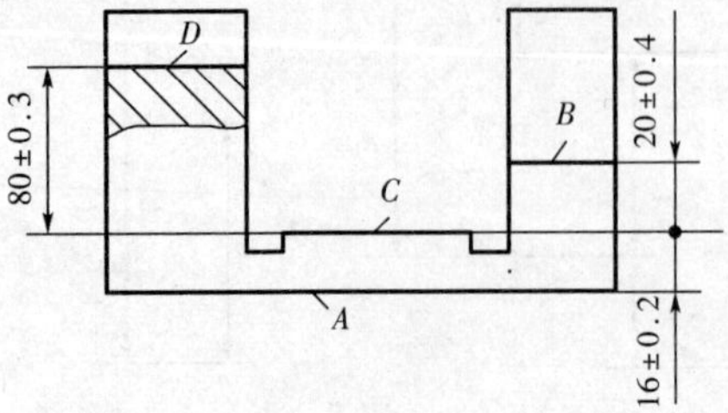

图 5-34

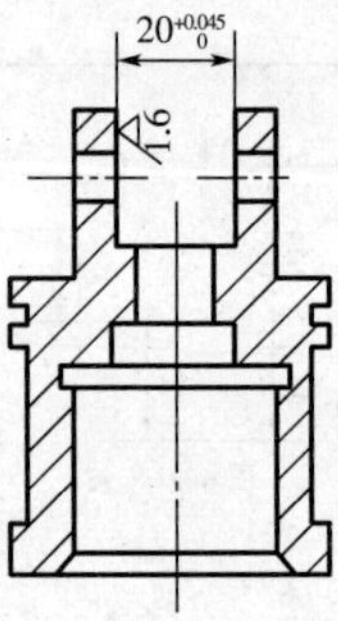

图 5-35

11. 图 5-36 所示为液压泵壳体，其 D 面的设计基准为 A 点，设计尺寸为 30.7±0.15mm，加工时的定位基准为 M 面上的 B 点，试计算此时的工序尺寸 L 及其极限偏差。（提示：解此题将尺寸 $34.8^{+0.07}_{-0.03}$ mm 向 30.7±0.015mm、L 尺寸方向上投影，则将原来的平面尺寸链转化为线性尺寸链。）

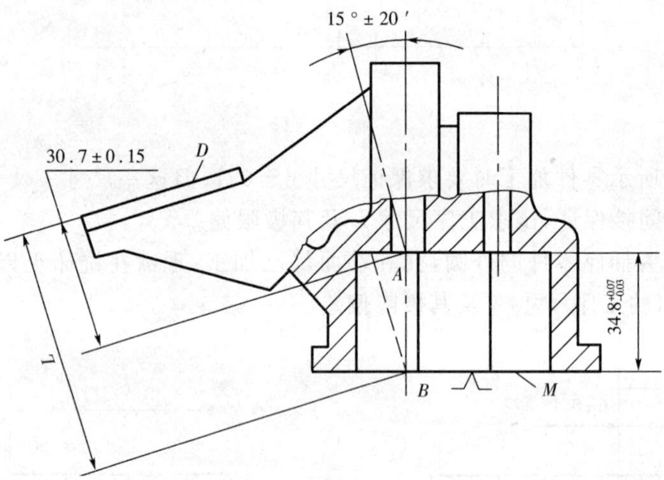

图 5-36

12. 图 5-37 所示为轴承座，底面及孔 $\phi48^{+0.03}_{-0.01}$ mm 均已加工好，现要测量孔的轴线到底面的距离100±0.05mm，因该尺寸不能直接测量，改测尺寸 H。试确定测量尺寸 H 及其极限偏差。

13. 图 5-38 所示为轴套零件。加工时直接获得 $50_{-0.17}^{0}$ 和大孔深度，间接保证尺寸 $10_{-0.36}^{0}$，试求大孔深度尺寸及极限偏差。

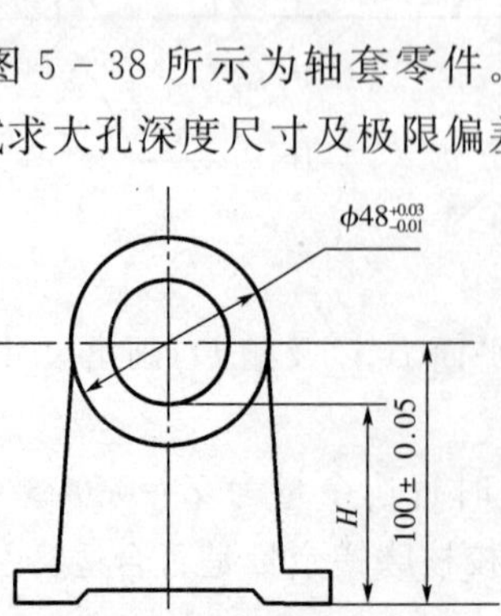

图 5-37

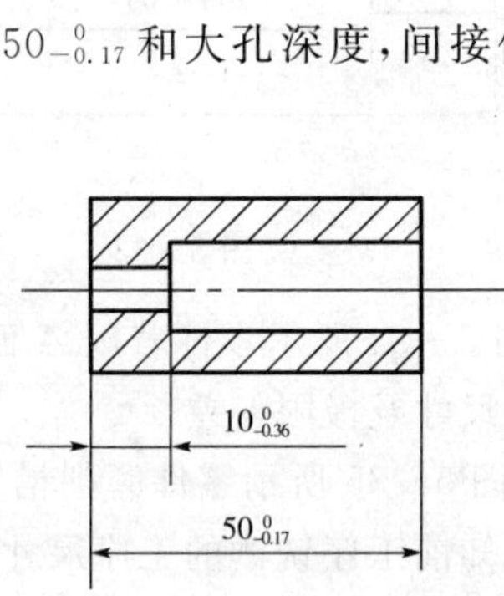

图 5-38

14. 图 5-39 所示为用调整法铣小轴上槽面，以大端面轴向定位，求铣槽工序尺寸 L_3 及其极限偏差。

15. 图 5-40 所示轴套零件，外圆、内孔及各表面已加工，现在铣床上分别以端面 A 和 B 为轴向定位基准，中心线 M 和外圆下母线 N 为径向定位基准铣出表面 C 和 D 时的工序尺寸及其极限偏差。

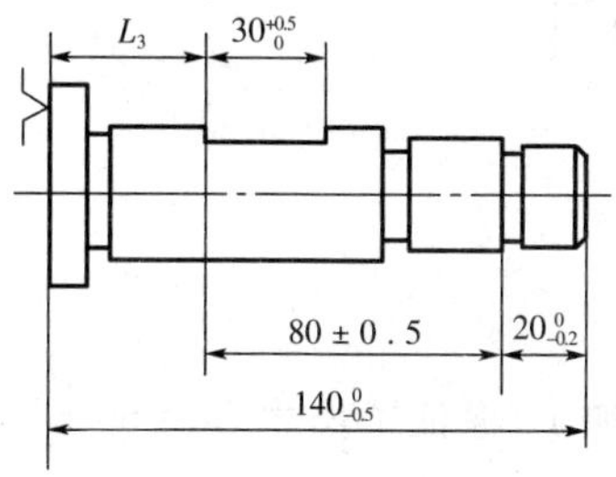

图 5-39

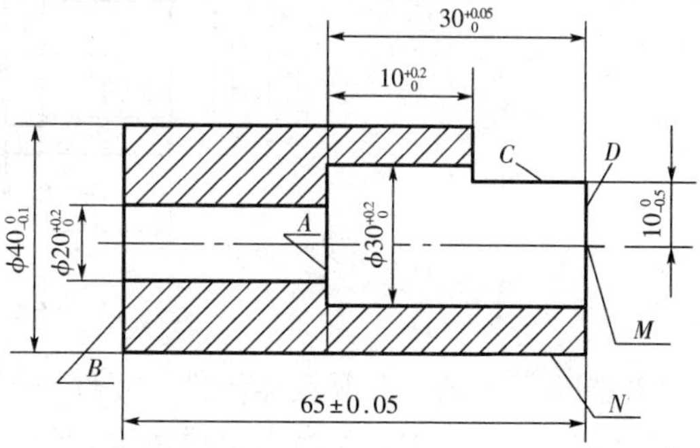

图 5-40

16. 图 5-41 所示零件最后工序是以 M 面定位，用调整法加工 $\phi30^{+0.033}_{0}$ mm，并保证设计尺寸 40±0.065mm，试求该工序的工序尺寸及其极限偏差。

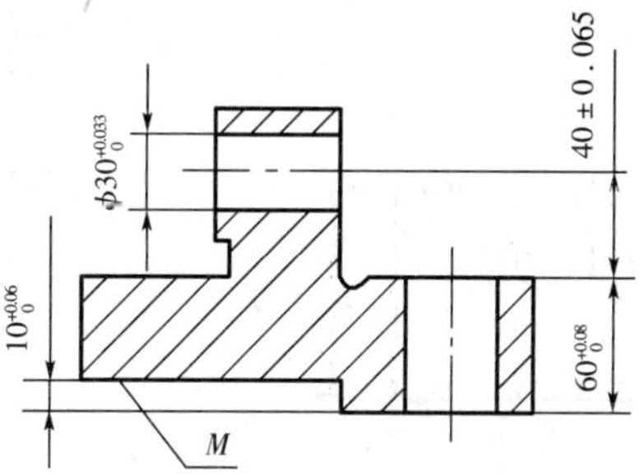

图 5-41

17. 图 5-42a 所示的轴类零件图，在卧式铣床上，采用调整法且用两把铣刀组合在一起同时加工两个槽。当此工序以大端端面为轴向定位基准时，试求工序尺寸 A 及其极限偏差(见图 5-42b)。

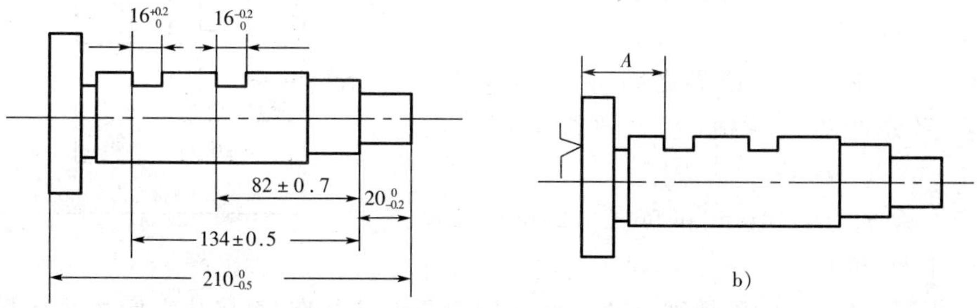

a)

图 5-42

18. 图 5－43 所示阶梯轴，在车削时要保证槽的设计尺寸 $5^{+0.12}_{0}$ mm 的要求，切槽时以端面 1为测量基准，控制孔深 L，求切槽的工序尺寸及其极限偏差。

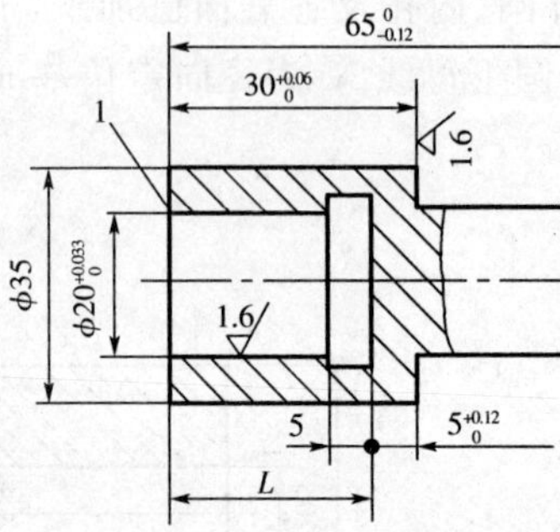

图 5－43

19. 图 5－44 所示为某箱体零件。工件 A、B、C 面均已加工，保证了尺寸 $L_1=50\pm0.05$、$L_2=10\pm0.05$，本工序以 A 面为定位基准，调整法加工 D 孔，以保证设计尺寸 $L_3=20\pm0.2$，试确定本工序尺寸和极限偏差。

20. 图 5－45 所示的轴承座零件，除 B 面外，其他尺寸均已加工完毕。加工 B 面时以表面 A 定位，并作为加工时的测量基准，试计算加工 B 面时的工序尺寸及其极限偏差。

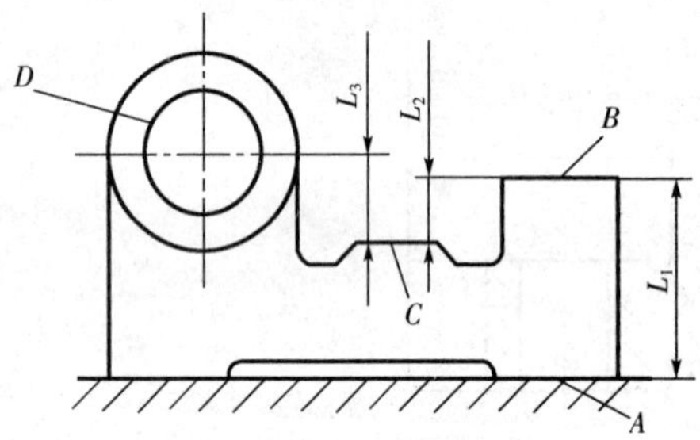

图 5－44

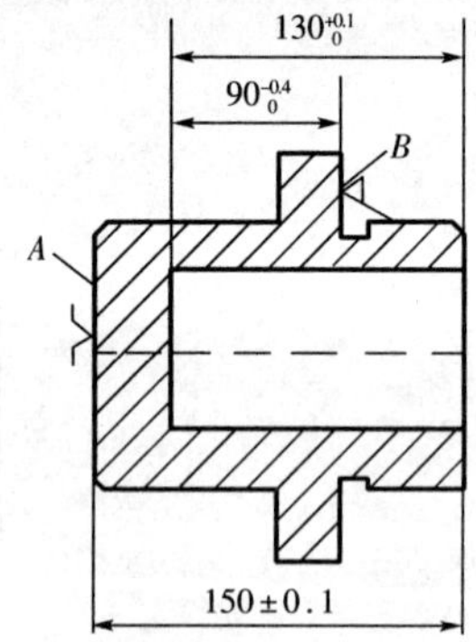

图 5－45

21. 图 5－46 所示的零件采用普通车床上分两道工序进行。

工序 1：车削工件两端面，打中心孔，保证总长尺寸 $154_{-0.53}^{0}$ mm。

工序 2：工件装在两顶尖之间，两次安装（调头），车各部分外圆及端面，达到图纸上规定的尺寸。

试求检验 34±0.14mm 和 56±0.24mm 尺寸的测量尺寸 L_1 和 L_2。

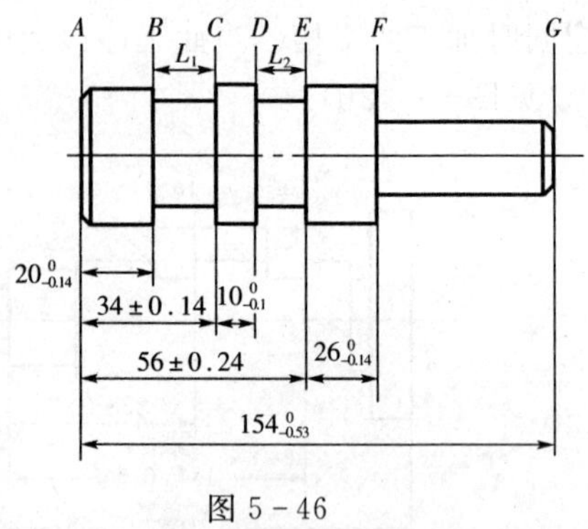

图 5－46

22. 图 5－47 所示的阶梯轴 A 面是轴向的主要设计基准，直接从它标注的有两个设计尺寸：$40^{+0.1}_{0}$ 及 160±0.15。与 A、B、C 三个端面加工有关的工序和工序尺寸是：

(1) 在车削工序中，以精车过的 A 面为基准精车 B 面，保证工序尺寸 L_1，以精车过的 B 面为基准精车 C 面，保证工序尺寸 L_2。

(2) 在热处理后的磨削工序中对 A 面进行磨削直接控制设计尺寸 $L_3=40^{+0.1}_{0}$ mm。求车削工序尺寸 L_1、L_2 及其极限偏差。

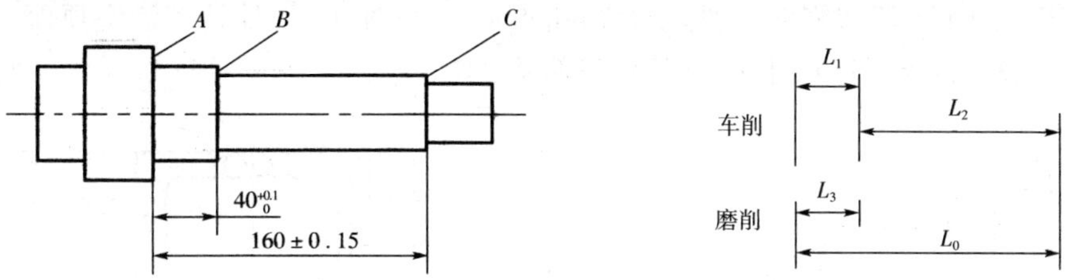

图 5-47

23. 图 5-48 所示为零件简图，其内、外圆均已加工完毕，外圆尺寸为 $\phi 90_{-0.10}^{0}$ mm，内孔尺寸为 $\phi 60^{+0.05}_{0}$ mm。现铣键槽，其深度要求为 $5^{+0.3}_{0}$ mm，该尺寸不便直接测量，为检验槽深是否合格，可直接测量哪些尺寸？试求出它们的尺寸及其极限偏差。

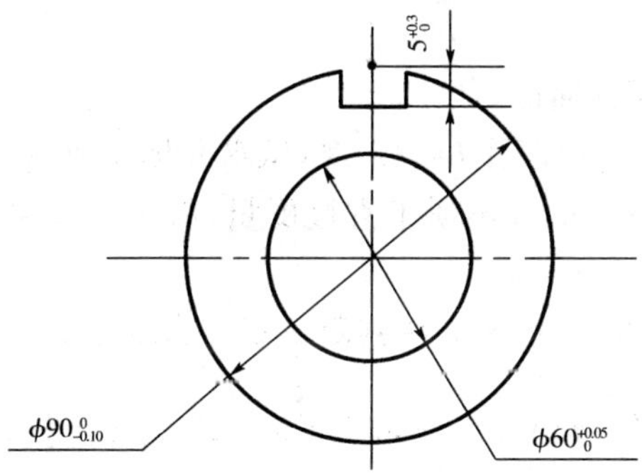

图 5-48

24. 图 5-49 为加工轴套的车削工序图，由于设计尺寸 $0.66_{-0.1}^{0}$ mm 不便直接测量，工艺采用：钻、镗孔 $\phi 6.3^{+0.08}_{0}$ mm——镗孔 $\phi 7^{+0.1}_{0}$ mm、深 5±0.015mm——调头车端面 2，控制总长 $11.4_{-0.04}^{0}$ mm——镗孔 $\phi 7^{+0.1}_{0}$ mm，控制测量深度 A，画出尺寸链图，试求工序尺寸 A 及其极限偏差。

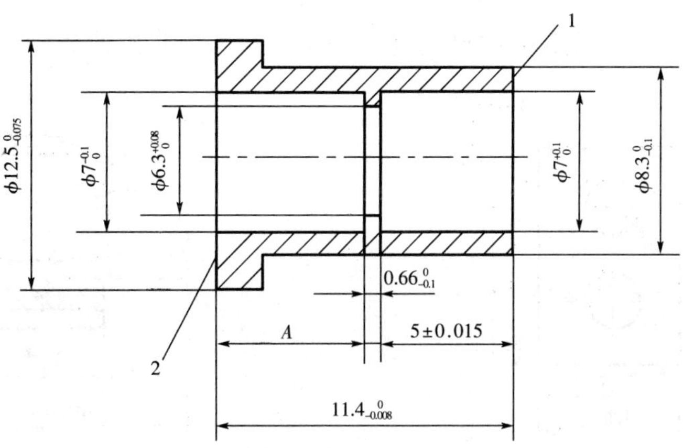

图 5-49

25. 图 5－50 所示为某小轴零件简图。大端面 1 已加工，现以它为定位基准加工小端面 3 及台肩面 2，要求保证尺寸 $40^{+0.20}_{0}$。试求：

(1) 按极值法计算工序尺寸 A_1、A_2 及其极限偏差。

(2) 若零件尺寸 $40^{+0.20}_{0}$ 改为 40±0.05，试按概率法计算工序尺寸 A_1、A_2 及其极限偏差。

26. 图 5－51 为活塞零件简图，活塞销孔 $\phi54^{+0.05}_{0}$ 已加工，现欲精车活塞顶面，在调刀时须测量尺寸 A_2，试求工序尺寸 A_2 及其极限偏差。

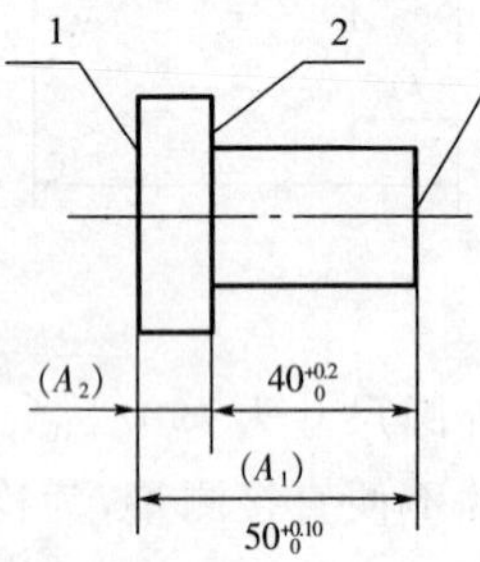

图 5－50

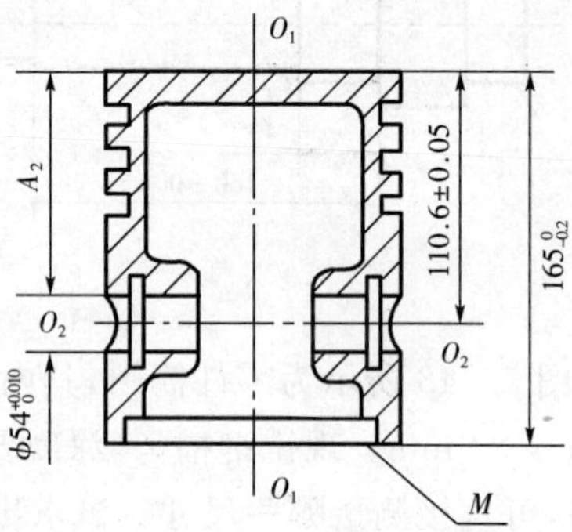

图 5－51

27. 图 5－52 为箱体零件简图，试分析：

(1) 若以 M、N 面为基准镗两孔 O_1、O_2 时，试求并标注两镗孔工序的工序尺寸；

(2) 检验孔距时，因 80±0.08 不便于直接度量，故选取度量尺寸为 A_1，试标注度量的尺寸 A_1 及其极限偏差。

(3)若实测尺寸 A_1 超差了，能否直接判断该零件为废品？

28. 有一配合件 $\phi40\ \dfrac{H9}{f9}$($\phi40^{+0.062}_{0}$，$\phi40^{-0.025}_{-0.087}$)，两件均需电镀，镀层厚度 $h=8\sim12\mu m$，试计算两零件电镀前的加工尺寸。

29. 设某一零件要求外圆直径为 $\phi32^{0}_{-0.01}$ mm，渗碳深度为 0.5～0.8mm，现为使此批零件可和另一种零件同炉进行渗碳，限定其工艺渗碳层深度为 0.8～1.0mm，试计算渗碳前车削工序的直径尺寸及其极限偏差。

30. 图 5－53 为齿轮轴零件简图，其端面 1、2 在热处理后进行磨削加工，磨削余量及公差 $Z\pm\dfrac{T_z}{2}=0.1\pm0.02$，试计算车削时各段的轴向尺寸及其极限偏差。

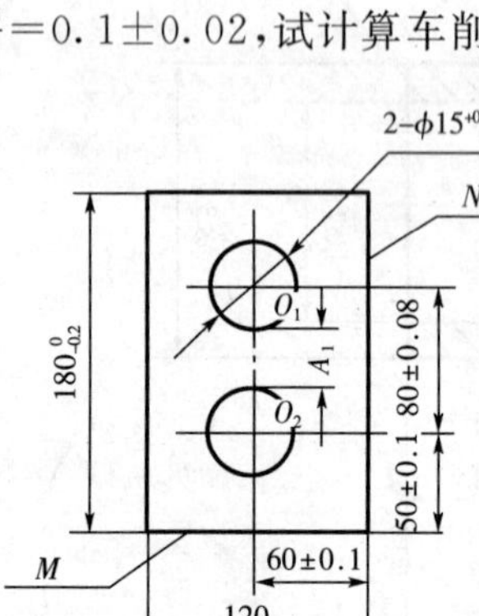

图 5－52

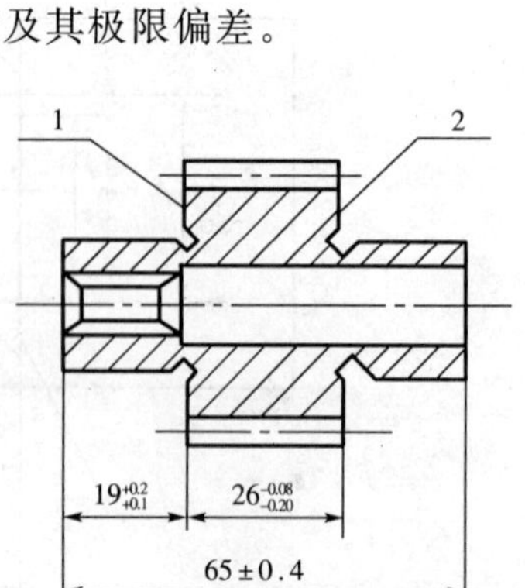

图 5－53

31. 在图 5－54 所示圆盘形零件上铣三个圆弧槽，已知槽的半径为 $R=5^{+0.3}_{0}$，要求槽的中心应落在外圆 $\phi50_{-0.1}^{\ 0}$ 以外 0.3～0.8mm，试选取合理的检测方法并计算工序尺寸及其极限偏差。

32. 图 5－55 为某螺帽零件简图（图中只标注有关的尺寸）。原先此工件的工艺过程是：加工大端外圆，端面 P，镗孔并控制孔深尺寸 A，调头加工小端端面 N，控制总长尺寸 $L=52_{-1.2}^{\ 0}$。加工完毕发现设计尺寸 8±0.1 经常超差。试分析：(1)出现加工废品率高的原因；(2)提出保证加工质量的工艺方案并计算镗孔的工序尺寸 A 及其极限偏差。

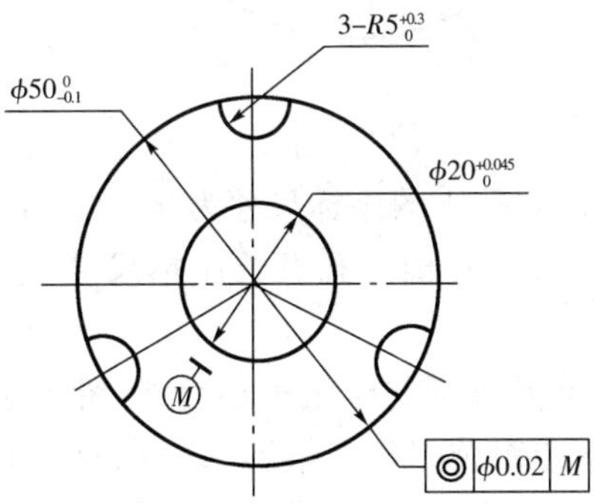

图 5－54

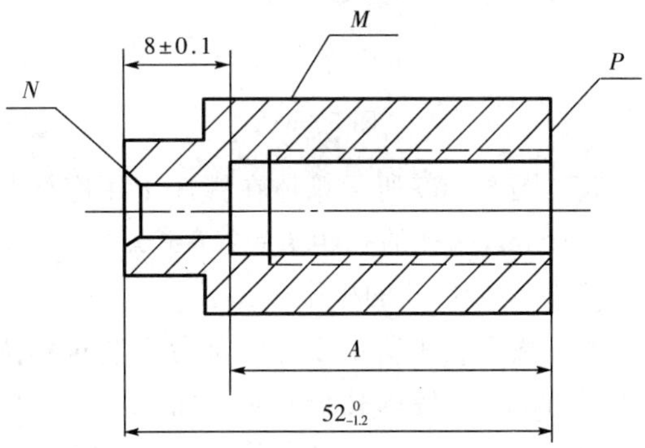

图 5－55

33. 图 5－56 所示零件上的六孔沿圆周 $\phi80\pm0.1$mm 均布，已知 $\theta=60°\pm10'$，试计算两孔之间沿圆周的均布误差。

34. 图 5－57 为壳体件镗孔工序图，已知两孔中心距 $N=100\pm0.1$mm，$\alpha=30°$，镗孔时按座标尺寸 A_X、A_Y 调整，试计算工序尺寸 A_X、A_Y 及其极限偏差。

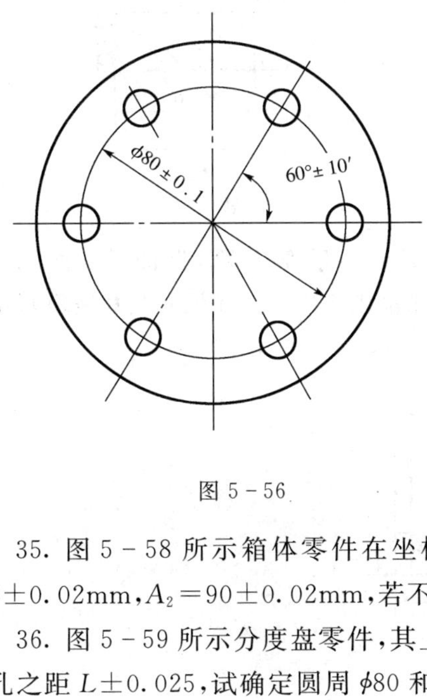

图 5－56

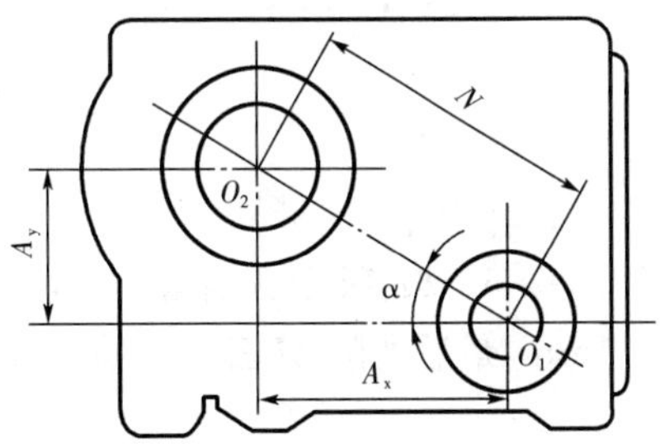

图 5－57

35. 图 5－58 所示箱体零件在坐标镗床上按图示 1、2、3 序号顺序镗孔。已知 $A_1=120\pm0.02$mm，$A_2=90\pm0.02$mm，若不计及角度误差，求孔距 A_3 的尺寸及其偏差。

36. 图 5－59 所示分度盘零件，其上有三个分度孔沿圆周 $\phi80$mm 均布，图纸要求保证两孔之距 $L\pm0.025$，试确定圆周 $\phi80$ 和孔夹角的公差 T_A 及 T_D。

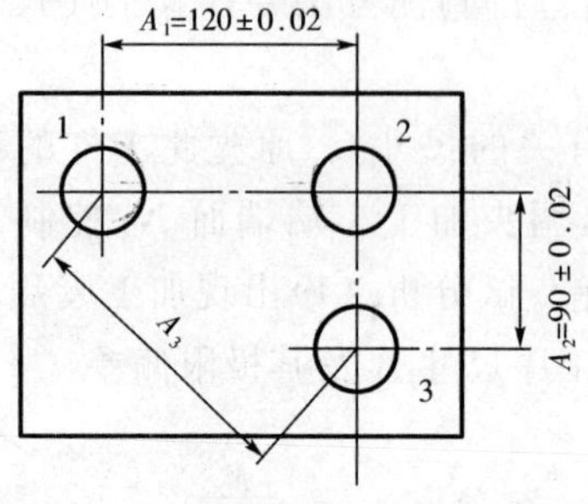

图 5-58

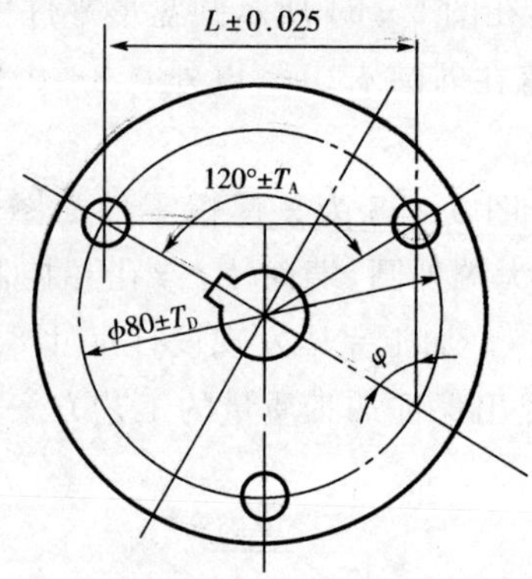

图 5-59

37. 图 5-60 所示箱体在镗床上用座标法镗两孔，已知孔 Ⅰ 的座标尺寸为 $x_1=180$mm，$y_1=130$mm，两孔的孔距 $L=200\pm0.1$mm，试按等公差法计算确定孔 Ⅱ 的座标尺寸 x_2、y_2 及两孔各座标尺寸的极限偏差。

38. 图 5-61 所示零件的部分工艺过程为：以端面 B 及外圆定位粗车端面 A，留精车余量 $0.4_{-0.05}^{0.05}$mm，镗内孔至 C 面。然后以尺寸 $60_{-0.05}^{\ 0}$mm 定距装刀精车端面 A。孔的深度要求为 22 ± 0.10mm。试求粗车端面 A 及镗内孔深度的工序尺寸 L_1、L_2 及其极限偏差。

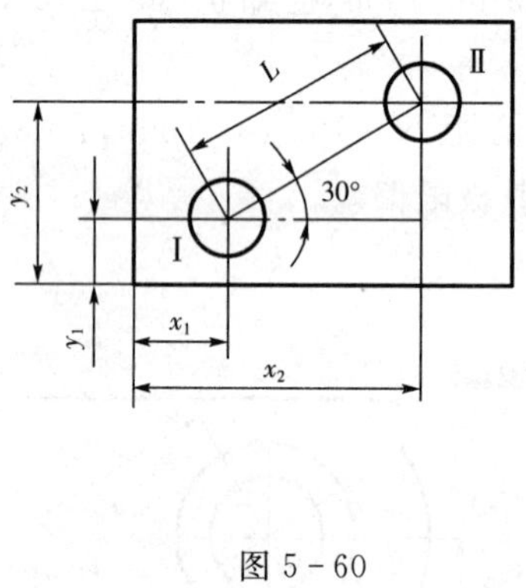

图 5-60

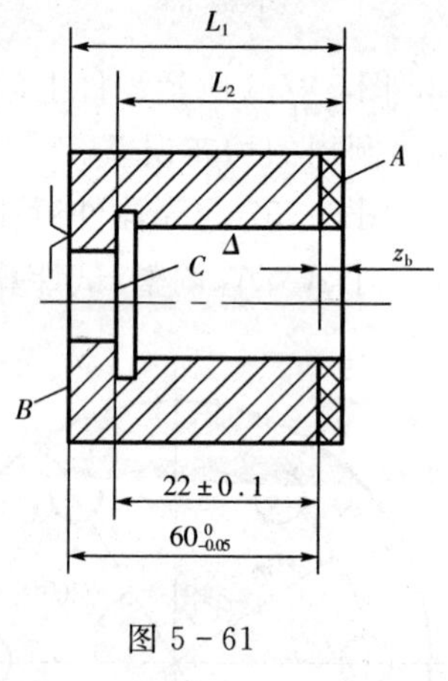

图 5-61

39. 图 5-62 所示工件，工艺过程为先车全长 47mm，后车 B 面，保证 AB 面间尺寸 4 ± 0.1mm，最后磨削 M 面。现采用右端 A 定位。试求磨削工序的工序尺寸及其极限偏差。

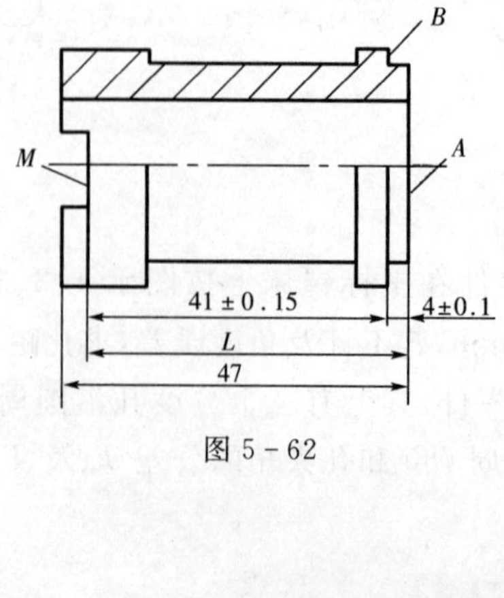

图 5-62

40. 图 5-63 所示零件，除 ϕ25H7 孔外，其他各表面均已加工。试求当以 A 面定位加工 ϕ25H7 孔时的工序尺寸 L 及其极限偏差。

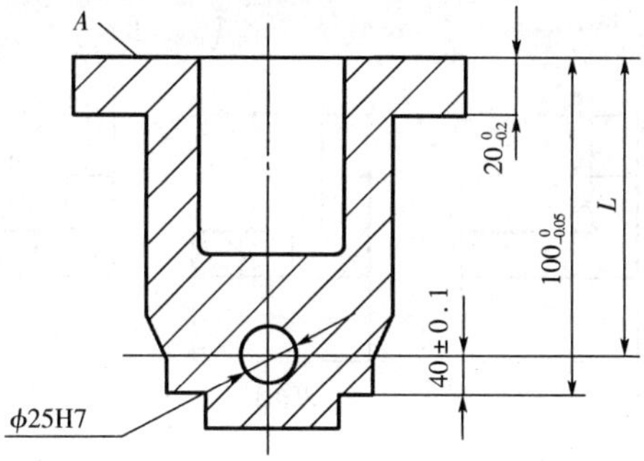

图 5-63

41. 图 5-64 是终磨十字轴端面的工序简图。图 a 是磨端面 A 工位，它以 O_1O_1 轴外圆面靠在平面支承上，限制自由度 $\vec{Z}$、以 O_2O_2 轴外圆支承在长 V 形块上限制自由度 $\vec{X}$、$\widehat{X}$、$\vec{Y}$、$\widehat{Y}$，要求保证工序尺寸 C。图 b 是磨端面 B 工位，要求保证图示设计尺寸 $107.96_{-0.04}$。已知轴径 $d=\phi24.98^{0}_{-0.02}$ mm，试求工序尺寸 C 及其极限偏差。

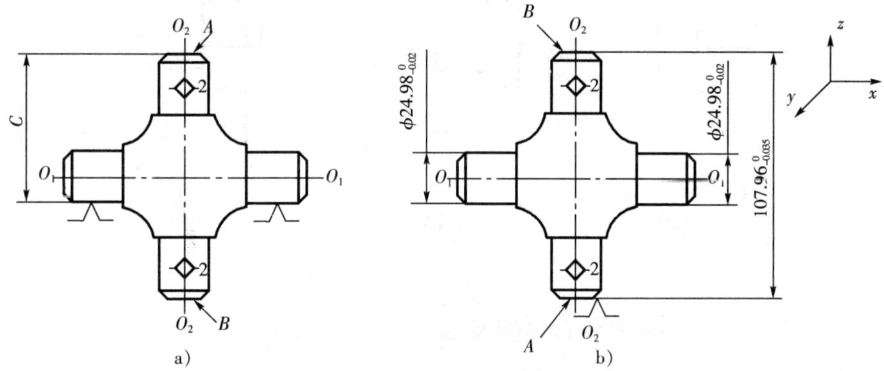

图 5-64

42*. 加工图 5-65a 所示零件的有关端面，要求保证轴向尺寸 $50^{0}_{-0.1}$ mm，$25^{0}_{-0.3}$ mm 和 $5^{+0.4}_{0}$ mm。图 5-65b、c 是加工上述有关端面的工序简图，试求工序尺寸 L_1、L_2 及其极限偏差。

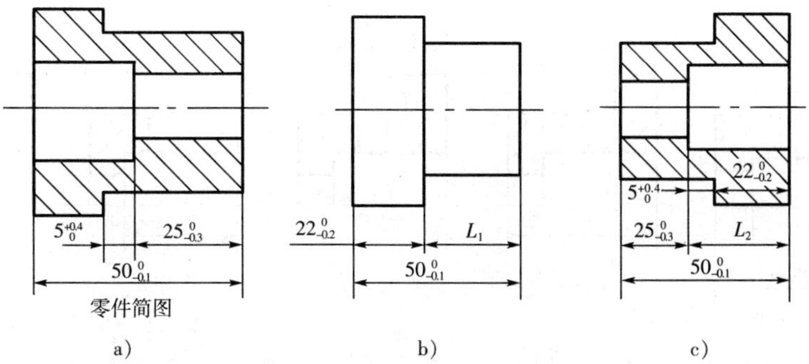

图 5-65

43. 图 5 - 66 所示，a 图为轴套零件图，b 图为车削工序图，c 图为钻孔时三种定位方案的加工简图，钻孔时需保证设计尺寸 10±0.11mm，试计算三种定位方案时的工序尺寸及其极限偏差。

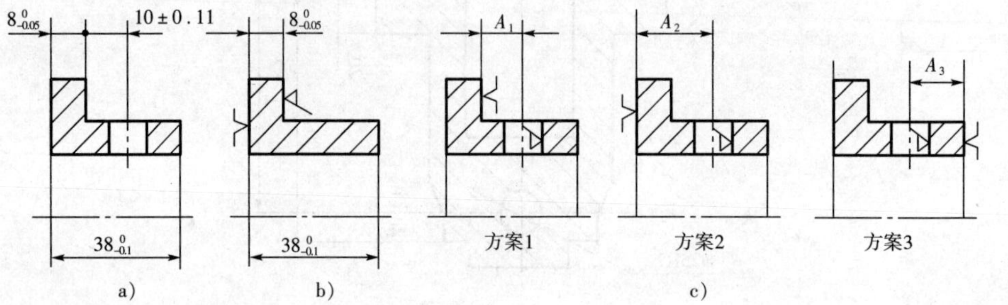

图 5 - 66

44*. 图 5 - 67 所示零件。加工零件端面的有关尺寸如图 b、c 所示。试确定各工序的轴向工序尺寸(H_2、H_3、H_4)及其极限偏差。

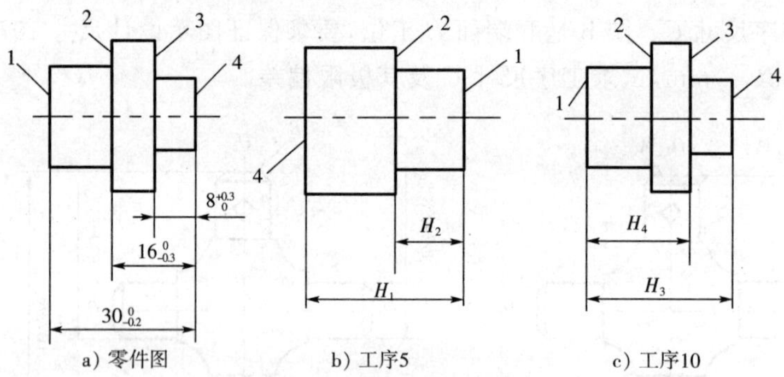

图 5 - 67

45. 图 5 - 68 所示为一轴套零件简图及部分工序图，试求工序尺寸 A、B 及其极限偏差。

工序 5：精车小端外圆、端面及肩面；

工序 6：钻小孔；

工序 7：热处理；

工序 8：磨大孔及底面；

工序 9：磨小端外圆及肩面。

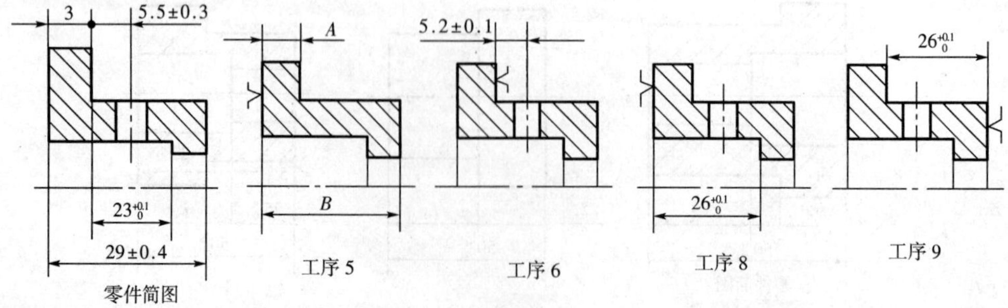

图 5 - 68

46. 图 5－69a～d 所示为针阀体零件简图和部分加工工序简图。在第三道工序精磨端面时有多尺寸保证问题。由于端面要求高，其精加工安排在最后。但只能标注一个尺寸，其他尺寸则要通过换算来间接保证。试求工序尺寸 L 和精磨余量 Z 的数值。

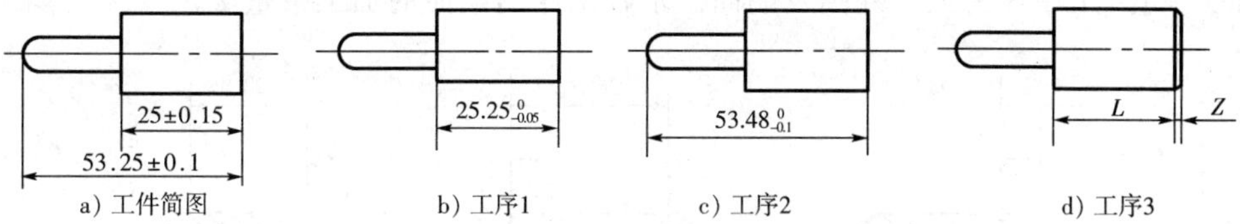

图 5－69

47*. 图 5－70a 所示为某零件的最终尺寸要求，其加工顺序如图 5－46b 所示，尺寸链如图 5－46c 所示。求钻孔工序尺寸 F 及其极限偏差。

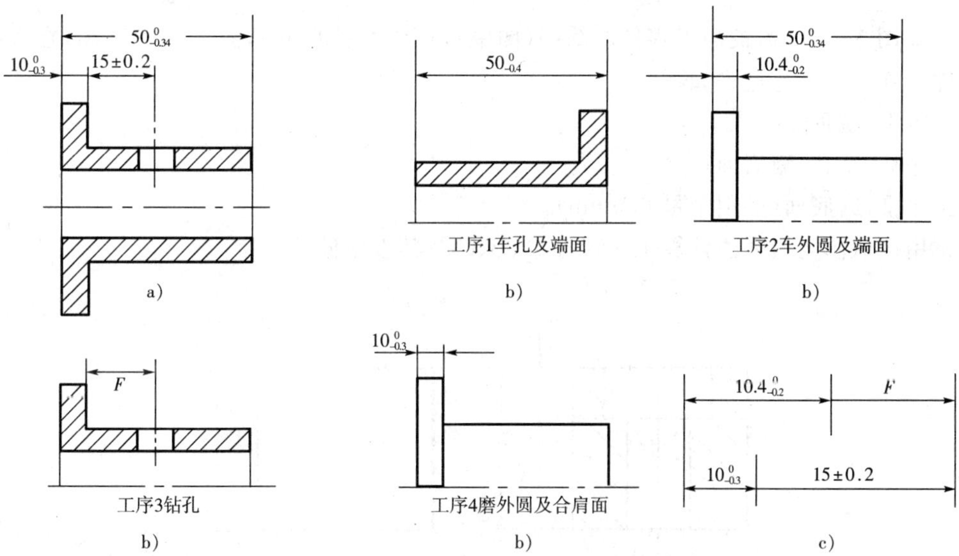

图 5－70

48*. 图 5－71 所示为某零件的加工路线：

工序Ⅰ：粗车小端外圆、肩面及端面；

工序Ⅱ：车大端外圆及端面；

工序Ⅲ：精车小端外圆、肩面及端面。

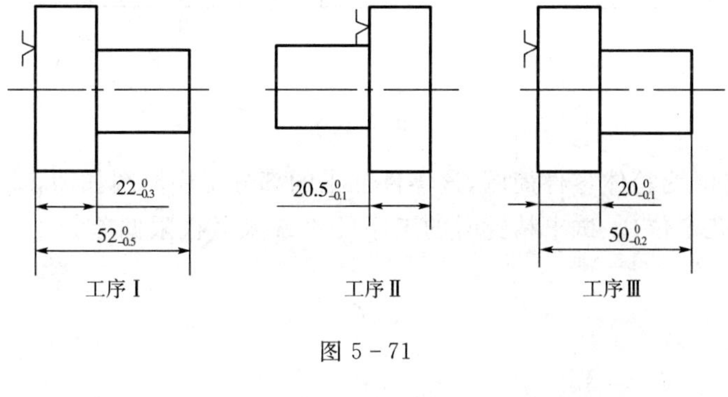

图 5－71

试校核工序Ⅲ精车小端的余量是否合适？若余量不够应如何改进？（提示：加工余量为组成环。）

49*. 图 5－72 为某轴承套的几个工序加工简图。其中工序 1 为加工外圆及端面，工序 2 为加工内孔，工序 3 为加工外圆及端面。求各工序的端面的加工余量 Z。

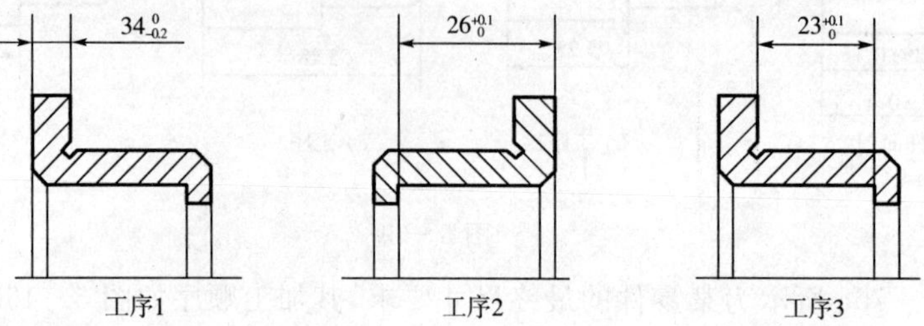

图 5－72

50*. 图 5－73a 为被加工零件的简图（图中只标注有关尺寸），图 b 为工序图，在大批生产条件下其部分工艺过程如下：

工序Ⅰ：铣顶面；

工序Ⅱ：钻孔，锪肩面；

工序Ⅲ：磨底面（磨削余量 0.5mm），

试用极值法与概率法计算工序尺寸 A、B、C 及其极限偏差。

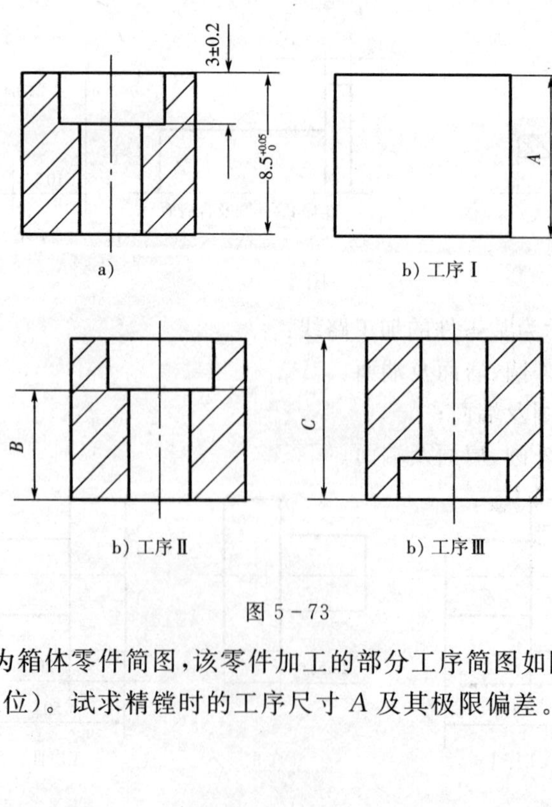

图 5－73

51*. 图 5－74a 为箱体零件简图，该零件加工的部分工序简图如图 5－74b 所示（工件以底面及其上两销孔定位）。试求精镗时的工序尺寸 A 及其极限偏差。

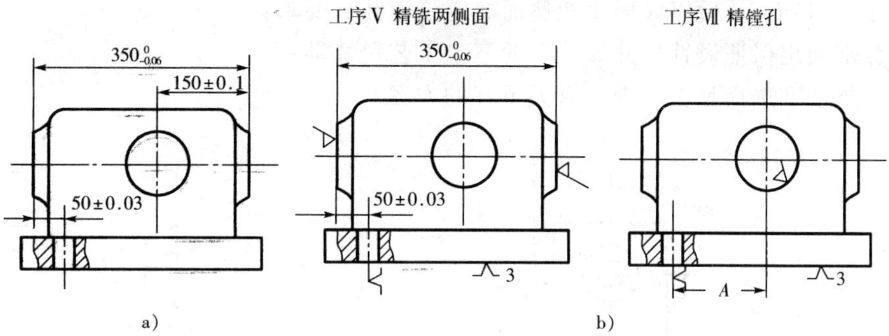

图 5－74

52*. 图 5－75a 为被加工零件简图，该零件加工的部分工序简图如图 5－75b 所示：

工序Ⅲ：精车小端外圆，端面及肩面（B 面留磨余量 0.15mm，按经济精度查表 $T_1=0.15$）；

工序Ⅳ：精镗内孔，端面及肩面；

工序Ⅴ：精磨大端端面。

试求工序尺寸 A_1、A_2、A_3、A_4、A_5 及其极限偏差（画出相应的尺寸链图）。

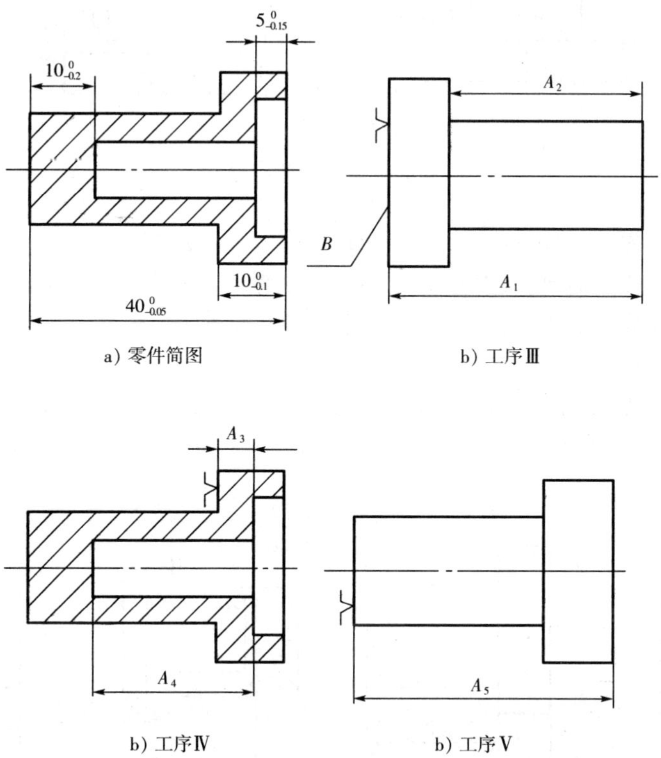

图 5－75

53*. 图 5－76a 所示的零件，底面 1、侧面 2 和侧面 3 已加工，然后按图 b、图 c、图 d，依次加工 4、5、6 各面，最后以底面 1 及侧面 2 定位镗孔。要求：

(1)分别列出保证设计尺寸 a、b、h 的三个工艺尺寸链；

(2)分析基准选择是否合理？有无更好的方案？

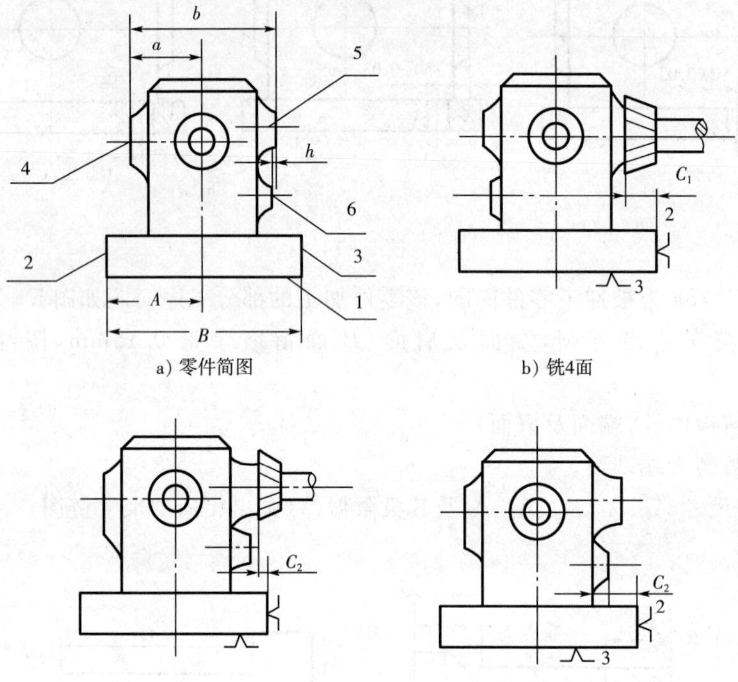

a) 零件简图　　b) 铣4面

c) 铣5面　　d) 铣6面

图 5－76

54*. 图 5－77 为某工件的轴向尺寸简图，其部分加工过程为：

(1)精车小端外圆、端面及台肩面，M 面留磨削最小余量为 0.15mm；

(2)精镗内孔、端面及台阶面(见工序图上的加工符号)；

(3)磨大端端面。

试列出相应工艺尺寸链，确定各工序尺寸及其极限偏差。已知尺寸 A_1 的公差为 0.1mm，尺寸 $A_3=5^{+0.05}_{0}$ mm。

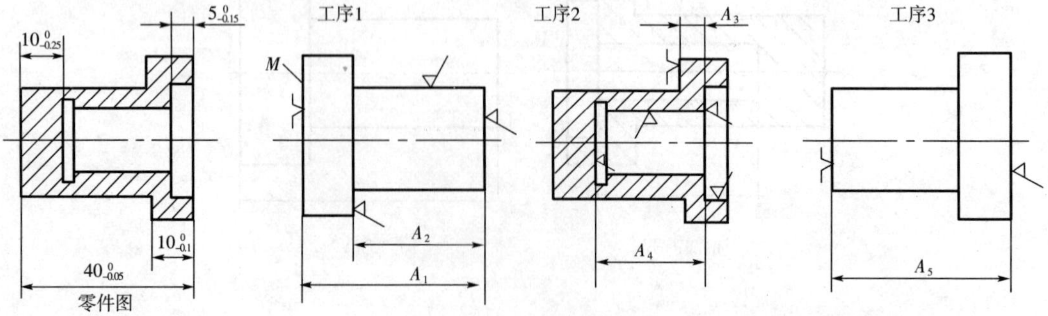

a)　　b)　　c)　　d)

图 5－77

55*. 图 5－78a 为被加工零件简图，其部分工艺过程如图 5－78b 所示。工序Ⅰ：车端面 1 及镗孔底 2（端面 1 的留磨余量 0.2mm）；工序Ⅱ：调头车端面 4 并镗孔底 3；工序Ⅲ，磨端面 1。

试求工序尺寸 A_1、A_2、A_3、A_4 及其上下偏差。

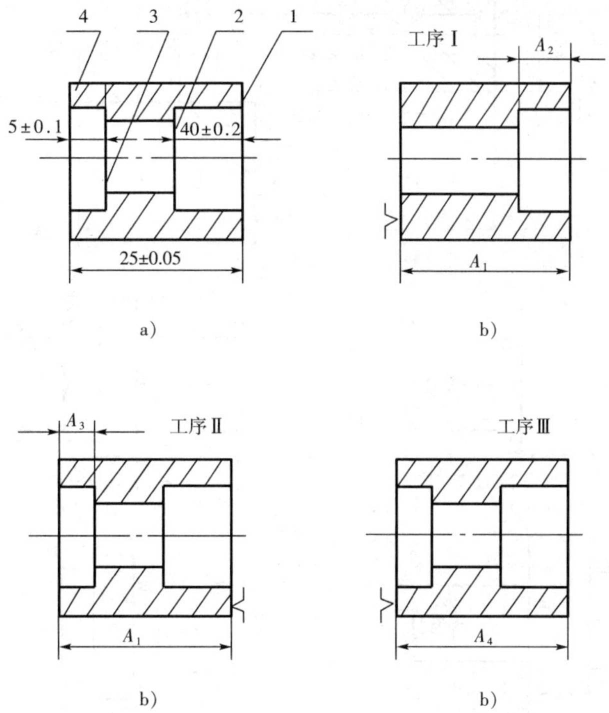

图 5－78

56*. 图 5－79 所示阶梯轴的工艺过程为：

(1)铣两端面保证长度 $240^{+0.5}_{0}$mm，打顶尖孔，在专用机床上进行(见图 b)；

(2)在车床上加工端面 2，工件装夹在顶尖间，前顶尖浮动，工件端面紧靠顶尖座的端面，作轴向定位。车刀位置按尺寸 A 调整(见图 c)；

(3)加工端面 3，工件在车床上装夹同前，车刀按尺寸 B 调整(见图 d)

试求加工端面 2、3 的工序尺寸 A、B 及其极限偏差。

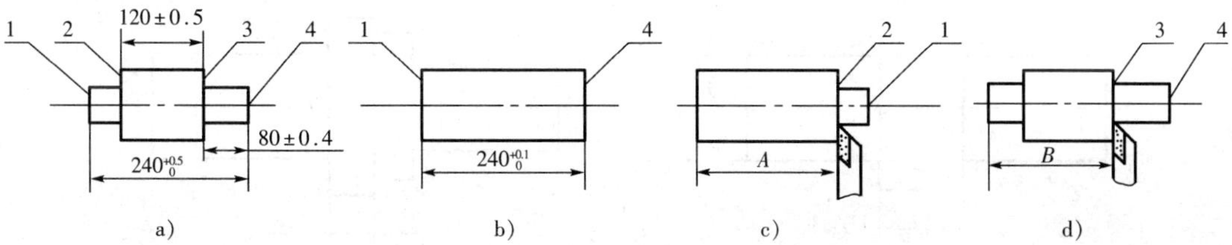

图 5－79

57*. 图 5－80 所示为某型柴油机惰轮轴，其工艺过程如下（工件毛坯为 $\phi40$ 的 45 钢棒料）：

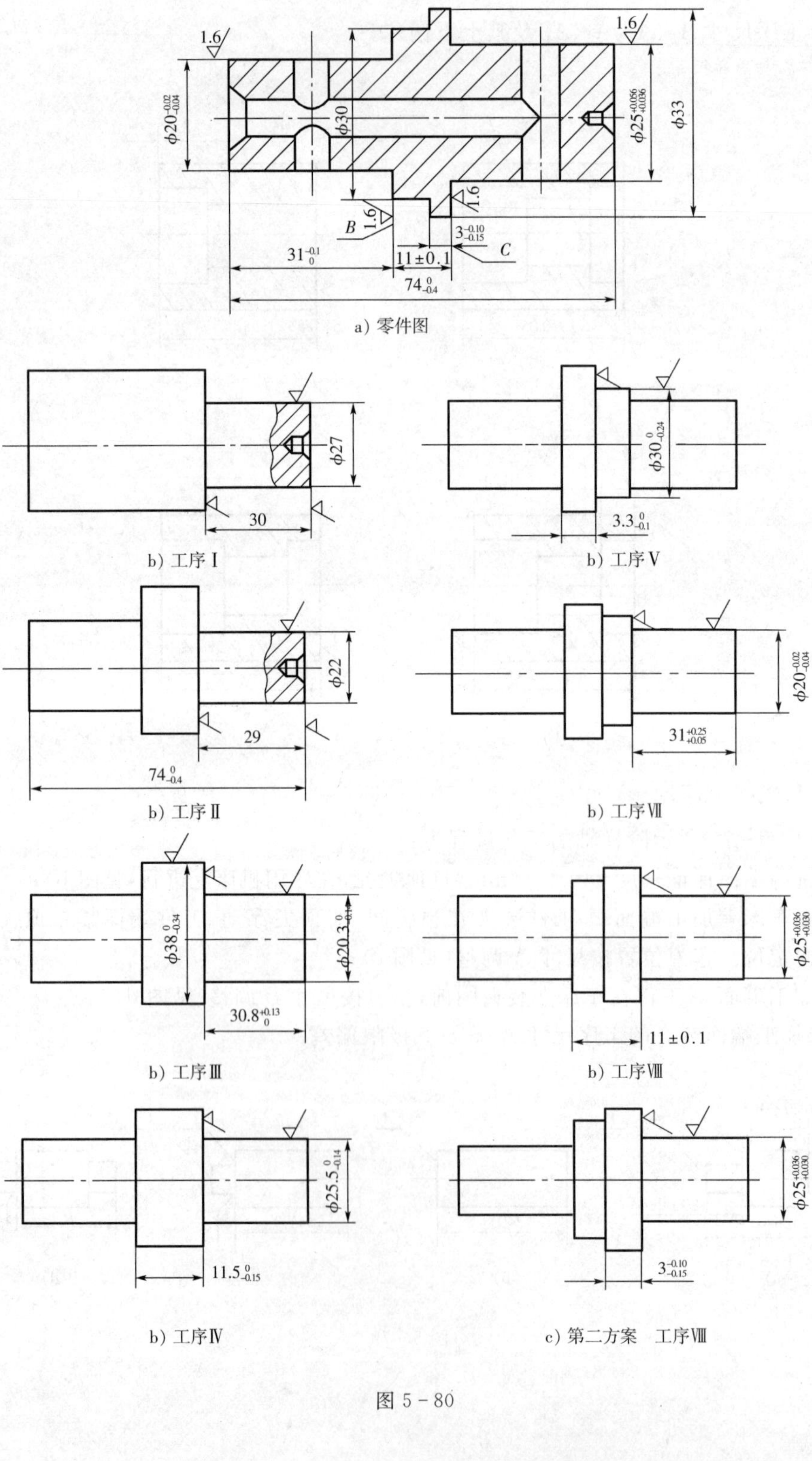

图 5－80

工序Ⅰ：车端面，打中心孔，粗车外圆至 $\phi27\times30$；

工序Ⅱ：调头车另一端面，打中心孔，保持尺寸 $74_{-0.40}^{\ 0}$，粗车外圆至 $\phi22\times29$；

工序Ⅲ：两中心孔定位，车外圆 $\phi38_{-0.34}^{\ 0}$，半精车外圆至 $\phi20.3_{-0.14}^{\ 0}\times30.8_{\ 0}^{+0.15}$；

工序Ⅳ：半精车外圆至 $\phi25.5_{-0.14}^{\ 0}$ 并保持尺寸 $11.5_{-0.15}^{\ 0}$；

工序Ⅴ：车外圆 $\phi30_{-0.34}^{\ 0}$，保持尺寸 $3.3_{-0.1}^{\ 0}$；

工序Ⅵ：表面淬火；

工序Ⅶ：磨外圆至 $\phi20_{-0.04}^{-0.02}\times31_{+0.05}^{+0.15}$；

工序Ⅷ：磨另一端外圆至 $\phi25_{+0.0036}^{+0.056}$ 并保持尺寸 11 ± 0.1。

要求：

(1)根据以上加工顺序，画出尺寸链图计算以校验能否满足零件图的尺寸要求；

(2)若只改变工序Ⅷ的定位基准，直接获得尺寸 $3_{-0.15}^{-0.10}$(图 5－69c)，此时能否满足零件图的尺寸要求？

(3)为了能经济地保证加工要求，应采取怎样的加工顺序和尺寸标注较为合理？

58*. 图 5－81a 为阶梯轴零件简图，在大批生产条件下，其工艺过程如下：

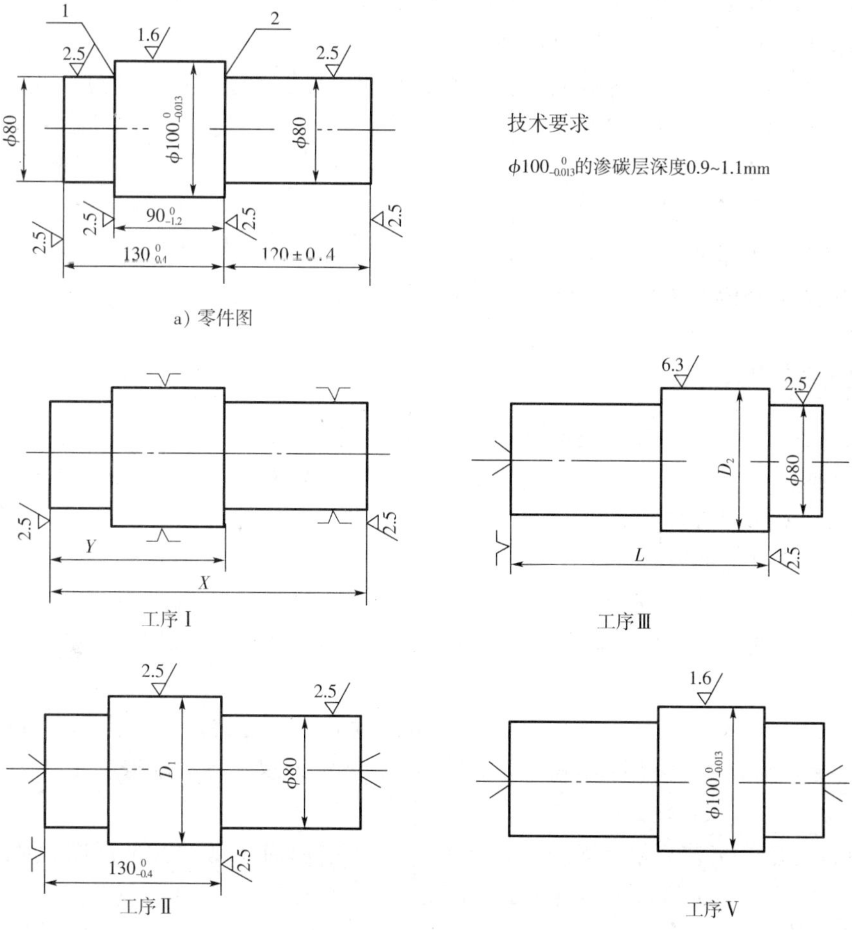

b) 工序图

图 5－81

工序Ⅰ:铣两端面,打顶尖孔;

工序Ⅱ:粗车外圆 D_1 及 $\phi80$,车肩面 2;

工序Ⅲ:调头,精车外圆 D_2 及 $\phi80$,车肩面 1;

工序Ⅳ:渗碳淬火,渗碳层深度 t;

工序Ⅴ:磨外圆 $\phi100_{-0.013}^{\ 0}$。

试求:

(1)工序尺寸 D_1,D_2 及其极限偏差;

(2)渗碳层工艺深度 t;

(3)工序尺寸 X、Y、L 及其极限偏差。

第五节　时间定额和提高生产率的途径

知识要点设问

1. 何谓时间定额? 有什么作用?
2. 何谓单件时间? 有哪些部分组成?
3. 何谓基本时间? 写出车外圆、铣平面、钻孔和磨外圆的基本时间计算公式。
4. 何谓辅助时间? 如何确定?
5. 从加工技术出发,提高生产率的途径有哪些?
6. 何谓成组技术? 试举出机械零件中的相似件。
7. 什么是生产成本和工艺成本? 什么是可变费用和不变费用? 在市场经济条件下,如何正确运用经济分析方法合理选择工艺方案?

思考与练习

1. 试计算下列各工序的基本时间:

(1) 车削一 ϕ40mm、长 180mm 的外圆表面。采用主偏角为 45°的硬质合金外圆车刀,切削速度 $v_c=1.5$m/s,切削深度 $a_p=2.5$mm,进给量 $f=0.4$mm/r。

(2) 用硬质合金端铣刀铣削 350mm×180mm 的平面。铣刀直径为 ϕ200mm,齿数为 8,主偏角为 90°,采用的切削速度 $v_c=0.9$m/s,切削深度 $a_p=3$mm,每齿进给量 $f_z=0.4$mm/z。

(3) 用高速钢钻头在一平面上钻一 ϕ10mm×50mm 的通孔。切削速度 $v_c=0.25$m/s,进给量 $f=0.17$mm/r。

(4) 在内圆磨床上磨削一 ϕ60mm×100mm 的通孔。单边磨削余量为 0.05mm,工件回转速度 $v_{c工}=0.47$m/s,工件每转纵向进给量 $f=20$mm/r,双行程磨削深度 $a_p=0.01$mm/双行程。

2. 零件的单件工艺成本是否总是随着年产量的增加而降低的? 试画图说明之。若单件成本已不再随年产量的增大而有明显下降时,可采取何种措施来降低成本?

第六节　装配工艺规程设计

一、机器的装配过程

知识要点设问

1. 何谓合件、组件、部件？
2. 什么是装配？它包括哪些工作？
3. 装配系统图有哪些作用？如何画出装配系统图？
4. 装配的组织形式有几种？各适合什么场合？

二、装配工艺规程设计

知识要点设问

1. 设计装配工艺规程要完成哪几方面工作？
2. 装配精度与零件加工精度有什么关系？
3. 产品装配精度包含哪些方面？

三、装配尺寸链

知识要点设问

1. 什么是装配尺寸链？装配尺寸链的封闭环是什么？
2. 如何建立装配尺寸链？为什么参加装配的零件只有一个尺寸列入装配尺寸链？何谓装配尺寸链组成最短原则？
3. 装配尺寸链计算有哪两种情况？
4. 为什么要求解装配尺寸链？
5. 保证装配精度的装配方法有哪几种？它们各适用于什么场合？
6. 什么是完全互换装配法？什么是统计互换装配法？试分析其异同，各适用于什么场合？
7. 说明装配尺寸链中组成环、封闭环和公共环的含意。
8. 何谓修配法？其适用的条件是什么？采用修配法获得装配精度时，选取修配环的原则是什么？若修配环在装配尺寸链中所处的性质（指增环或减环）不同时，计算修配环尺寸的公式是否相同？为什么？
9. 何谓选择装配法？其适用的条件是什么？如果相配合工件的公差不等，采用分组互换法将产生什么后果？
10. 何谓调整法？可动调整法、固定调整法和误差抵消调整法各有什么优缺点？
11. 当机床的前后轴承和主轴锥孔的径向跳动误差不是分布在同一平面上时，如何采用误差抵消调节法来提高机床主轴的回转精度？
12. 何谓固定调节件的补偿能力和固定调节件的级差？调节件的分级数如何确定？为什么取调节件的实际补偿能力作为级差？为什么调节件的公差应尽量严格控制？

例题解析

1. 图 5-82 是一个齿轮装配结构图，由于齿轮要在轴上回转，要求齿轮左右端面与轴套和档圈之间应留有一定间隙，要求装配后齿轮右端的间隙在 0.10～0.35 之间。已知 $A_1=35mm$，$A_2=14mm$，$A_3=49mm$。

(1) 试以完全互换装配法解算各组成环尺寸及其极限偏差。

(2) 设 A_1、A_2、A_3 的尺寸分布均为正态分布，且尺寸分布中心与公差中心相重合，即 $k_1=k_2=k_3=1$，$e_1=e_2=e_3=0$，试以统计互换装配法解算各组成环的尺寸和极限偏差。

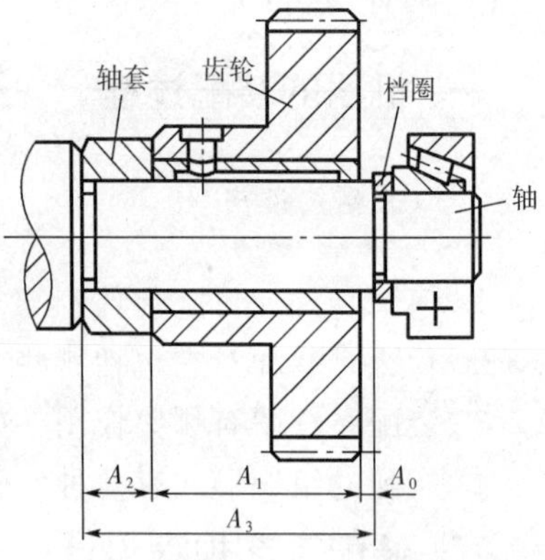

图 5-82

【解】 (1) 完全互换装配法解算

由于所留间隙是在零件装配后才间接形成的，所以它是封闭环 A_0。经查对，影响封闭环 A_0 大小的尺寸有 A_1、A_2、A_3 依次相连封闭，可以得到如图所示的尺寸链。在 A_0 与 A_1、A_2、A_3 组成的尺寸链中，A_1、A_2 为减环，A_3 为增环。

① 计算封闭环基本尺寸 A_0。有封闭环基本尺寸公式

$$A_0=\sum_{p=1}^{k}A_p-\sum_{q=k+1}^{m}A_q$$

得 $A_0=[49-(35+14)]=0mm$

② 计算封闭环公差 T_0。有封闭环公差公式

$$T_0=\sum_{i=1}^{m}T_i$$

得 $T_0=(0.35-0.10)mm=0.25mm$

③ 确定各组成环公差。

各组成环的平均公差为

$$T_{av}=T_0/m=0.25/3\approx0.083mm\quad（式中\ m\ 为组成环数）$$

考虑到各组成环基本尺寸的大小及制造难易程度各不相同，各组成环制造公差应在平均公差值的基础上作适当调整。因 A_1 与 A_3 在同一尺寸分段范围内，平均公差值接近该尺寸分段范围的 IT10，故组成环 A_1 与 A_3 的公差值按 IT10 取为

$$T_1=T_3=0.10mm$$

因此 $T_2=T_0-T_1-T_3=(0.25-0.10-0.10)mm=0.05mm$

④ 确定各组成环的极限偏差。

组成环尺寸的极限偏差按“偏差入体标注”原则配置。对于内尺寸，其尺寸按 H 配置；对于外尺寸，其尺寸偏差按 h 配置；入体方向不明的长度尺寸，其极限偏差按“对称偏差”配

置。取

$$A_1=35\text{h}10=35_{-0.10}^{\ 0}\text{mm}$$

$$A_3=49\text{js}10=49\pm0.05\text{mm}$$

由封闭环极限偏差公式

$$ES_0=\sum_{p=1}^{k}ES_p-\sum_{q=k+1}^{m}EI_q$$

可得 $0.35=0.05-(-0.10+EI_2)$

故 $EI_2=-0.20\text{mm}$

由封闭环极限偏差公式

$$EI_0=\sum_{p=1}^{k}EI_p-\sum_{q=k+1}^{m}EI_q$$

可得 $0.10=-0.05-(0+ES_2)$

$$ES_2=-0.15\text{mm}$$

故得 $A_2=14_{-0.20}^{-0.15}\text{mm}$

使 A_2 的公差带标准化，取 $A_2=14\text{h}9=14_{-0.193}^{-0.150}\text{mm}$

⑤ 核算封闭环的极限尺寸。

由封闭环的极限公式

$$A_{0\max}=\sum_{p=1}^{k}A_{p\max}-\sum_{q=k+1}^{m}A_{q\min}$$

得 $A_{0\max}=[49.05-(34.9+13.807)]\approx0.34\text{mm}$

$$A_{0\min}=\sum_{p=1}^{k}A_{p\min}-\sum_{q=k+1}^{m}A_{q\max}$$

得 $A_{0\min}=[48.95-(35+13.85)]=0.10\text{mm}$

核算结果表明，封闭环尺寸符合规定要求，故所求组成环尺寸和极限偏差分别为：

$$A_1=35_{-0.10}^{\ 0}\text{mm},\quad A_2=14_{-0.193}^{-0.150}\text{mm},A_3=49\pm0.05\text{mm}$$

(2) 统计互换装配法解算

① 计算封闭环基本尺寸 A_0。有公式

$$A_0=\sum_{p=1}^{k}A_p-\sum_{q=k+1}^{m}A_q$$

得 $A_0=A_3-(A_1+A_2)=[49-(35+14)]=0\text{mm}$

② 计算封闭环公差 T_0。

$$T_0=(0.35-0.10)\text{mm}=0.25\text{mm}$$

③ 计算各组成环的平均公差 T_{av}。

根据公式

$$T_0=\frac{1}{k_0}\sqrt{\sum_{i=1}^{m}k_i^2T_i^2}$$

已知 $k_0=1, k_1=k_2=k_3=1$，得

$$T_0=\sqrt{mT_{av}^2}$$

$$T_{av}=\frac{T_0}{\sqrt{m}}=\frac{0.25}{\sqrt{3}}\approx 0.144\text{mm}$$

④ 确定 A_1、A_2、A_3 的制造公差。

以组成环平均公差为基础，参考各组成环尺寸大小和加工难易程度，确定各组成环制造公差。因 A_2 便于加工，故以 A_2 为协调环。因 A_1 与 A_3 的基本尺寸在同一尺寸分段范围内，平均公差 T_{av} 接近于该尺寸分段范围的IT11，按IT11确定 A_1 与 A_3 的公差，查公差标准得

$$T_1=T_3=0.160\text{mm}$$

由式知

$$T_2=\sqrt{T_0^2-T_1^2-T_3^2}=\sqrt{0.25^2-0.16^2-0.16^2}\text{mm}\approx 0.106\text{mm}$$

考虑到 A_2 易于制造，按IT10取 $T_2=0.07\text{mm}$。

⑤ 确定 A_1、A_2、A_3 的极限偏差。

按"偏差入体标注"原则，取 $A_1=35\text{h}11=35_{-0.16}^{\ 0}\text{mm}$，$A_3=49\text{js}11=49\pm 0.08\text{mm}$，最后确定协调环 A_2 的极限偏差 ES_2 和 EI_2。

由封闭环中间偏差公式

$$\Delta_0=\sum_{p=1}^{k}\left(\Delta_p+\frac{e_pT_p}{2}\right)-\sum_{q=k+1}^{m}\left(\Delta_q+\frac{e_qT_q}{2}\right)$$

和已知 $\xi_3=1, \xi_1=\xi_2=-1, e_1=e_2=e_3=0$，得

$$\Delta_0=\Delta_3-(\Delta_1+\Delta_2)$$

所以 $\Delta_2=\Delta_3-\Delta_1-\Delta_0$

已知 $\Delta_1=(ES_1+EI_1)/2=(0-0.16)/2=-0.08\text{mm}$

$$\Delta_3=(ES_3+EI_3)/2=(0.08-0.08)/2=0\text{mm}$$

$$\Delta_0=(ES_0+EI_0)/2=(0.35+0.10)/2=0.225\text{mm}$$

代入前式得

$$\Delta_2=0-(-0.08)-0.225=-0.145\text{mm}$$

又因

$$ES_2=\Delta_2+T_2/2=-0.145+0.07/2=-0.11\text{mm}$$

$$EI_2=\Delta_2-T_2/2=-0.145-0.07/2=-0.18\text{mm}$$

由此求得 $A_2=14_{-0.18}^{-0.11}\text{mm}=13.98_{-0.07}^{\ 0}\text{mm}$

⑥ 核算封闭环的极限偏差。

由公式 $\Delta_0=\sum\limits_{p=1}^{k}(\Delta_p+\frac{e_pT_p}{2})\sum\limits_{q=k+1}^{m}(\Delta_q+\frac{e_qT_q}{2})$得

$\Delta_0=\Delta_3-(\Delta_1+\Delta_2)=0-(-0.08)-(-0.145)=0.225\text{mm}$

由公式知，封闭环公差

$$T_0=\sqrt{T_2^2+T_1^2+T_3^2}$$

$$T_0=\sqrt{0.16^2+0.07^2+0.16^2}\text{mm}\approx 0.24\text{mm}$$

又因

$$ES_0=\Delta_0+T_0/2=0.225+0.24/2=0.345\text{mm}$$

$$EI_0=\Delta_0-T_0/2=0.225-0.24/2=0.105\text{mm}$$

由此得 $A_0=0^{+0.345}_{+0.105}\text{mm}$，它符合规定的装配间隙要求。所求组成环尺寸和极限偏差分别为：

$A_1=35^{\ 0}_{-0.16}\text{mm}$，　$A_2=13.98^{\ 0}_{-0.07}\text{mm}$，　$A_3=49\pm0.08\text{mm}$

与完全互换法装配方法求得的 A_1、A_2、A_3 相比，它们的制造公差都扩大了，组成环的零件制造变得容易了。

2. 图 5-83 所示为车床溜板箱小齿轮与齿条的装配结构，装配要求齿轮齿顶与齿条齿根的径向间隙为 0.17～0.28mm，已知 $A_1=53\text{mm}$，$A_2=25\text{mm}$，$A_3=15.7\text{mm}$，$A_4=71.74\text{mm}$，$A_5=22\text{mm}$，现采用修配法进行装配，试确定修配环尺寸并验算修配量。

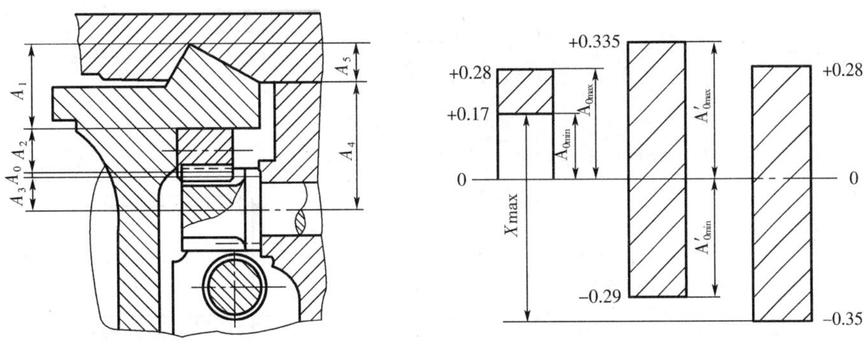

图 5-83

【解】 (1) 建立装配尺寸链如图 5-83 所示

(2) 选择修配环

从便于修配考虑，选取组成环 A_2（齿条）为修配环。

(3) 确定组成环极限偏差

按加工经济精度确定各组成环公差，并按“偏差入体标注”原则确定极限偏差，得

$A_1=53\text{h}10\text{mm}=53^{\ 0}_{-0.12}$，$A_3=15.74\text{h}11=15.74^{\ 0}_{-0.055}\text{mm}$，$A_4=71.74\text{js}11=71.74\pm0.095\text{mm}$，$A_5=22\text{js}22\text{mm}=22\pm0.65$，并设 $A_2=25^{+0.13}_{\ 0}\text{mm}$。

(4) 计算实施修配前封闭环极限尺寸 $A'_{0\max}$、$A'_{0\min}$

$A'_{0\max}=A_{4\max}+A_{5\max}-A_{1\min}-A_{2\min}-A_{3\min}$

$=[(71.74+0.095)+(22+0.065)-(53-0.12)-25-(15.74-0.055)]\text{mm}=0.335\text{mm}$

$A'_{0\min}=A_{4\min}+A_{5\min}-A_{1\max}-A_{2\max}-A_{3\max}$

$=[(71.74-0.095)+(22-0.065)-53-(25+0.13)-15.74]\text{mm}=-0.029\text{mm}$

由此可知 $A'_0=0^{+0.335}_{-0.290}$ mm。计算结果表明,A'_0值与装配要求不符。

(4) 确定修配环尺寸 A_2

由题意知装配精度要求啮合间隙 A_0 最大为 0.28mm,最小为 0.17mm,而修配前的啮合间隙 A'_0 的变化范围,最大为 +0.335mm,最小为 −0.29mm,如图。分析尺寸关系可知,当啮合间隙大于 0.28mm 时,无法通过修配组成环 A_2 来实现装配精度要求。通过适当修改修配环 A_2 的基本尺寸使 $A'_{0\max}$ 值由 0.335 减至 0.28。令 $A'_{0\max}=0.28$,反求 $A_{2\min}$ 得 $A_{2\min}=25.06$mm,则修配环尺寸 A_2 为

$$A_2=25.06^{+0.13}_{0}\text{ mm}$$

(5) 验算修配量

如图 5-83 右侧公差带图给出的是当修配环按 $A_2=25.06^{+0.13}_{0}$ mm 制造时,啮合间隙 A_0 的最大值 $A'_{0\max}=0.28$mm,最小值为 $A'_{0\min}=-0.35$mm。当啮合间隙 A_0 为最大值 $A'_{0\max}=0.28$mm 时无需修配就满足装配精度要求;当啮合间隙 A_0 为最小值 $A'_{0\min}=-0.35$mm 时修配环修配量最大,其值为 $X_{\max}=(0.35+0.17)\text{mm}=0.52\text{mm}$,修配量在(0~0.52)mm 间变化,符合装配精度要求。

3. 图 5-84 所示为双联齿轮装配后要求轴向间隙 $A_0=0^{+0.20}_{+0.05}$ mm,已知 $A_1=115$mm,$A_2=8.5$mm,$A_3=95$mm,$A_4=2.5$mm,$A_5=9$mm,试以固定调整装配法解算各组成环的极限偏差,并确定调整环的分组数和分组尺寸。

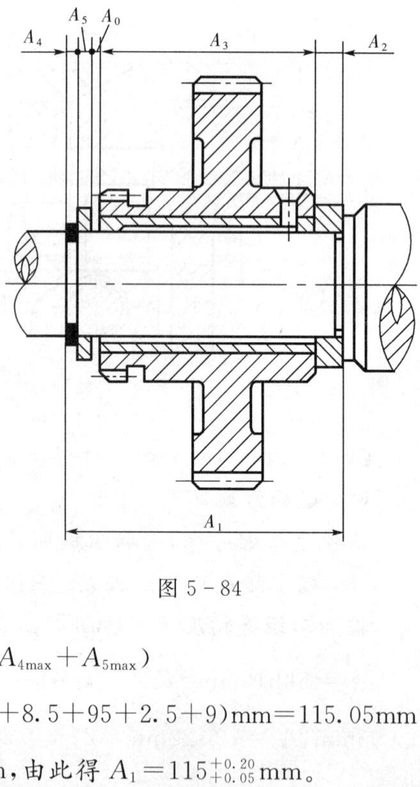

图 5-84

【解】 (1) 建立装配尺寸链(如图所示)

(2) 选择调整环

选择加工比较容易,装卸比较方便的组成环 A_5(垫圈)作固定调整环。

(3) 确定组成环公差

按加工经济精度规定各组成环公差并确定极限偏差:$A_2=8.5_{-0.10}^{0}$ mm,$A_3=95_{-0.10}^{0}$ mm,$A_4=2.5_{-0.12}^{0}$,$A_5=9_{-0.03}^{0}$ mm;为保证获得规定的装配要求($A_0=0^{+0.20}_{+0.05}$),组成环 A_1 的最小极限尺寸由尺寸链组成环公式

$$A_{0\min}=A_{1\min}-(A_{2\max}+A_{3\max}+A_{4\max}+A_{5\max})$$

求得　$A_{1\min}=A_{0\min}+A_{2\max}+A_{3\max}+A_{4\max}+A_{5\max}=(0.05+8.5+95+2.5+9)\text{mm}=115.05\text{mm}$

已知 $A_1=115$mm,令 A_1 的制造公差 $T_1=0.15$mm,由此得 $A_1=115^{+0.20}_{+0.05}$ mm。

(4) 确定固定调整环的调整范围 δ

调整范围 δ 为未装入调整环 A_5 之前的轴向间隙 A 的变动范围，则有

$A_{max}=A_{1max}-A_{2min}-A_{3min}-A_{4min}=[(115+0.20)-(8.5-0.1)]-(95-0.1)-(2.5-0.12)]mm=9.52mm$

$A_{min}=A_{1min}-A_{2max}-A_{3max}-A_{4max}=[(115+0.05)-8.5-95-2.5]mm=9.05mm$

故 $\delta=A_{max}-A_{min}=(9.52-9.05)mm=0.47mm$

(5) 确定固定调整环的尺寸分组数 z

由于调整环自身有制造误差，故取封闭环公差与调整环制造公差之差 T_0-T_5 作为调整环尺寸分组间隔 Δ，则

$$z=\frac{\delta}{\Delta}=\frac{\delta}{T_0-T_5}=\frac{0.47}{0.15-0.03}\approx 3.9$$

取 $z=4$。

(6) 确定调整环 A_5 的尺寸分组

从保证规定的装配精度考虑，当实测间隙 A 为最小值 A_{min} 时，在装入最小一组调整环 A'_5(调整环的基本尺寸为 A'_5，上偏差为 0，下偏差为 0.03mm)后，齿轮左端面到调整环右端面的最小间隙应为装配精度所要求的最小间隙($A_{0min}=0.05mm$)，如图所示。由图知，$A'_5=A_{min}-A_{0min}=(9.05-0.05)mm=9mm$，由此得：$A'_5=9_{-0.03}^{\ 0}$ mm。以此为基础，再依次分别加上一个尺寸组间隔 Δ 值($\Delta=T_0-T_5=0.12mm$)，便可求得 4 组调整环 A_5 的尺寸分别为 $9_{-0.03}^{\ 0}$ mm、$9.12_{-0.03}^{\ 0}$、$9.24_{-0.03}^{\ 0}$、$9.36_{-0.03}^{\ 0}$。

四组调整环的适用范围，详见表 5-6：

表 5-6　调整环尺寸分组及其适用范围

组　号	调整环尺寸 A_3/mm	所适用的轴向空隙 A 变动范围/mm	装调整环后装配间隙 A_0/mm
1	$9_{-0.03}^{\ 0}$	9.05～9.17	0.05～0.20
2	$9.12_{-0.03}^{\ 0}$	9.17～9.29	0.05～0.20
3	$9.24_{-0.03}^{\ 0}$	9.29～9.41	0.05～0.20
4	$9.36_{-0.03}^{\ 0}$	9.41～9.52	0.05～0.19

思考与练习

1. 采用调整法装配主轴部件时，是否可以提高主轴的回转精度？当采用角度调整法(误差抵消)使被装配主轴在某一测量截面上的径向跳动等于零时，是否说明主轴回转运动没有任何误差？为什么？

2. 图 5-85 所示为离合器齿轮轴部装图，为保证齿轮能在轴上灵活转动而要求装配后的轴向间隙为 0.05～0.20mm。试按装配尺寸链组成的最短原则，列出影响该间隙的装配尺寸链，并在装配图上标注建立装配尺寸链的有关尺寸。

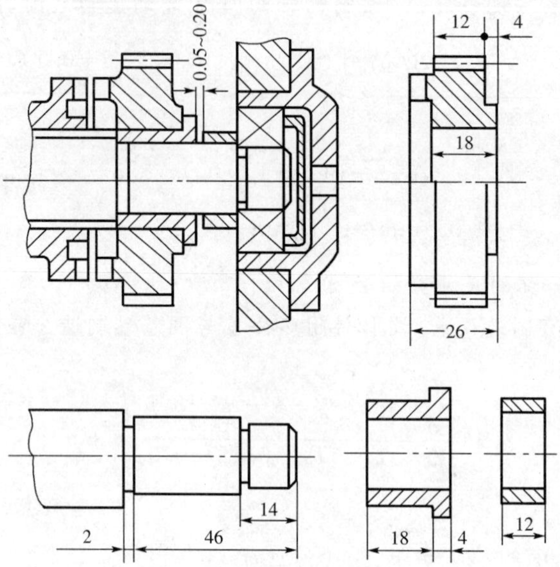

图 5 - 85

3. 图 5 - 86 所示为变速箱局部简图，为了保证轴向间隙 0.5～1mm，根据尺寸链最短原则，试列出影响该间隙的装配尺寸链(注明封闭环，增、减环)，并绘制各组成零件草图，标注有关尺寸。

4. 图 5 - 87 所示为一种蜗杆蜗轮啮合结构简图，为了便于修配，要求蜗杆中心线在蜗轮中心线的左边为 A_0，根据装配尺寸链组成最短原则，试列出影响该装配要求的装配尺寸链(注明封闭环、增减环)，并绘制各组成零件草图，标注有关尺寸。

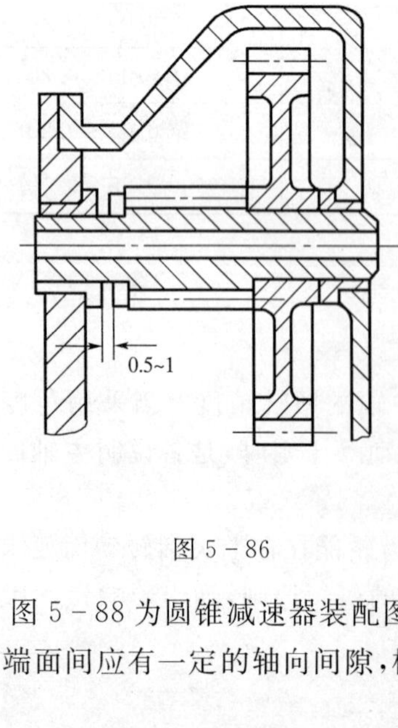

图 5 - 86

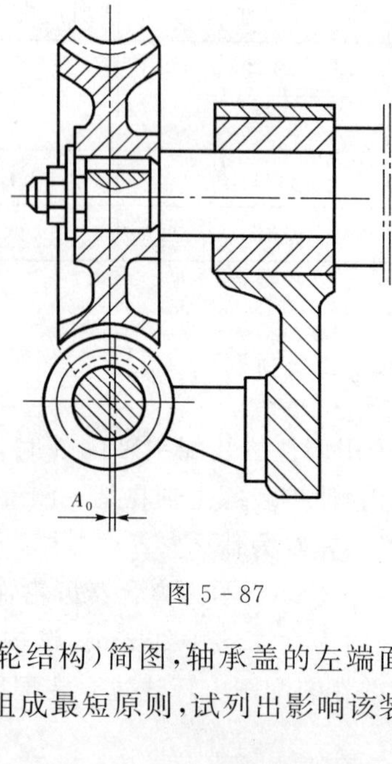

图 5 - 87

5. 图 5 - 88 为圆锥减速器装配图的一部分(小齿轮结构)简图，轴承盖的左端面与右轴承的右端面间应有一定的轴向间隙，根据装配尺寸链组成最短原则，试列出影响该装配间隙的装配尺寸链(注明封闭环、增、减环),并绘制各组成零件草图,标注有关尺寸。

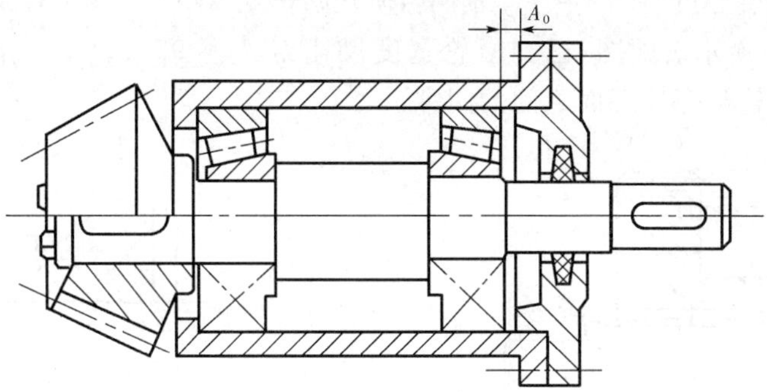

图 5-88

6. 图 5-89 为蜗杆减速器装配图的一部分,设计要求轴承盖端面与轴承端面间有 0.05～0.25mm 的轴向间隙,根据装配尺寸链组成最短原则,试列出影响该装配间隙的装配尺寸链(注明封闭环、增、减环),并绘制各组成零件草图,标注有关尺寸。

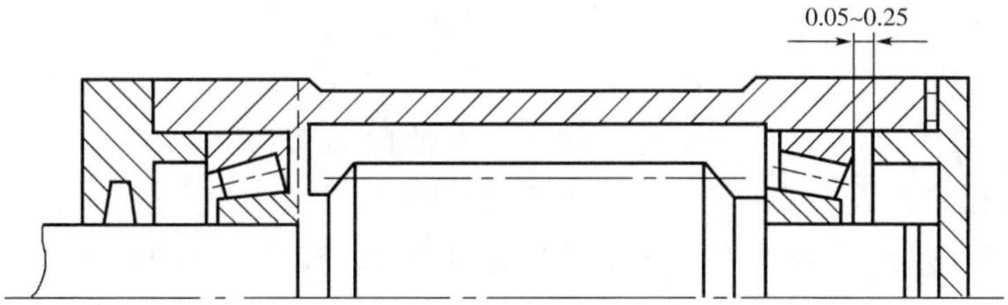

图 5-89

7. 图 5-90 为铣削轴类平面的加工简图。保证平面到轴线距离尺寸 A_0。试列出由工艺系统各环节(机床、夹具、刀具、工件)为组成环所构成的工艺系统尺寸链。

8. 图 5-91 所示为某减速器的齿轮轴组件装配图。齿轮轴 1 左右两个滑动轴承 2 和 5 中转动,两轴承又分别压入左箱体 3 和右箱体 4 的孔内,装配精度要求是齿轮轴台肩和轴承端面间的轴向间隙为 0.2～0.7mm,试建立轴向间隙为装配精度的尺寸链。

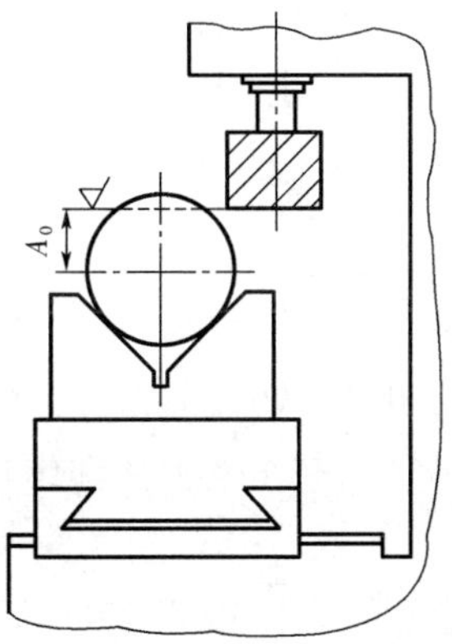

图 5-90

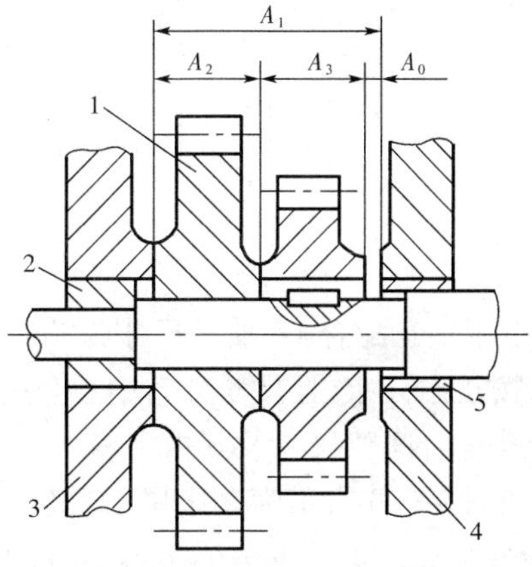

图 5-91

9. 图 5－92 所示齿轮装配结构图，要求装配后齿轮 3 和档圈 2 之间有一定间隙，若齿轮宽度 $A_1=35^{0}_{-0.10}$，轴套厚度 $A_2=14^{-0.15}_{-0.20}$，轴两台阶之间长度 $A_3=49\pm0.05$，试求装配间隙大小。

10. 图 5－93 所示装配图，已知齿轮宽度尺寸为 $A_2=95^{-0.05}_{-0.35}$ mm，壳体相关尺寸 $A_1=95^{+0.35}_{0}$，试确定齿轮与壳体端面之间的间隙。

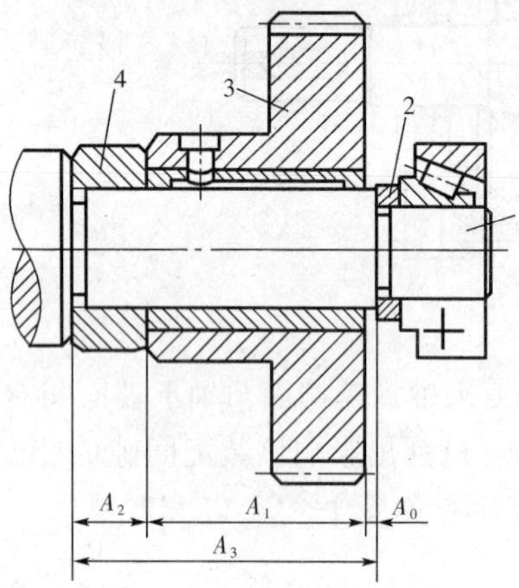

图 5－92

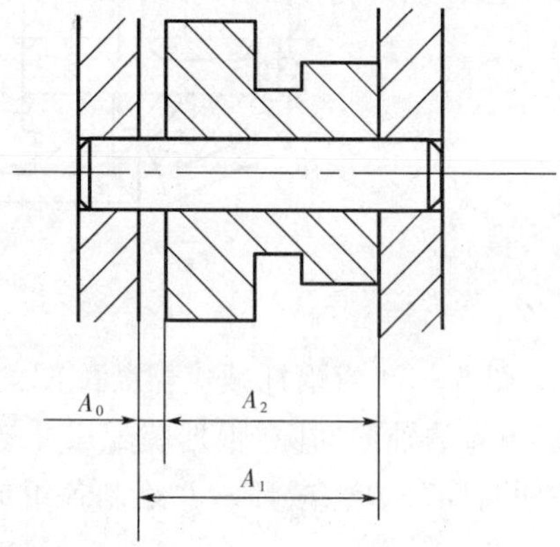

图 5－93

11. 图 5－94 所示为某箱体装配图，箱体轴向宽度 $B_1=100^{+0.12}_{0}$，齿轮轴向厚度 $B_2=80^{-0.02}_{-0.05}$，垫片厚度 $B_3=20^{0}_{-0.05}$，求装配后的间隙 Δ_0。

12. 如 5－95 所示，齿轮孔与轴装配后应保证 0.02～0.10mm 的间隙，现已把齿轮孔加工成 $\phi20^{+0.05}_{0}$ mm，为保证间隙要求试求轴的尺寸及其极限偏差。

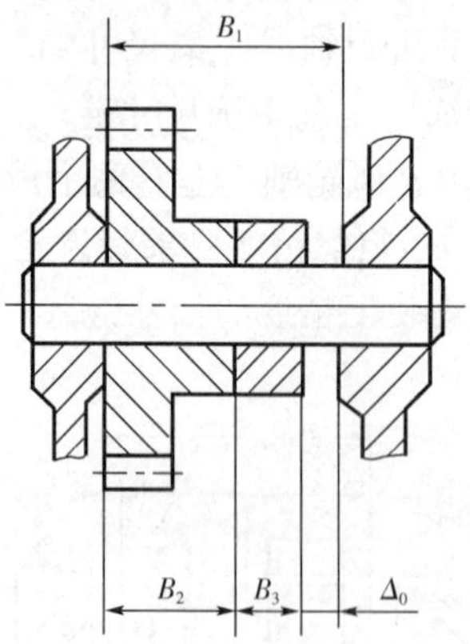

图 5－94

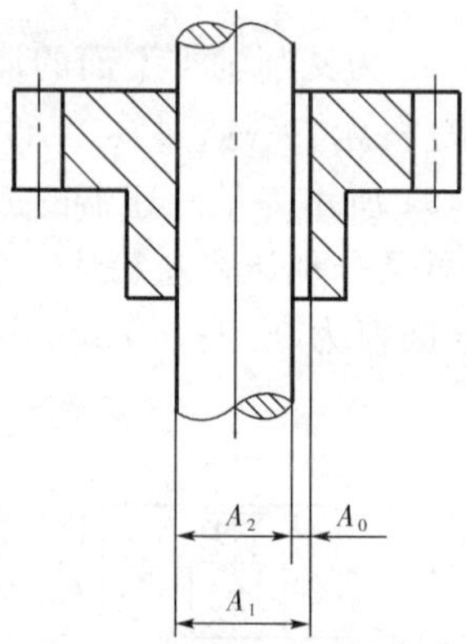

图 5－95

13. 由于轴孔配合，若轴径尺寸为 $\phi80^{0}_{-0.10}$ mm，孔径尺寸为 $\phi80^{+0.20}_{0}$ mm，设轴径与孔径的尺寸均按正态分布，且尺寸分布中心与公差带中心重合，试用完全互换法和统计互换法分别计算轴孔配合间隙尺寸及其极限偏差。

14. 如图 5－96 所示为车床尾顶尖套装配图，已知 $A_1=60^{+0.2}_{0}$ mm，$A_2=57^{0}_{-0.2}$ mm，$A_3=3^{0}_{-0.1}$ mm，各组成环均呈正态分布，且分布中心与公差带中心重合，试求封闭环 A_0 的尺寸及其极限偏差。

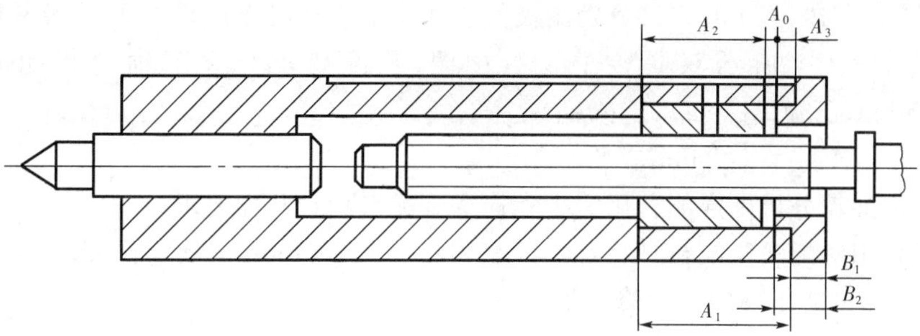

图 5－96

15. 图 5－97 所示为齿轮箱装配图，已知 $A_0=0.5^{+0.12}_{0}$，$A_1=40\text{mm}$，$A_2=20\text{mm}$，$A_3=59.5\text{mm}$，试求各尺寸的极限偏差。

16. 图 5－98 所示的尺寸链中，已知 $A_1=202\text{mm}$，$A_2=46\text{mm}$，$A_3=156\text{mm}$，$A_0=0^{+0.06}_{0}$ mm。试选择修配环和确定修配环的基本尺寸及其极限偏差。

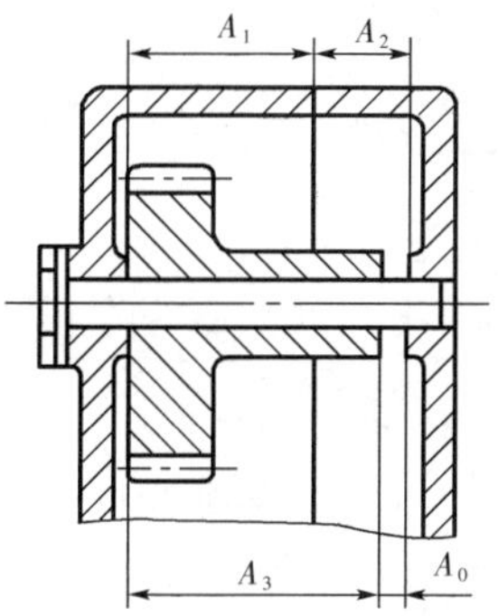

图 5－97

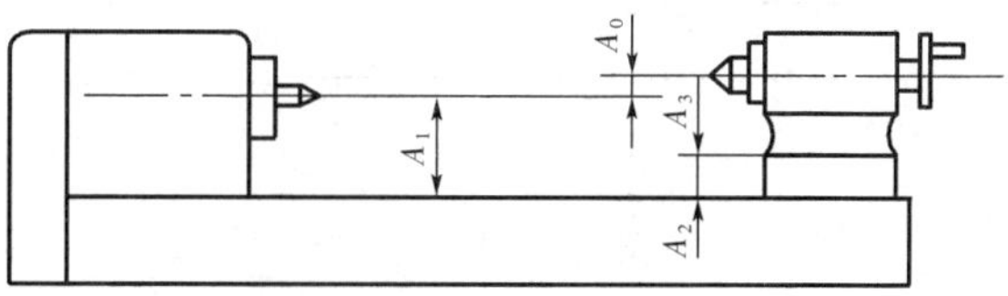

图 5－98

17. 图 5－99 所示的齿轮箱部装配图，根据使用要求，齿轮轴肩与轴承端面间的轴向间隙应在 1～1.75mm 范围内。若已知各零件的基本尺寸为 $A_1=101\text{mm}$，$A_2=50\text{mm}$，$A_3=A_5=5\text{mm}$，$A_4=140\text{mm}$，试分别按极值法和概率法确定相关尺寸的极限偏差。

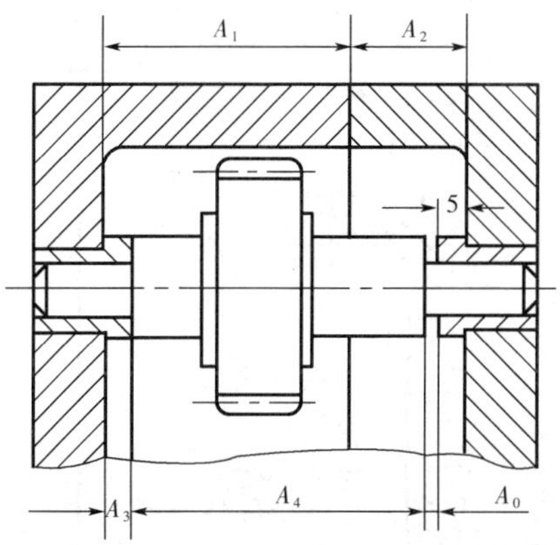

图 5－99

18. 图 5－100 所示为水泵的一个部件，其支架一端面距气缸一端面的尺寸 $A_1=50^{0}_{-0.62}$ mm，气缸内孔长度 $A_2=31^{+0.62}_{0}$ mm，活塞长度 $A_3=19^{0}_{-0.52}$ mm，螺母内台阶的深度 $A_4=11^{+0.43}_{0}$ mm，

支架外台阶 $A_5=40_{-0.62}^{0}$ mm。试分别用极值法和概率法求活塞行程长度 A_0 及其极限偏差。

19. 图 5－101 所示双联转子泵装配图，装配要求冷态下轴向装配间隙 A_0 为 0.05～0.15mm。已知 $A_1=62_{-0.62}^{0}$ mm，$A_2=20.5\pm0.2$ mm，$A_3=17_{-0.2}^{0}$ mm，$A_4=7_{-0.05}^{0}$ mm，$A_5=17_{-0.2}^{0}$ mm，$A_6=41_{+0.05}^{+0.10}$ mm。

(1) 通过计算分析确定能否用完全互换法装配来满足装配要求；

(2) 若采用修配法装配，选取 A_4 为修配环，$T_4=0.05$ mm，试确定修配环的尺寸及其极限偏差，并计算可能出现的最大修配量。

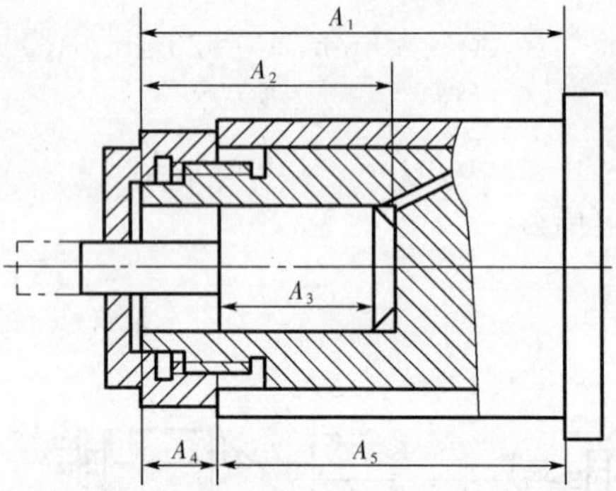

图 5－100

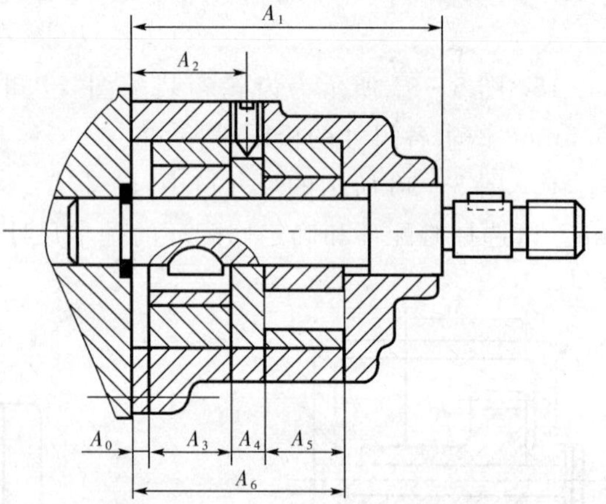

图 5－101

20. 在上题图 5－101 中，所示装配图要求轴向装配间隙 $A_0=0.05\sim0.15$ mm，已知 $A_6=41$ mm，$A_3=A_5=17$ mm，$A_4=7$ mm，试分别用极值法和概率法确定各相关尺寸的极限偏差。

21. 图 5－102 所示为车床溜板箱小齿轮与齿条啮合精度尺寸链，装配要求齿轮齿顶与齿条齿根的径向间隙为 0.10～0.17mm，现采用修配法保证，选取 A_2 为修配环，即修磨齿条的安装面。设 $A_1=53_{-0.1}^{0}$ mm，$A_2=28$ mm（$T_{A_2}=0.1$ mm），$A_3=20_{-0.1}^{0}$ mm，$A_4=48\pm0.05$ mm，$A_5=53_{0.1}^{0}$ mm。试求修配环 A_2 的极限偏差，并验算最小和最大修磨量。可否选 A_4 作修配环（即修配溜板箱的结合面）？为什么？

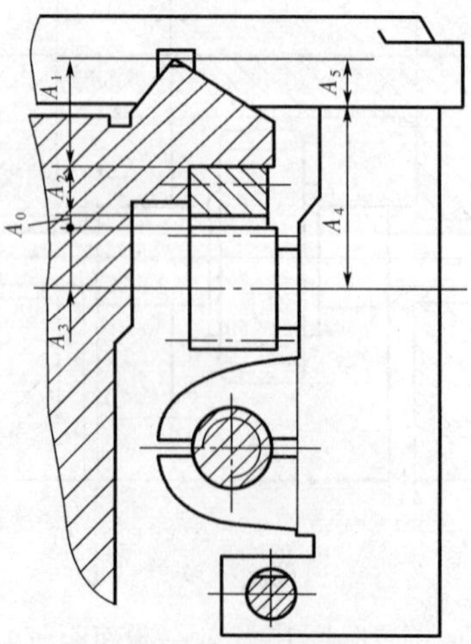

图 5－102

22. 图 5-103 为某曲轴轴颈与齿轮的装配图。结构设计采用固定调整法保证间隙 $A_0=0.01\sim0.06$mm。若选 A_2 为调整补偿件 A_K，试求调整件的组数及各组尺寸。已知 $A_3=38.5_{-0.07}^{\ 0}$mm，$A_4=2.5_{-0.04}^{\ 0}$mm，$A_1=43.5_{+0.05}^{+0.10}$mm，$A_2=2.5$mm，调整件的制造公差 $T_K=0.01$mm。

23. 图 5-104 所示为键与键槽的装配关系，已知 $A_1=20$mm，$A_2=20$mm，要求配合间隙 0.05～0.20mm，试用极值法和概率法求各零件的尺寸及其极限偏差。

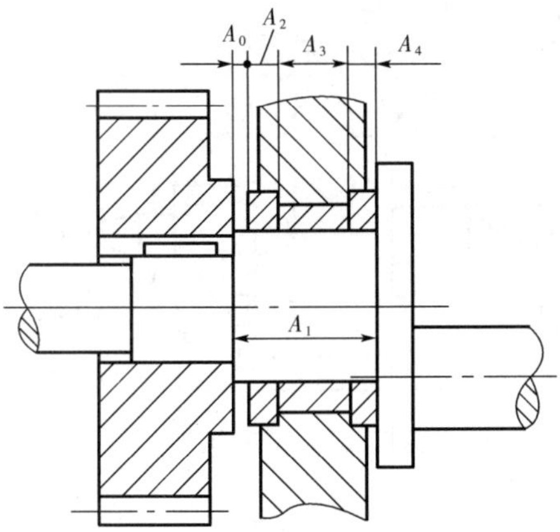

图 5-103

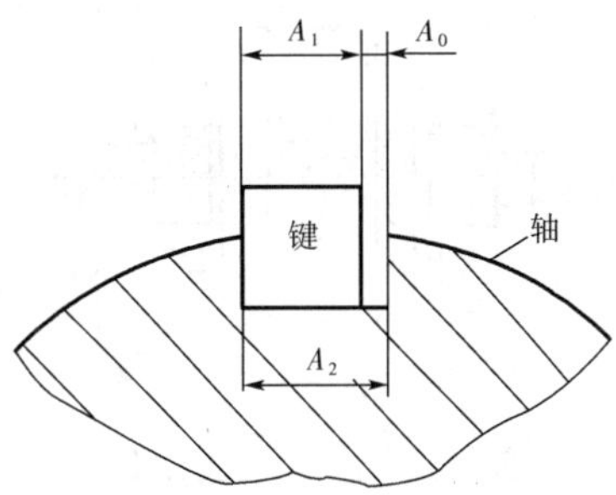

图 5-104

24. 图 5-105 所示，装配图要求为垫圈与箱体端面间隙 0.05～0.15mm. 已知：$A_1=50$mm，$A_2=45$mm，$T_{A1}=0.15$mm，$T_{A2}=0.1$mm，采用固定调整装配法来保证装配精度要求，试计算调整垫片(A_k)的组数和各组调整片尺寸及极限偏差。

25. 图 5-106 所示减速器某轴结构装配图，各零件的尺寸分别为 $A_1=40$mm、$A_2=36$mm、$A_3=4$mm，要求装配后齿轮端部间隙 A_0 保持在 0.10～0.25mm 范围内，如选用完全互换法装配，试确定 A_1、A_2、A_3 的极限偏差。

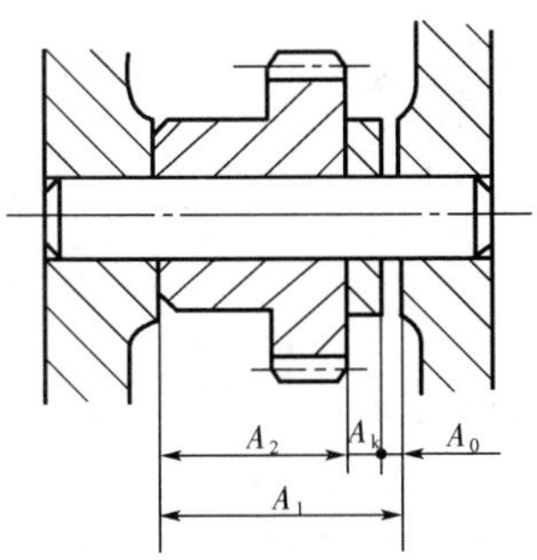

图 5-105

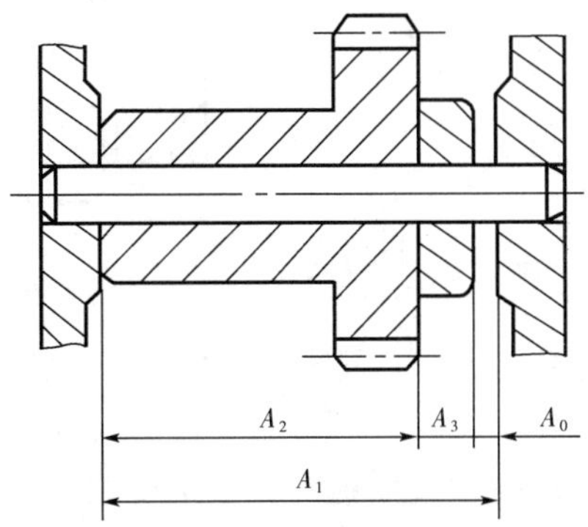

图 5-106

26. 图 5-107 所示为装配图。要求曲轴两轴肩与轴承端面的轴向间隙为 0.2～0.6mm，已知 $A_1=34$mm，$A_2=A_4=4$mm，$A_3=100$mm，$A_5=142$mm，$A_6=0.4$mm，$T_6=0.02$mm 若采用固定调整法装配时，选 A_K 为调整补偿件，试用极值法和概率法求各尺寸的极限偏差。

27. 图 5－108 所示装配图要求轴承端面的轴向间隙量 $A_0=0.15\sim0.2$mm，结构设计采用固定调整法，即调整纸垫 A_K 来保证此间隙要求，设各组成零件均按经济精度确定公差如下：$A_1=34$，$T_{A1}=0.1$，$A_2=A_4=4$，$T_{A2}=T_{A1}=0.05$，$A_3=100$，$T_{A3}=0.15$，$A_5=142$，$T_{A5}=0.15$。若只采用一种纸垫厚度，试确定各尺寸的极限偏差，纸垫厚度及极限情况下纸垫张数（设纸垫做得十分精确，即令 $T_{AK}=0$）。

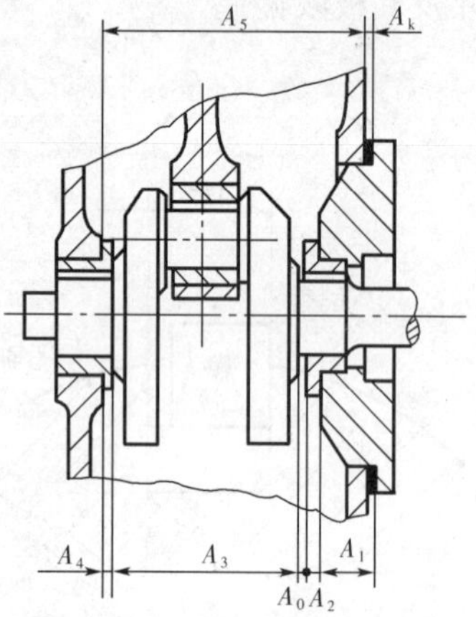

图 5－107

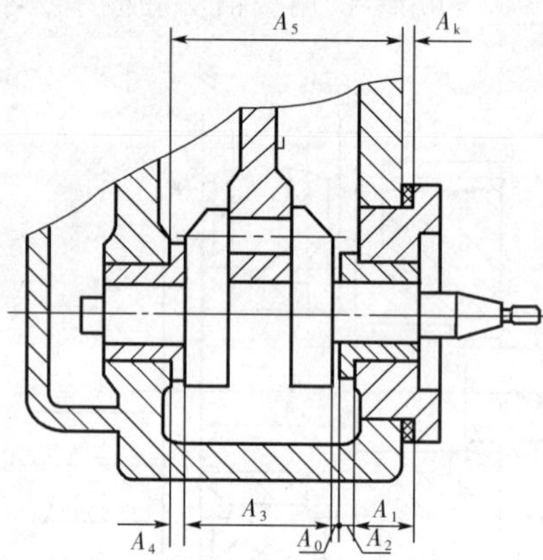

图 5－108

28. 图 5－109 所示为车床横刀架座后压板与床身导轨的装配图，要求压板 M 与床身下导轨面间间隙须保持在 $0\sim0.06$mm 范围内，已知 $A_2=20_0^{+0.16}$ mm，$A_3=30_{-0.16}^{0}$ mm，$T_1=0.09$mm，现选用压板为修配件，用修配法装配，试以修配量最小原则确定 A_1 的基本尺寸和极限偏差。

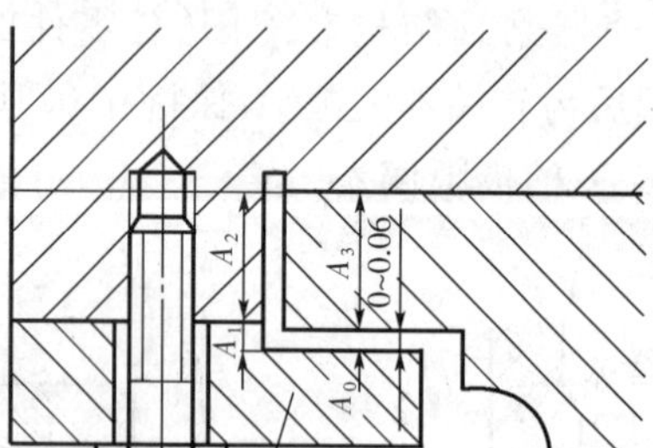

图 5－109

29. 装配方法如何选择？试以普通车床在垂直面内保证有关装配精度方法为例说明之。

普通车床在垂直面内有三项主要的装配精度要求：

(1)主轴锥孔中心线和尾座顶尖套锥孔中心线对溜板移动的不等高度在床身上最大工件回转直径不大于 400mm 时为 0.06mm，且只许尾座高；

(2)丝杠两轴承中心线和开合螺母中心线对床身导轨的不等距离在床身上最大工件回转直径不大于 400mm 时为 0.15mm；

(3)床身齿条和溜板箱齿轮的啮合质量。

30. 如图 5－110 所示装配图。要求保证轴向间隙 $A_0=0.1\sim0.35\text{mm}$，试分别按极值法、概率法、修配法与调整法确定各组成环的极限偏差。已知 $A_1=30$，$A_2=5$，$A_3=43$，$A_4=3_{-0.05}^{\ 0}$（标准件），$A_5=5_{-0.04}^{\ 0}$。

31. 图 5－111 所示装配图，为保证弹簧挡圈 A_3 能顺利装入，要求轴向间隙 $A_0=0.05\sim0.42\text{mm}$。已知：$A_1=32.5$；$A_2=35$；$A_3=2.5_{-0.12}^{\ 0}$（标准件）

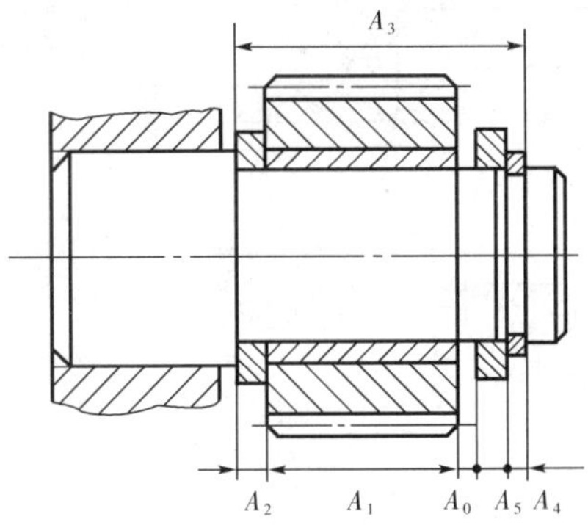

图 5－110

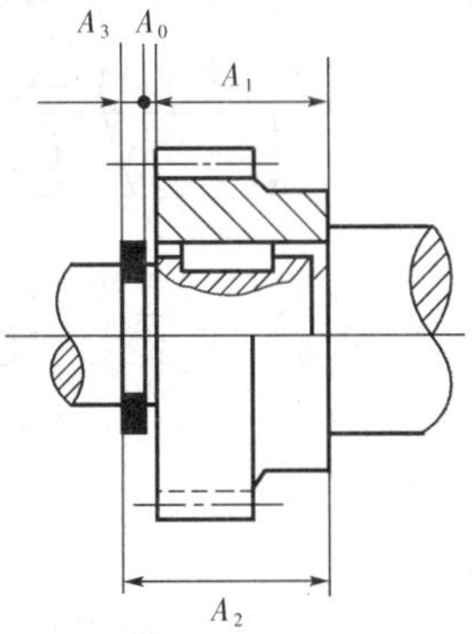

图 5－111

试分别按极值解法和概率解法确定 A_1、A_2 两尺寸的极限偏差。

32. 图 5－112 所示装配图要求链轮和轴套之间保证 0.5～0.8mm 间隙，已知 $A_1=175\text{mm}$，$A_2=25\text{mm}$，$A_3=A_5=50\text{mm}$，$A_4=A_6=32\text{mm}$，$A_7=A_9=8\text{mm}$，$A_8=133.5\text{mm}$，$A_{10}=150\text{mm}$。试按装配尺寸链组成的最短原则确定并标注各组成零件有关尺寸，且用极值解法确定有关零件尺寸的极限偏差。

33. 图 5－113 所示装配图要求齿轮轴向窜动量为 0.05～0.4mm，试验算各有关零件的公差及偏差制订得是否合理？应如何更改？已知：$A_1=34_{+0.05}^{+0.10}$，$A_2=22_{-0.2}^{-0.1}$，$A_3=12\pm0.10$。

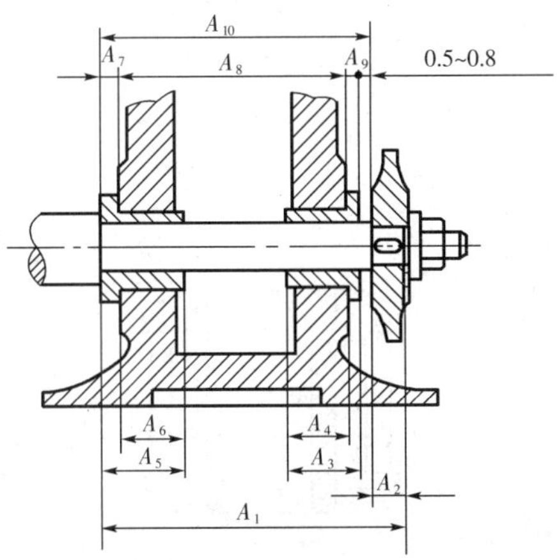

图 5－112

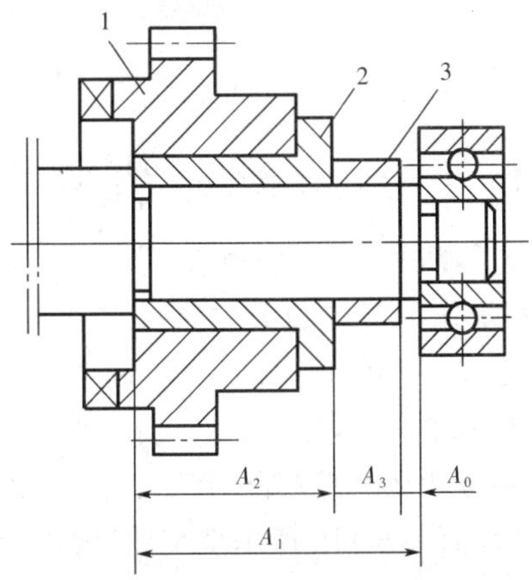

图 5－113

34. 图 5－114 所示为某柴油机的进气门与气门座装配简图。试计算进气门凹入量 A_6 的极限值。已知：$A_1=3_{\ 0}^{+0.25}$，$A_2=8_{-0.25}^{+0.10}$，$A_3=7_{-0.05}^{\ 0}$，$A_4=1.5\pm0.1$，$A_5=1_{-0.05}^{+0.10}$。

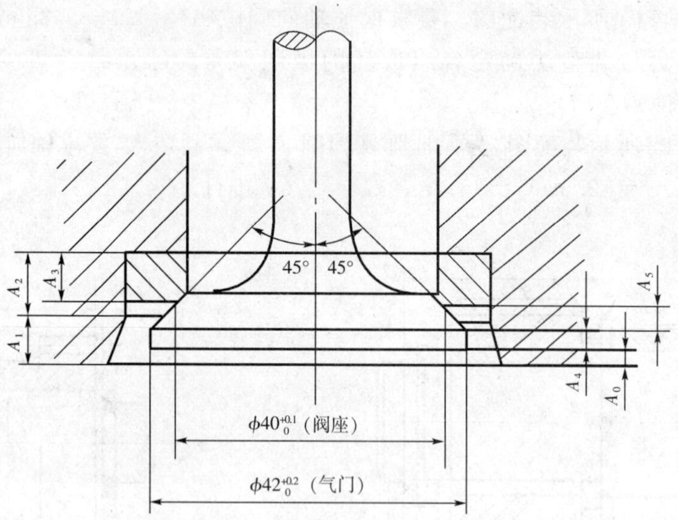

图 5-114

35. 图 5-115 为分配器壳体与主控制阀套的零件图，要求保证配合间隙在 0.002～0.008mm。若按完全互换法装配则阀套应为 $\phi26_{-0.003}^{\ 0}$，壳体应为 $\phi26_{+0.002}^{+0.005}$。现将公差都扩大到 0.015mm，采用分组装配法达到要求，试求各组的公差及其偏差。

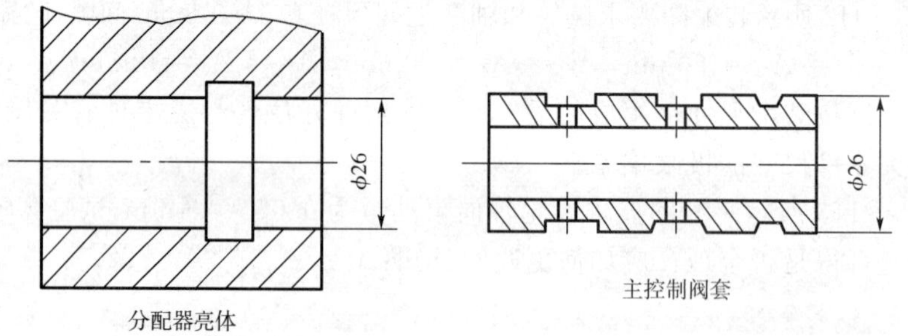

图 5-115

36. 一对偶件按 $\phi20\ \dfrac{H6}{e5}$ 装配，轴孔分别按 $\phi20_{\ 0}^{+0.013}$，$\phi20_{-0.049}^{-0.040}$ 进行加工，其加工误差均为正态分布，误差分布范围与公差带关系为 $6\sigma = T$，其分布中心为公差带中心。问配合间隙要求在 0.048～0.054mm 的概率有多少？可修和不可修的概率各为多少？有什么其他装配方法可得到更多的合格率？

37. 图 5-116 所示装配图，要求装配后的间隙保证在 0.03～0.05mm 之间，若按完全互换法，则各尺寸公差均为 0.01mm。为了便于加工，将 A_1 和 A_2 尺寸的公差均扩大，为 $T_{A1} = 0.10$，$T_{A2} = 0.06$，已知 $A_1 = A_2 = 100$，试用修配法解此装配尺寸链。

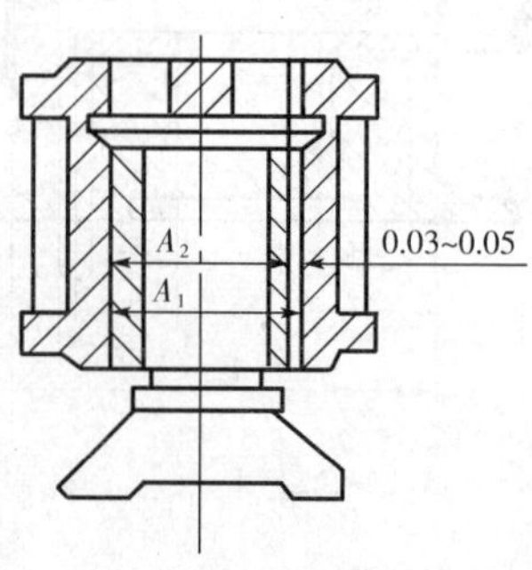

图 5-116

38. 图 5 - 117 为镗孔夹具简图，要求定位面到孔中心距离为 $A_0=155\pm0.015$，用修配法来解此装配尺寸链，选取定位板 $A_1=20$ 为修配件，要求定位板上最大磨去量以不超过 0.3mm 为宜，已知 $A_1=20$mm，$A_2=175$mm，试确定组成环的极限偏差。

39. 图 5 - 118 所示装配图，要保证间隙 $A_0=0\sim0.06$mm，选取件 1 为修配环，以保证装配精度。已知 $A_2=20_0^{+0.25}$，$A_3=30_{-0.15}^{0}$，$A_1=10$，$T_{A1}=0.1$。

(1) 试以修配余量最小原则确定 A_1 的尺寸偏差。(修配平面 P)

(2) 试研究用什么更好的方法来进一步减少修配余量。(P 或 M 面均可用来修配)

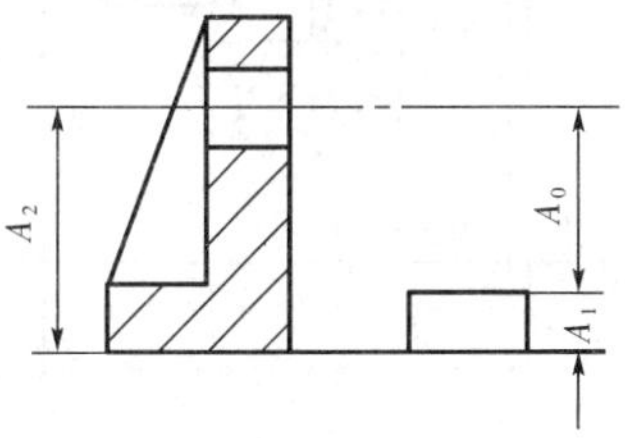

图 5 - 117

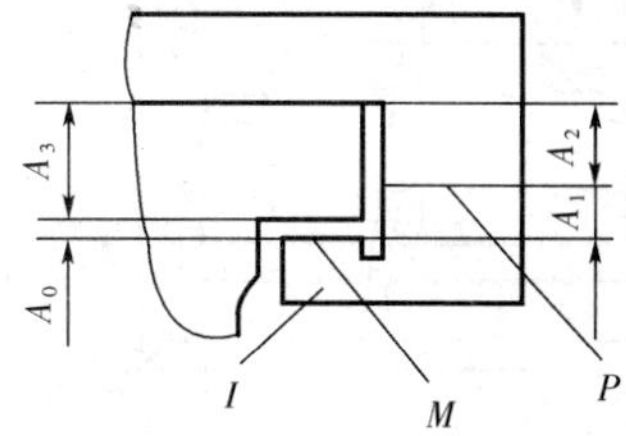

图 5 - 118

40. 图 5 - 119 所示装配图，需保证轴向间隙 $A_0=0.05\sim0.2$mm。现结构中采用垫片 A_4 作为调整件来保证此间隙要求。试计算调整垫片的组数及各组垫片尺寸。各零件按经济加工精度选取制造公差如下：$A_1=115_0^{+0.12}$，$A_2=2.5_{-0.12}^{0}$，$A_3=104_{-0.12}^{0}$，A_1 取 8.5，$T_{A4}=0.02$（垫片 A_4 制造公差）。

41. 图 5 - 120 所示装配图要求后端轴向间隙 $A_1=0.2\sim0.5$mm。现用固定调整法解此装配尺寸链，试求出调整件 A_K（软钢纸板垫片）的组数及各组的尺寸。已知 $A_2=17_{-0.10}^{0}$，$A_3=17.2_0^{+0.10}$，软钢纸板厚度规格可在 0.5～3.0mm 范围内选用（软钢纸板制造公差设 $T_{AK}=0.02$）。

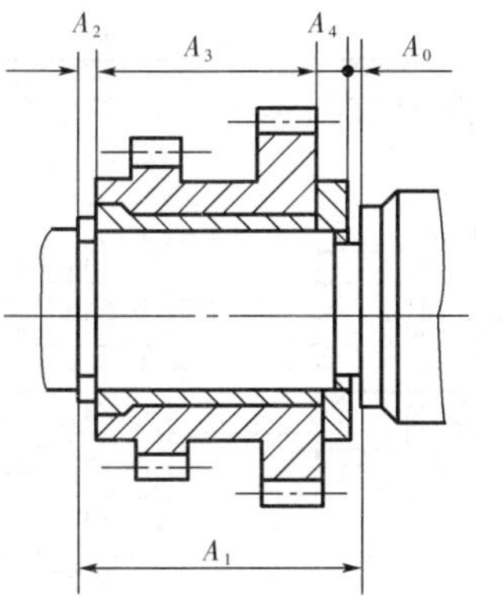

图 5 - 119

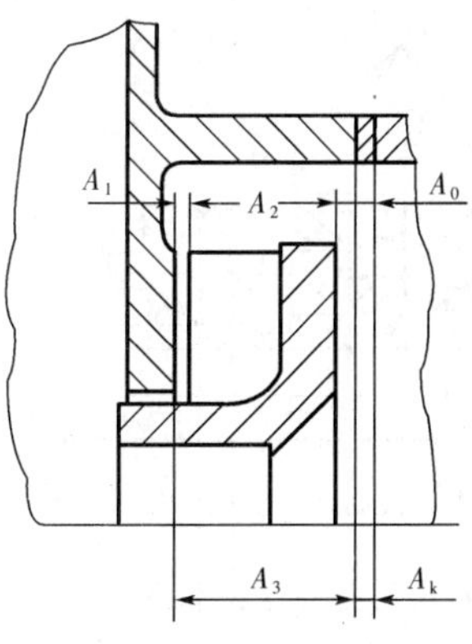

图 5 - 120

42. 图 5 - 121 所示为活塞销与活塞的组件装配图。已知活塞销与销孔的直径为 36mm，该配合的过盈量为 0.002～0.009mm，用分组装配法装配。试确定活塞销与销孔的制造公差及分组数。

43. 图 5 - 122 中两锥齿轮装配时，要求两节锥顶点不重合度 $A_0=0\sim0.16$mm，现采用固定调整法保证装配精度。试计算调整垫片组数及各组垫片尺寸。根据加工经济精度设：

$A_1=50_{-0.20}^{\ 0}$，$A_2=55_{\ 0}^{+0.20}$，$A_K=5(T_{AK}=0.02)$。若取消 A_K，将 A_1 尺寸取为 55，采用修磨轮毂端面的方法达到装配精度要求。试计算 A_1 的公差及最大修配量（A_2 仍为 $55_{\ 0}^{+0.20}$）。

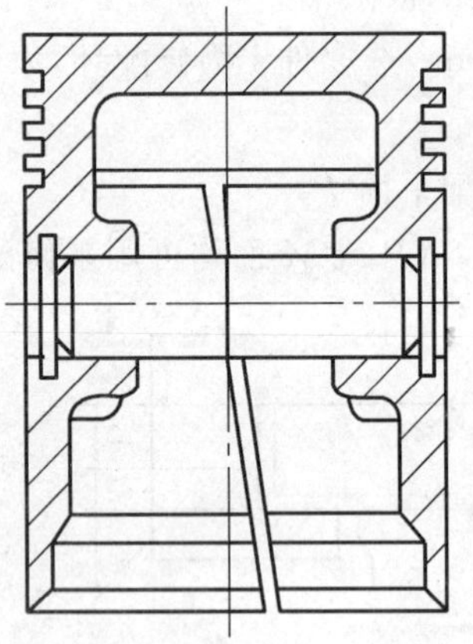

图 5-121

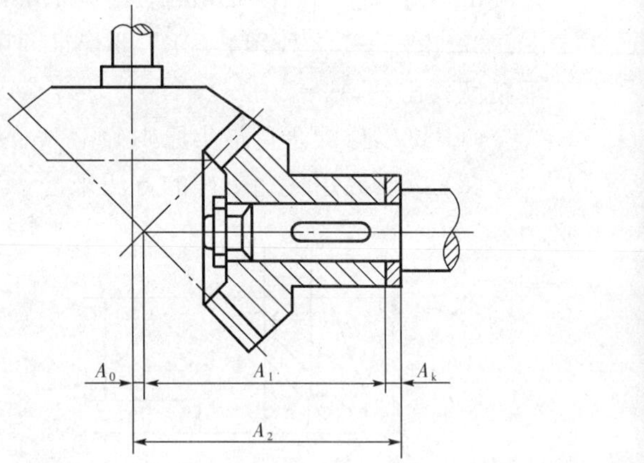

图 5-122

44. 图 5-123 所示，装配图要求轴承端面和轴承盖之间留有间隙为 $A_0=0.3\sim0.5$mm。已知：$A_1=42_{-0.25}^{\ 0}$（标准件），$A_2=158$，$A_3=40_{-0.25}^{\ 0}$（标准件），$A_4=24$，$A_5=250$，$A_6=38$，$A_7=4$。各组成环均按 IT8 级精度制造。

（1）用修配法装配时，选 A_7 为修配环，试求最大和最小修配量。

（2）用固定调整法装配时，选 A_7 为固定调整件，试求固定调整件的组数及其各组尺寸。

45. 图 5-124 所示为变速箱中间轴的装配图。各组成环公差依经济精度确定：$A_1=100_{+0.05}^{+0.21}$mm，$A_2=A_4=20_{-0.05}^{\ 0}$mm，$A_3=A_5=25_{-0.1}^{\ 0}$mm，取垫圈为补偿环 $K=10$mm，公差 $T_K=0.03$mm，据装配精度要求，保证轴向间障 $A_0=0.05\sim0.2$mm，采用调整法装配。试确定补偿件分组数和相应分组尺寸。

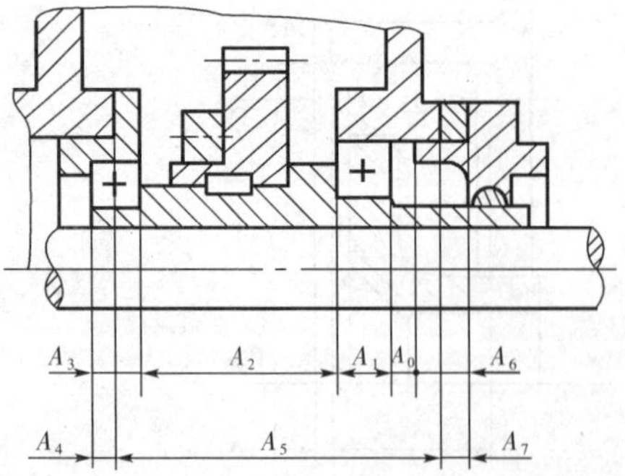

图 5-123

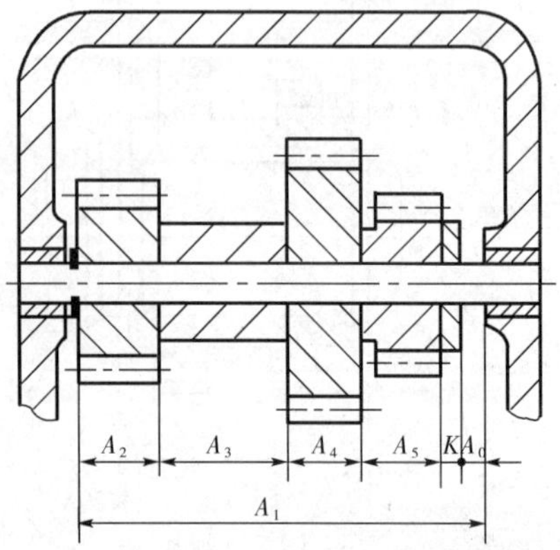

图 5-124

46. 图 5-125 所示为 CA6140 车床主轴法兰盘装配图，主轴前端法兰盘与主轴箱端面间保持 0.38～0.95mm 的间隙，已知 $A_1=94$mm，$A_2=24$mm，$A_3=25_{-0.12}^{\ 0}$mm，$A_4=41_{-0.12}^{\ 0}$mm，$A_5=4$mm，试查明影响装配精度的有关零件上的尺寸，建立装配尺寸链，并用极值法和概率法求出有关尺寸的极限偏差。

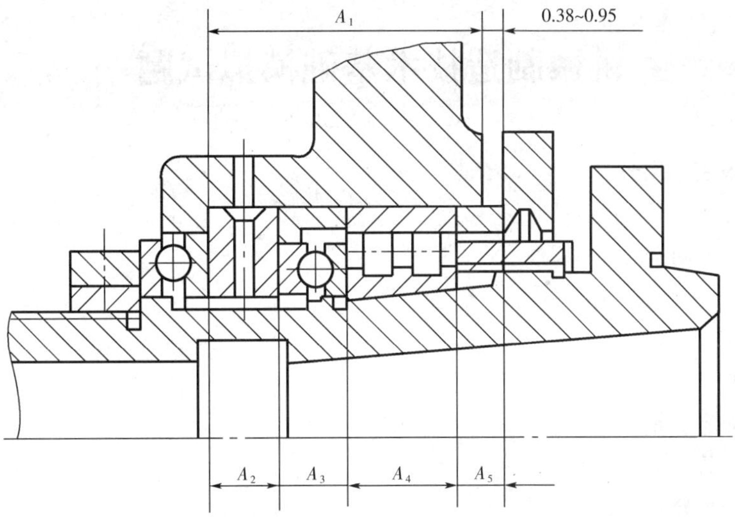

图 5 - 125

机械制造技术基础模拟试题一

一、名词解释(14 分)

1. 前角 γ_o
2. 外联系传动链
3. 定位
4. 粗基准
5. 机械加工工艺系统
6. 常值系统误差
7. 自激振动

二、填空(16 分)

1. 切削用量三要素是指金属切削过程中的________、________和________三个重要参数，总称切削用量，其中对刀具寿命影响大的是________。
2. 车外圆时，导轨水平面内的直线度误差对零件加工精度的影响较垂直面内的直线度误差影响________得多，故称水平方向为车削加工的误差________方向。
3. 磨削加工时，提高砂轮速度可使加工表面粗糙度数值________，提高工件速度可使加工表面粗糙度数值________，增大砂轮粒度号，可使加工表面粗糙度数值________。
4. 机械加工工艺过程由________、________和________组成。
5. 图 1 为车削工件端面的示意图，图上标注的进给运动是________，主偏角是________，刀具后角是________，已加工表面是________。

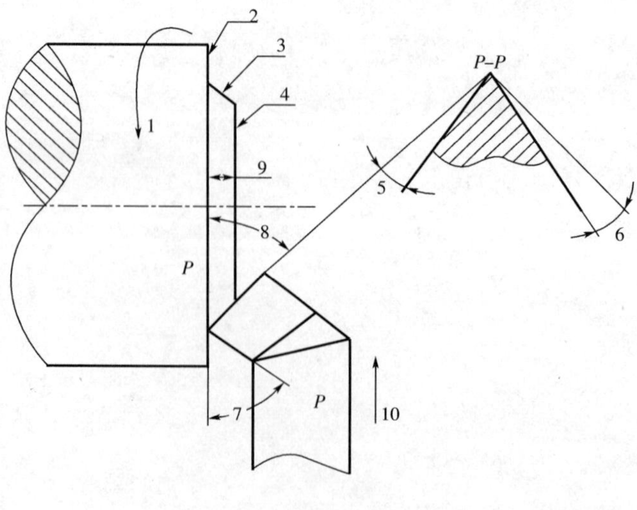

图 1

三、选择题(10 分)

1. 车床上镗内孔时,刀尖安装高于工件回转中心,则刀具工作角度与标注角度相比,前角(　　)。
   A. 增大　B. 减小　C. 不变
2. 工件在安装定位时,根据加工技术要求实际限制的自由度数少于六个,仍满足加工要求,这种情况称为(　　)。
   A. 欠定位　B. 不完全定位　C. 完全定位
3. 在车削细长轴时,为了减小工件的变形和振动,故采用较大______的车刀进行切削,以减小径向切削分力(　　)。
   A. 主偏角　B. 副偏角　C. 后角
4. 当有色金属(如铜、铝等)的轴类零件外圆表面要求尺寸精度较高、表面粗糙度值较低时,一般只能采用的加工方案为(　　)。
   A. 粗车—精车—磨削　B. 粗铣—精铣　C. 粗车—精车—超精车
5. 在车床上安装工件时,能自动定心并夹紧工件的夹具是(　　)。
   A. 三爪卡盘　B. 四爪卡盘　C. 中心架

四、判断题(20 分,正确打"√",错误打"×")

1. C6140 型机床是最大工件回转直径为 40mm 的普通车床。(　　)
2. 轴类零件加工时,往往先加工两端面和中心孔,并以此为定位基准加工所有外圆表面,这样既满足了基准重合原则,又满足基准统一原则。(　　)
3. 粗基准只在第一道工序中使用,一般不能重复使用。(　　)
4. 机械加工工艺过程是由一系列的工位组成。(　　)
5. 车削细长轴时,容易出现腰鼓形的圆柱度误差。(　　)
6. 展成法加工齿轮刀具与被切齿轮保持一对齿轮啮合运动关系而切出齿形的方法。(　　)
7. 欠定位在加工过程中不允许存在。(　　)
8. 长定位心轴与孔定位,孔轴的接触长度与直径之比大于 1 时,可以消除工件的二个自由度。(　　)
9. 工件受力变形产生的加工误差是在工件加工以前就存在的。(　　)
10. 零件的表面层金属发生冷硬现象后,其强度和硬度都有所增加。(　　)

五、简答题(20 分)

1. 机械加工工序顺序的安排原则是什么?
2. 何为残余应力?产生表面残余应力的原因是什么?
3. 刀具切削部分材料应具备那些基本性能?
4. 夹具的基本组成有哪些?

六、计算题(20 分)

1. 如图 2 所示轴套零件的轴向尺寸,其外圆、内孔及端面均已加工。试求当以 A 面定位钻直径为 $\phi 10$mm 孔时的工序尺寸 A_1 及其偏差。(要求画出尺寸链图)

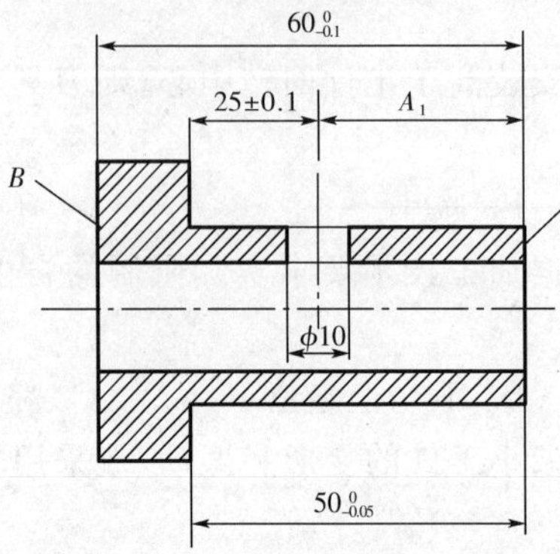

图 2

2. 某批轴类零件在铣床上铣削一缺口，其尺寸见零件图(图 3)，要求保证缺口尺寸 $20^{0}_{-0.1}$ mm 和 $43^{0}_{-0.1}$ mm。现采用 90°的 V 形块和支承板两种定位方案，试分别求这两种定位方案的定位误差，并判断能否满足加工要求。

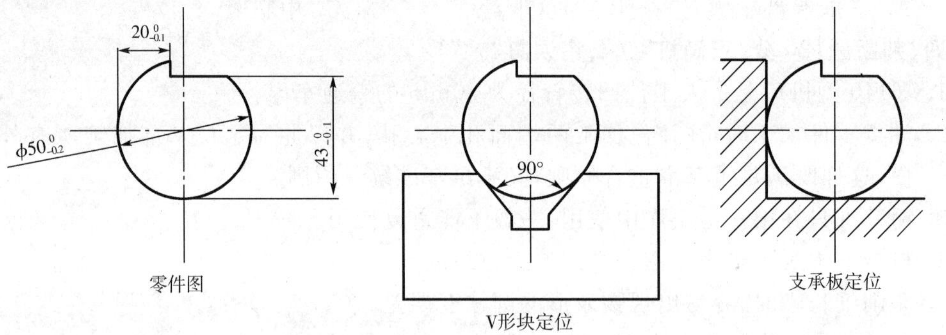

图 3

机械制造技术基础模拟试题二

一、填空(34 分)

1. 机械加工工艺系统由______、______、______和______组成。
2. 机械加工中常用的毛坯有______、______、______、______和______等五种。
3. 机械加工顺序安排,应遵循______、______、______和______原则。
4. 在正态分布曲线中,$\bar{x}$是确定分布曲线______的参数,受______误差影响;σ是确定分布曲线______的参数,受______误差影响。
5. 加工一批 $\phi 10 \pm 0.1$mm 轴外圆,若均方差 $\sigma = 0.02$mm,这批工件的尺寸分散范围为______,工序能力系数为______。
6. 单件时间定额主要由______、______、______和______四个部分组成。
7. 原始误差分为______和______两类。机床制造误差属于______误差,刀具磨损属于______误差,工件材料硬度变化而产生的误差属于______误差。
8. 机械加工切削力来源于切削区的______、______和______。
9. 零件结构工艺性,是指零件加工时的______和______。
10. 误差敏感方向是指工件加工面的______方向。

二、问答题(36 分)

1. 当车削轴类零件时,出现下列形状误差(图 1),主要原因是什么?

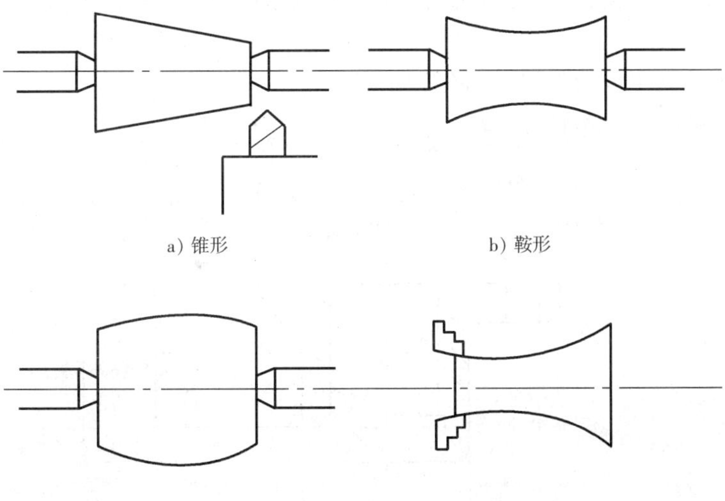

a) 锥形　b) 鞍形　c) 腰鼓形　d) 喇叭形

图 1

2. 指出下列各图中结构工艺性方面存在的问题，并提出修改意见。

改进前	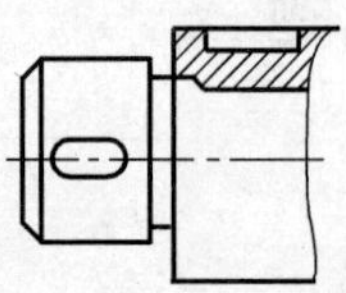 加工键槽	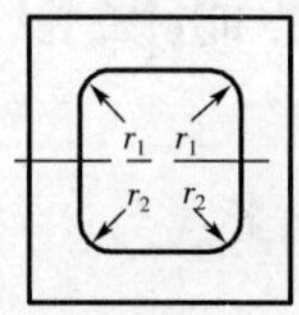 加工内腔	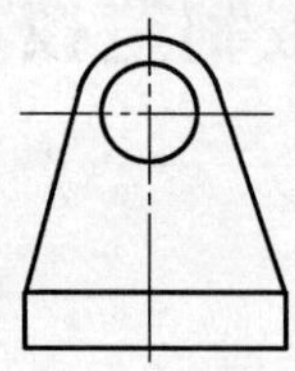 底平面加工	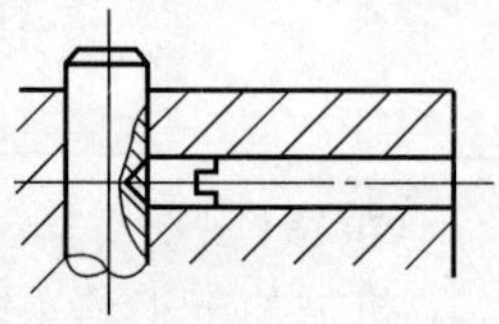 装配紧固螺钉
改进并说　明				

3. 试分析如图 2 所示的定位方案中，各定位元件限制的自由度，并指出所限自由度的坐标。

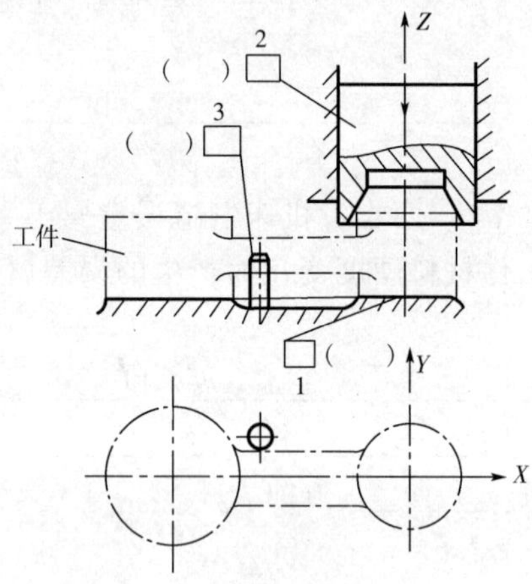

1—— 平面支承；
2—— 可移动内锥套；
3—— 挡销。

图 2

4. 试分析图 3 所示零件加工工序中，定位基准选择是否正确。如有不妥，说明原因，并提出正确方案。

工序 1. 以 $\phi30$ 定位加工端面和孔 $\phi18H7$。

工序 2：以 $\phi30$ 定位钻 $4\times\phi8$。

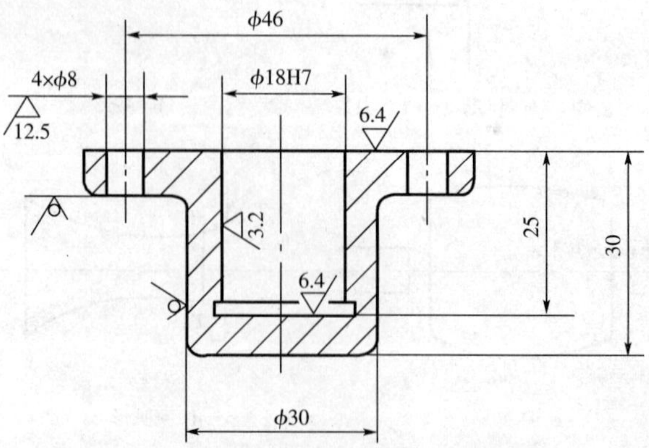

图 3

5. 表面质量包括哪些内容？简述其对机器零件使用性能的影响。

6. 按图 4 所示，$\kappa_\gamma=90^\circ$外圆车刀的几何角度：$\kappa_\gamma=90^\circ$、$\gamma_0=15^\circ$、$\alpha_0=8^\circ$、$\lambda_S=5^\circ$、$\kappa_\gamma'=15^\circ$。画出车刀的标注角度，并指出主切削刃、副切削刃及刀尖的位置。

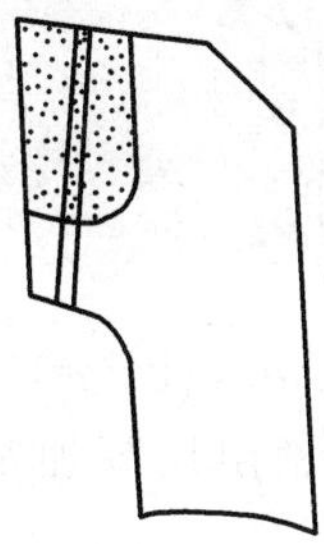

图 4

三、计算题(30 分)

1. 加工零件如图 5 所示，其内圆、外圆及端面已加工合格，现生产中需以 N 面定位铣削 M 面，求其工序尺寸及极限偏差。

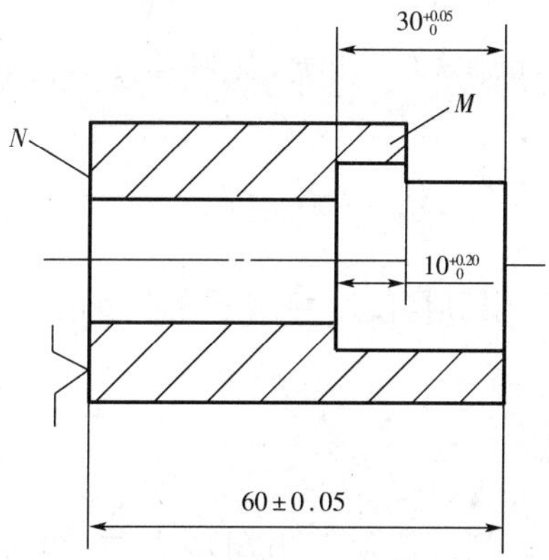

图 5

2. 加工如图 6 所示套筒零件，其他加工面已加工好，现以内孔 D_2 在圆柱心轴 d 上定位铣键槽。若心轴处水平位置，试计算尺寸 L 的定位误差。已知 $D_1=50^{0}_{-0.06}$ mm，$D_2=30^{+0.021}_{0}$ mm，$d=30^{-0.007}_{-0.020}$ mm。

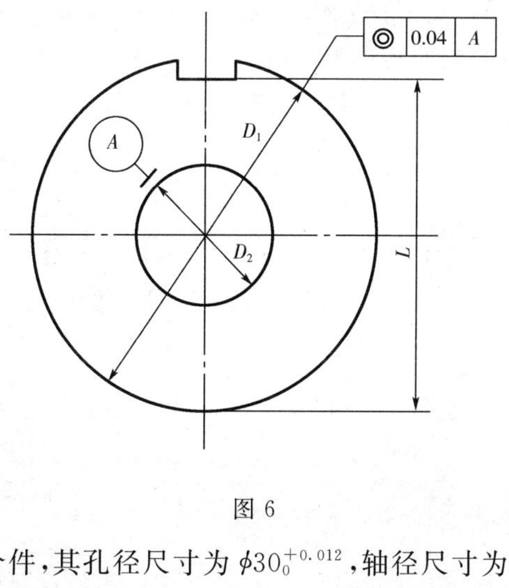

图 6

3. 某机构中有一配合件，其孔径尺寸为 $\phi30^{+0.012}_{0}$，轴径尺寸为 $\phi30^{-0.005}_{-0.017}$，为能经济加工，将孔和轴的公差均放大 4 倍，采用分组装配法以达装配精度要求。试求各组的尺寸及其最大和最小间隙值。

机械制造技术基础模拟试题三

一、填空(20 分)

1. 常用切削加工方法的主运动中，车削是＿＿＿＿＿，镗削是＿＿＿＿＿，铣削是＿＿＿＿＿，磨削是＿＿＿＿＿，刨削是＿＿＿＿＿。
2. 进给速度 v_f，进给量 f 和每齿进给量 f_z 的单位分别是＿＿＿＿＿、＿＿＿＿＿、＿＿＿＿＿，它们之间的关系式是＿＿＿＿＿。
3. 以 WC 为基体的硬质合金可分为 WC－Co、WC－TiC－Co、WC－TaC(NbC)－Co 和 WC－TiC－TaC(NbC)－Co 四类，其牌号分别表示为＿＿＿＿＿、＿＿＿＿＿、＿＿＿＿＿和＿＿＿＿＿。
4. 刀具磨损机理主要有＿＿＿＿＿、＿＿＿＿＿、＿＿＿＿＿、＿＿＿＿＿和＿＿＿＿＿等方面。
5. 在提高生产率的同时希望刀具使用寿命下降不多的情况下，选择切削用量的顺序为＿＿＿＿＿、＿＿＿＿＿、＿＿＿＿＿。
6. 圆周铣削时，由＿＿＿＿＿分为两种铣削方式＿＿＿＿＿或＿＿＿＿＿。
7. 拉削图形是＿＿＿＿＿用图形表示，可分为＿＿＿＿＿、＿＿＿＿＿、＿＿＿＿＿三大类。
8. 机械加工表面质量主要内容包含＿＿＿＿＿和＿＿＿＿＿。
9. 生产类型的划分主要考虑＿＿＿＿＿和＿＿＿＿＿。
10. 单件时间定额包含＿＿＿＿＿、＿＿＿＿＿、＿＿＿＿＿和＿＿＿＿＿。

二、画图和分析题(28 分)

1. 画出和标注切槽刀的主要角度 γ_o、α_o、κ_r、λ_s、κ_r'、α_o'(如图 1)。
2. 画出棱体成形车刀的双曲线误差(如图 2)。

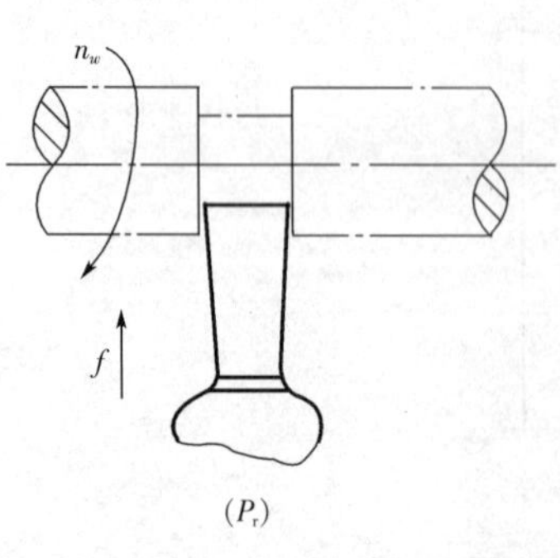

图 1

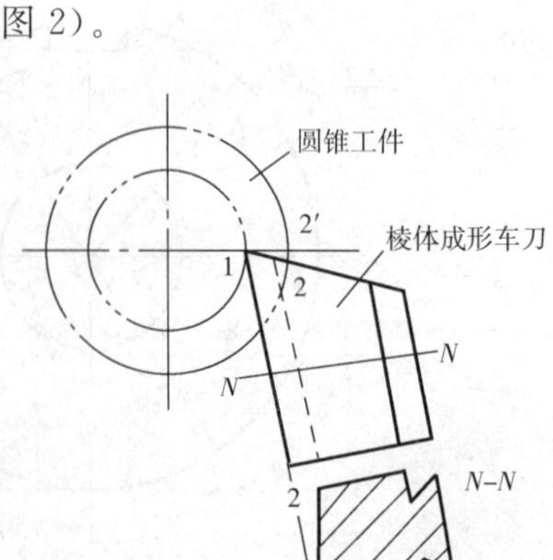

图 2

3. 分析图3所示零件的定位方案中定位元件分别限制的自由度,不合理处请在图中画出改进方案。

4. 同一批零件车削加工后尺寸分布曲线为1,磨削加工后尺寸分布曲线2,试分析其加工精度(如图4)。

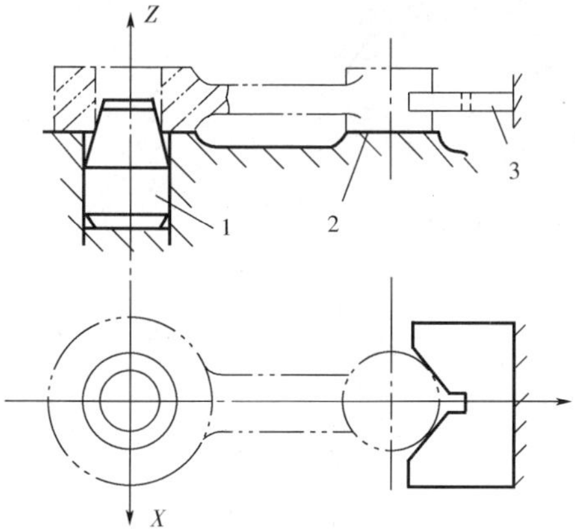

图 3

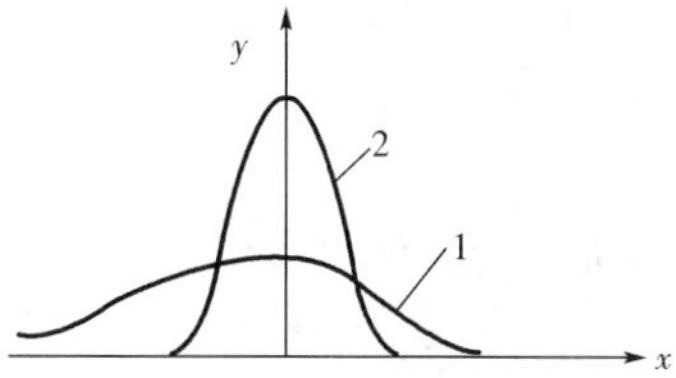

图 4

三、问答题(32分)

1. 简述积屑瘤的成因,对切削过程的影响及其控制。

2. 从切削力经验公式 $F_c = C_{F_c} \cdot a_p^{X_{FC}} \cdot f^{y_{FC}} \cdot K_{FC}$,说明影响切削力的主要因素。

3. 简述误差复映规律。

4. 什么是粗基准和精基准?选择精基准的原则是什么?

四、计算题(20分)

1. 其齿轮内孔加工要求为 $\phi 58_{0}^{+0.03}$,加工工艺路线为扩孔——拉孔——磨孔,请确定工序尺寸及公差。

工序名称	工序余量(mm)	工序尺寸(mm)	工序公差(mm)	工序尺寸公差(mm)
磨孔	0.25	58	0.03	
拉孔	1.05		0.025	
扩孔	6.70		0.12	
毛坯孔	—		3	

2. 其拖拉机分配器回油阀,阀芯和阀套孔直径为 ϕ10mm,装配精度要求阀芯外圆和阀套孔间隙为0.006~0.012mm,若将两零件直径尺寸的制造公差均放大到0.015mm,用分组装配法达到装配精度。试:

(1)确定分组数和两零件直径尺寸的极限偏差;

(2)用公差带位置图表示出各组的配合关系。

机械制造技术基础模拟试题四

一、名词解释(45 分)

1. 切削运动
2. 硬质合金
3. 积屑瘤
4. 无心外圆磨削
5. 过定位
6. 机械加工表面质量
7. 工艺能力系数
8. 工序集中
9. 装配尺寸链

二、问答题(40 分)

1. 简述机械加工中精基准的选择原则。
2. 简述单因素切削力经验公式的建立实验过程和影响切削力的主要因素。
3. 简述机械加工工艺系统影响加工精度主要因素包括哪些方面。
4. 生产实际中有哪些装配方法？如何选择装配方法？

三、分析图 1 所示定位方案所限制的自由度(自行建立坐标系)(10 分)

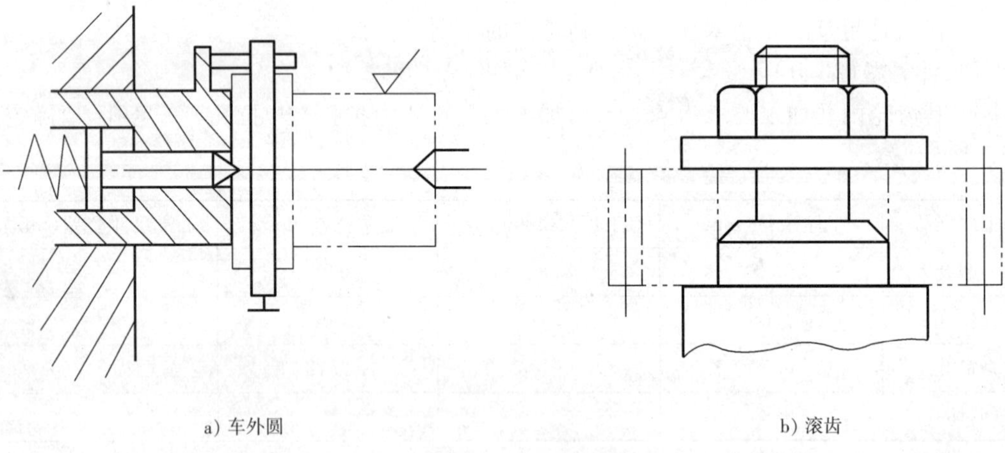

a) 车外圆　　b) 滚齿

图 1

四、一批圆柱销外圆设计尺寸为 $\phi58^{-0.02}_{-0.04}$ mm，加工后测量结果表明外圆尺寸服以正态分布，其均方根偏差 $\sigma=004$mm，$\overline{X}=57.975$mm，试绘出尺寸分布曲线，如有废品，能否修复？(5 分)

五、计算题(50 分)

1. 车削直径 $\phi100$mm，长 200mm 的棒料外圆，若选用 $a_p=4$mm，$f=0.5$mm/r，$n=240$r/min，试计算切削速度 v_c、切削的机动时间 t_m、材料切除率 Z_W(设切入切出长度为

4mm)。

2. 切断刀的 $k_r=90°$，$k'_r=2°$，$r_o=5°$，$\alpha_o=12°$，$\lambda_s=0°$，需切断直径为 ϕ50mm 棒料，画出切断刀切削部分并标注角度。若切断刀的切削刃在安装时高出棒料中心 0.2mm，不考虑进给运动的影响时，试计算切断后工件端面留下的挤断心柱直径。

3. 工件上铣缺口设计尺寸要求和定位方案如图 2，试分析计算方案的定位误差。

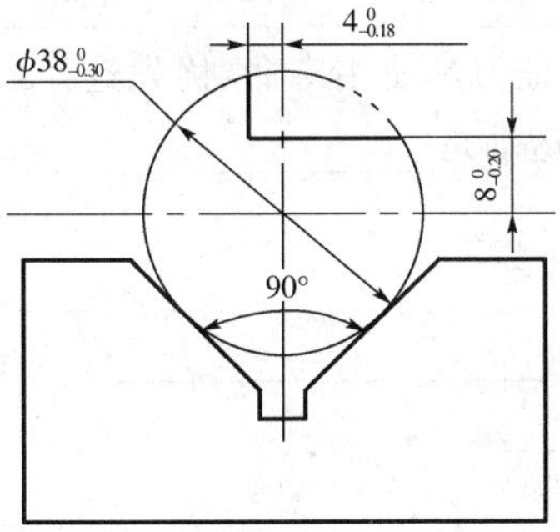

图 2

4. 图 3 所示为键与键槽装配关系及尺寸链图，已知 $A_1=20$mm，$A_2=20$mm，要求配合间隙 0.08～0.15mm，试求：

(1) 大批大量生产时，采用完全互换法装配，各零件的尺寸及偏差；

(2) 当小批量生产时，$A_2=20^{+0.13}_{\ \ 0}$，$T_{A_1}=0.052$mm，采用修配法装配，选择修配件，当最小修配量为零时，修配件的尺寸及偏差和最大修配量。

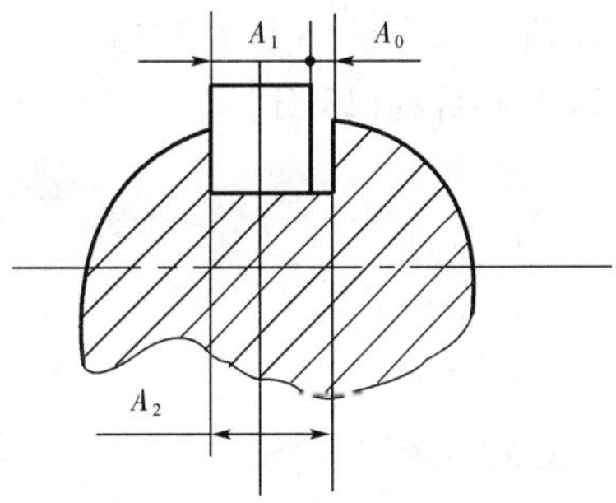

图 3

5. 图 4 所示套筒零件的 A、B 面已加工，尺寸 $A_1=10^{\ 0}_{-0.1}$mm，现要加工 C 面并保证尺寸 $30^{\ 0}_{-0.20}$mm，因不便测量，按工序尺寸 A_2 进行加工，试求 A_2 的尺寸和极限偏差。

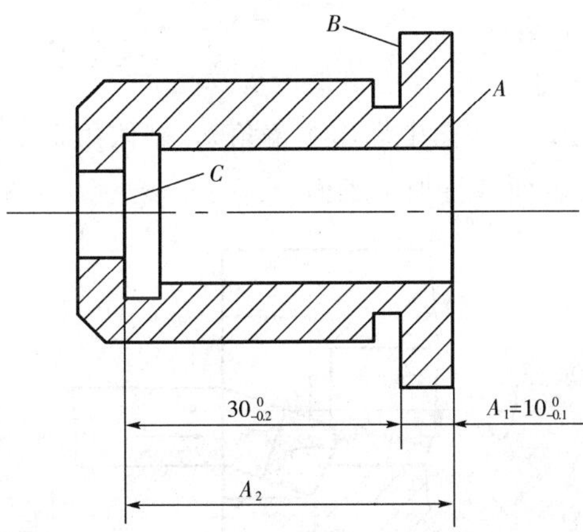

图 4

机械制造技术基础模拟试题五

一、填空(10分)

1. 切削用量三要素是指__________、__________和__________，为提高生产率和保证刀具使用寿命，优先选择最大的__________。

2. 在磨削内孔的加工中主运动是__________，进给运动是__________、__________、__________组成。

3. 夹紧装置主要有__________、__________和__________组成。

4. 前角增大可使剪切角__________，变形系数__________，因此切屑变形__________。

5. 机床的主要部件包括__________、__________、__________、__________、__________。

6. 已知圆钢型毛坯偏心量 $e=3\text{mm}$，每次走刀误差复映系数 $\varepsilon=0.1$，经__________次走刀后，外圆的偏心量小于0.001。

二、名词解释(15分)

1. 工序
2. 定位基准
3. 六点定位原理
4. 刀具寿命
5. 工艺系统刚度

三、简答题(20分)

1. 影响切削变形的主要因素有哪些？
2. 影响机械加工精度的主要因素有哪些？
3. 简述基准的选择原则。
4. 机床夹具有哪几部分组成？

四、作图和分析题(18分)

1. 图1所示为车内孔加工，在图中标出主偏角 k_r、副偏角 k'_r、刀尖角 ε_r、切削深度 a_p，以及零件的已加工表面、过渡表面和待加工表面。

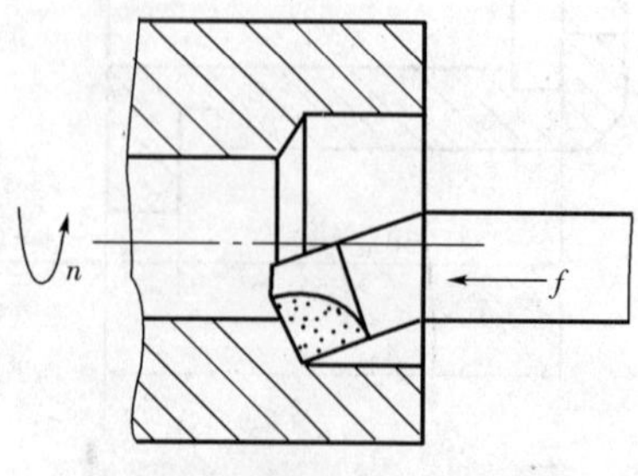

图1

2. 分析图 2 所示零件的定位方案中各定位元件所能限制的自由度，并判断属何种定位？若图中的削边销改为圆柱销属于什么定位？

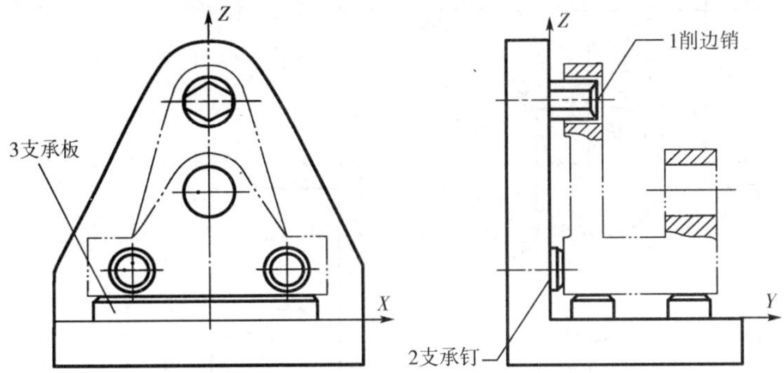

图 2

3. 图 3 所示夹紧方案是否合理？若不合理请指出错误并给予改进？

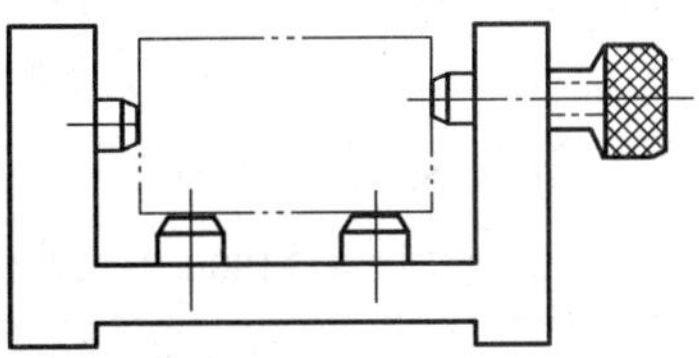

图 3

4. 在车床上加工一批光轴的外圆，加工后经度量发现整批工件呈鞍形（如图 4 所示），试分析产生上述误差的各种因素。

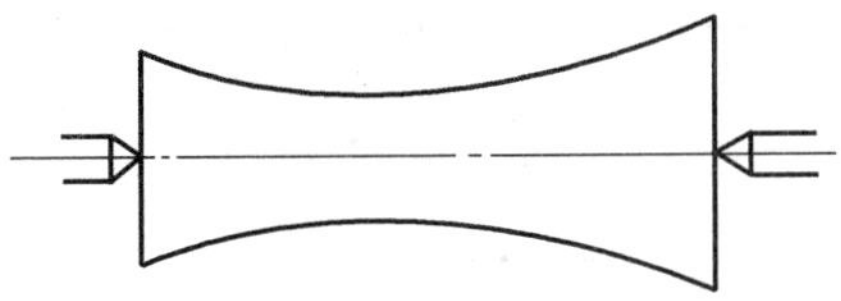

图 4

五、计算题（37 分）

1. 某零件内孔的加工顺序如下：

(1)车内孔 $\phi31.8^{+0.14}_{0}$ mm；

(2)氰化，工艺要求氰化层深度为 t；

(3)磨内孔至 $\phi32^{+0.035}_{+0.010}$ mm，要求保证氰化层深度为 0.1～0.3mm。试确定封闭环，画出尺寸链，求氰化工序的氰化层深度 t。

2. 有一批小轴，其直径尺寸要求为 $\phi31.8^{0}_{-0.035}$ mm，加工后尺寸属正态分布，测得一批工件直径的算术平均值 $\bar{x}=31.785$ mm，均方根差 $\sigma=0.01$ mm。

(1)画出尺寸分布曲线图，判断是否有可修复的不合格品并在图中标出；

(2)计算常值系统误差值、随机误差值和工序能力系数。

3. 在图 5 所示阶梯轴零件上欲钻孔 O 并保证尺寸 A，试分析计算此种定位方案的定位误差。

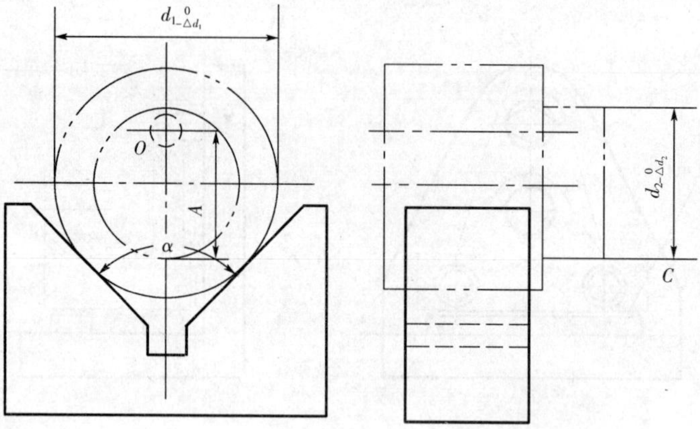

图 5

4. 如图 6 所示装配关系，轴是固定的，齿轮在轴上回转，要求保证齿轮与卡环之间的轴向间隙为 0.10～0.38mm，已知 $A_1=29$mm，$A_2=8$mm，$A_3=45$mm，$A_4=3_{-0.05}^{\ 0}$（标准件）。现采用完全互换法装配，试选定协调环，画出尺寸链，并确定各组成环公差和极限偏差。

标准公差数值(GB/T1800.3—1998)

基本尺寸/mm		标准公差等级							
		IT6	IT7	IT8	IT9	IT10	IT11	IT12	IT13
大于	至	μm						mm	
6	10	9	15	22	36	58	90	0.15	0.22
18	30	13	21	33	52	80	130	0.21	0.33
30	50	16	25	39	62	100	160	0.25	0.39

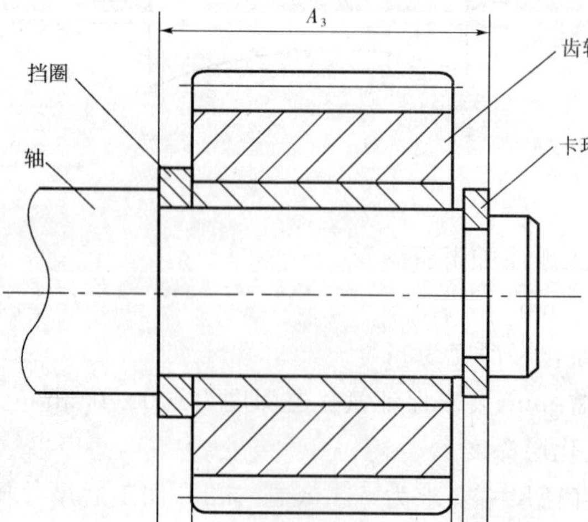

图 6

“思考与练习”参考答案(部分)

第三章

第三节

三、定位误差的分析计算

1. $\Delta=0.4\text{mm}>T_{L_2}/3$,不能满足设计尺寸要求。

2. $\Delta=0.033\text{mm}<T/3$,能满足设计尺寸要求。

3. $\Delta=0.024\text{mm}$。

4. $\Delta=\pm37'<\pm1°$,能满足要求。

5. $\Delta=0.069\text{mm}$,能满足加工要求。

6. a) $\Delta m=\Delta d/2,\Delta n=0$;

   b) $\Delta m=0,\Delta n=\Delta d/2$;

   c) $\Delta m=\Delta n=\Delta d/2$。

7. $\Delta A_1=\Delta A_2=0.057\text{mm}$,分别大于 $TA_1/3$ 和 $TA_2/3$;不能满足加工要求。

8. $\Delta=0.10\text{mm}$,不能满足加工要求,以大端左端面和小端下母线为定位基准使 $\Delta=0$。

9. a) $\Delta_1=0.11$; b) $\Delta=0.21\text{mm}$。

10. $\Delta B=0.35\text{mm}>TB/3$,不能满足加工要求。

11. (1) $\Delta A=\dfrac{\Delta d}{2\sin\frac{\alpha}{2}}+2e+\dfrac{\Delta D}{2}$; (2) 以内孔定位。

12. $\Delta H=0.046\text{mm}$。

13. $\Delta=0.201\text{mm}$。

14. (1) 削边销; (2) $\phi20^{-0.007}_{-0.013}\text{mm}$; (3) $\Delta_{/\!/}=0.244\text{mm},\Delta_{\perp}=0\text{mm}$。

15. $\Delta h=\sqrt{\Delta_{L_1}^2+\Delta_{L_2}^2}\times\cos(\beta\text{-}\alpha)$; $\beta=\text{tg}^{-1}\dfrac{\Delta L_2}{\Delta L_1}$。

16. $\Delta h=0$; $\Delta b=0.01\text{mm}$。

17. $\Delta=\Delta L_1+\Delta L_3+\Delta L_4+\Delta L_2$。

18. $\Delta A=0.32\text{mm}$; $\Delta B=0.3\text{mm}$。

19. a) $\Delta A=0.52\text{mm}$; b) $\Delta A=0.485\text{mm}$; c) $\Delta A=0.82\text{mm}$ 以 O_1 孔为定位基准加工 BD 面。

20. 方案一:$\Delta O_1=0.02\text{mm}<0.1/2\text{mm}$;$\Delta O_2=0.12\text{mm}<0.25/2\text{mm}$。

    方案二:$\Delta O_1=0.12\text{mm}>0.1/2\text{mm}$;$\Delta O_2=0.02\text{mm}<0.25/2\text{mm}$。

    方案三:$\Delta O_1=0.05\text{mm}>0.1/2\text{mm}$;$\Delta O_2=0.05\text{mm}<0.25/2\text{mm}$。

21. a) $\Delta=\dfrac{\Delta d}{2\sin\frac{\alpha}{2}}$; b) $=\Delta=\dfrac{\Delta d}{2\sin\frac{\alpha}{2}}$; c) $\Delta=0$; d) $\Delta=\dfrac{\Delta d}{2}$

    C 定位方案最佳。

22. a) $\Delta=0.023\text{mm}$; b) $\Delta=0.0165\text{mm}$; c) $\Delta=0$。

23. (1) $\Delta H_1=\Delta H_2=\dfrac{\Delta d}{2},\Delta H_3=0$;

    (2) $\Delta H_1=\Delta H_2=\Delta D+ei+\dfrac{\Delta d}{2},\Delta H_3=\Delta D+ei$;

(3) 单边接触：$\Delta H_1=\Delta H_2=\Delta d+\frac{\Delta D}{2}$，$\Delta H_3+\Delta D+ei$；

任意边接触：$\Delta H_1=\Delta H_2=\Delta D+\frac{\Delta d}{2}+ei$，$\Delta H_3+\Delta D+ei$；

(4) 将上面所得的定位误差加工 t(ΔH_3除外)。

24. $\Delta H=0.189$mm；$\Delta L=0.16$mm。

25. (1) 槽宽尺寸由铣刀保证； (2) 基准重合 $\Delta=0$；

(3) $\Delta=0.069$mm； (4)槽对称中心线的偏移为 0.021mm。

26. b) $\Delta=0.045$mm； c) $\Delta=0.039$mm； d) $\Delta=0.039$mm；

e) $\Delta=0.035$mm； f) $\Delta=0.07$mm； g) $\Delta=0.07$mm；

h) $\Delta=0.035$mm； i) $\Delta=0.035$mm。

27. (1) a) $\Delta=0$； b) $\Delta=0.0007$mm。 (2) 增大 L 减小夹具 h 的公差。

28. $\Delta=(TD_2+Td_2+\Delta_{2\min}+\Delta L)\cos\beta+\Delta H\cos\alpha$。

29. b) $\Delta_{30}=0.045\text{mm}>0.1/3\text{mm}$； $\Delta_{25}=0.045\text{mm}>0.1/3\text{mm}$。

c) $\Delta_{30}=0.10\text{mm}>0.1/3\text{mm}$； $\Delta_{25}=0.045\text{mm}>0.1/3\text{mm}$。

d) $\Delta_{30}=0.0185\text{mm}<0.1/3\text{mm}$； $\Delta_{25}=0<0.1/3\text{mm}$。

30. (1) 孔 1：$\frac{\Delta d_1}{2\sin\frac{\alpha}{2}}$； 孔 2：$\frac{\Delta d_1}{2\sin\frac{\alpha}{2}}+\Delta L$。

(2) $\frac{|\Delta d_1-\Delta d_2|}{2\sin\frac{\alpha}{2}}+\Delta L$。

31. $e=0.0007$mm。

32. (1) 50.05 ± 0.017mm； (2)$10^{-0.02}_{-0.041}$ mm；

(3) $10^{-0.054}_{-0.063}$mm； (4) $\pm17'$，稍大，能保证加工要求。

33. $4\Delta b$。

34. $\Delta A=0.047\text{mm}<T_A/3$，能保证要求。

35. $\Delta=0.023$mm。

36. $\Delta=0.14$mm。

37. $\Delta=1$mm。

四、定位方案设计

1. 原方案属过定位，将圆柱销改为削边销；在辅助支承上加夹紧力，减少振动和变形。

2. $\Delta_8=0.07\text{mm}>0.2/3\text{mm}$；$\Delta_4=0$ 不能保证。V 型块夹角改为 120 度。

3. 采用大平面为第一基准面，A 面为第二基准面，孔 O 轴心为第三基准。

7. (7)① 原装夹方案存在以下不足：

欠定位，L_3 尺寸无法保证；尺寸 h 的定位为 0.273mm，超过其公差的 1/3，不能用大端定位；加工部位刚度太弱；夹紧时工件易倾覆。

② 定位误差超过 1/3，不宜采用；

③ 工件小经轴端 $\Delta_{L_3}=0$；小端直角支承板尺寸 h 的定位误差为 0；夹紧力作用在支承板上，接近切削部分，大端增设辅助支承，提高夹紧的可靠性和定位的稳定性。

(8)① $\Delta A=0.30$mm，$\Delta B=0$mm；

② $\Delta A>T_A/3$，不能满足要求；

③ 直角支承板 $\Delta_A=\Delta_B=0$mm。

第四节

二、夹紧机构设计的基本问题

2. 320mm。

3. 1674N;M25;160N

4. $Q \geqslant \frac{kF}{4\mu}[\mathrm{tg}(\alpha+\mathrm{ant}\mu)]$

5. 230mm。

6. 43.99N>3N,可靠。

7. $F_J=\frac{kF_C d_o}{3\mu d}$

式中:F_J——每只卡爪的夹紧力(N);

F_C——车削的主切削刀(N);

d_o——工件夹持部位的直径(mm);

d——工件切削部位的直径(mm);

μ——工件与卡爪之间的摩擦系数;

k——安全系数。

8. $kF_{切}=1380\text{N}$ 小于 $F_A+F_B=15626.8\text{N}$。

9. (略)

10. (略)

11. (1)$kM/[D(\mu_1+2\mu_2\sin\frac{\alpha}{2})/2]$或 $W=kP/(\mu_1+2\mu_2\sin\frac{\alpha}{2})$

(2)$kP/(\mu_1+2\mu_2\sin^3\frac{\alpha}{2})$

12. $kW(\mu_1+\mu_2)$

13. 可靠。

第四章

第二节

二、影响表面质量的因素

14. 达不到要求;0.08mm/r;是。

15. (1) 2270N/mm²;(2) 拉应力。

五、机械加工振动

11. a)易振动; b)刀具反装时,使切削力的方向改变,朝向系统刚度较大的方位,可以提高系统的抗振性;c)前后刀架同时切削,可增强系统刚性,并使切削力的合力减小,有利于提高系统的抗振性;d)把刀具沿工件旋转方向转过某一角度时,可改变切削力方向和系统主振方向,有利于增强系统的抗振性。

第三节

一、影响加工精度的因素

20. (1)所能达到的加工精度为0.06mm;能满足加工要求;

(2)最大加工误差为0.05mm;最小加工误差为-0.01mm。

21. 基准不重合误差；夹紧误差；调整误差；度量误差；工艺系统受热变形。

22. a)产生 A 面圆度误差的主要原因是车床主轴回转轴线的径向调动；

b)产生 A 圆柱度误差的主要原因有：床身导轨在水平面内的直线度误差，床身导轨和主轴回转线在水平面内不平行，床身导轨的扭曲，主轴回转轴线的角向摆动；

c)产生 B 对 A 面不垂直的主要原因：主轴回转线的轴向窜动；刀架横溜板导轨与主轴轴向不垂直。

23. 提示：在刀刃上等距离取几点，以作图法求出工件轴向各段的加工直径连成工件轮廓曲线。

24. (1)车床两顶针与纵向导轨在水平面内不平行，刀具均匀磨损，误差复映；

(2)车床两顶针与纵向导轨在垂直平面内不平行，纵向导轨扭曲，细长轴刀具热伸长和磨损，粗短轴床身纵向刚度不一致，误差复映；

(3)细长轴工件刚度差，纵向导轨在水平面内不直，误差复映；

(4)悬臂加工，工件弹性变形，工件纵向导轨在水平面内不直，刀具的热伸长，误差复映。

25. 平面呈中凹状，平面度误差为 0.005mm。

26. 影响孔径尺寸精度的因素：常值系统误差有镗刀的尺寸调整误差和工件的受热变形；变值系统误差有刀具的磨损。

影响孔几何形状精度的因素：

圆度误差：常值系统误差有主轴的径向调动，随机误差有夹紧变形。

圆柱度误差：常值系统误差有导轨的几何误差，主轴的摆动，工件的刚度。

影响同轴度误差：随机误差有基准不符误差和工件安装误差，常值系统误差有三爪卡盘的制造和安装误差。

27. (1)基准不重合误差；夹紧误差；调整误差；度量误差；加工误差；

(2)基准不重合误差；安装误差；调整误差；加工误差；

(3)定位误差；调整误差；加工误差；

28. 影响外圆尺寸精度尺寸的因素有：刀具的尺寸调整(常值系统误差)；刀具的磨损(变值系统误差)。

影响圆度误差的因素有：主轴的径向调动(常值系统误差)；安装误差(随机误差)。

影响圆柱度误差的因素有：工件的刚度(随机误差)；导轨的几何误差(常值系统误差)；刀具的磨损使工件产生锥度和工件的热伸长(常值系统误差)。

影响垂直度误差的因素有：基准不重合误差(随机误差)；两顶针的同轴度(常值系统误差)；工件的顶针孔的同轴度(随机误差)。

29. 采用"自干自"加工法。

30. (1) 两端大中间小的鞍形孔；(2) 左端大右端小的喇叭孔；(3) 圆柱孔；(4) 左端大右端小和左端小右端大的两端鞍形。

31. (略)

32. a)工件的形状是圆的，因轴颈的径向跳动只取决于轴颈的圆度，与轴承的圆度无关。

b)工件的形状取决于轴颈的径向跳动，当 $n_1=2n_2$ 时，工件为多角形，当 $n_1=n_2$ 时，工件与轴颈的形状相似。

33. a)横进刀架导轨在水平面内的直线度误差或其与主轴回转轴线的不垂直；

b)主轴的轴向窜动或横进刀架导轨在水平面内的直线度误差。

34. 锥形和喇叭形。

35. D、B、F 存在同轴度误差；E、C、A 平行度误差。

36. A、B 平行取决于工作台面与导轨面在垂直平面内的平行度及其与主轴回转轴向的平行度；C 垂直于 B 取决于钻床回转轴线与工作台的垂直度。

37. 双曲面，40.015mm。

38. 钻头的主切削刃刃磨不对称或工件表面不平导致切削时两刃受力不均。

39. 两孔的同轴度误差;受力变形;钻孔部位的下表面家衬套。

40. a)左右端孔壁厚不均,在切削力的作用下,左端比右端在轴向和径向的变形大,导致加工后左孔小,右孔大,呈锥形;增大左端壁薄处孔的直径,不进行拉削。b)在切削力的作用下,壁薄处的径向变形大,导致加工后孔椭圆形;将底孔改为椭圆孔,壁薄的方向为椭圆的短轴。

41. 大小孔的定位端面不平。

42. 夹紧力过大,使零件在加工前呈腰鼓状。

43. (1)呈平直面;(2)呈中凹面。

44. 孔的直径外大内小,呈锥孔。

45. 外圆的直径上小下大;端面呈中凹形状。

46. 误差复映,平面度误差。

47. (1)类似心脏形,圆度误差;(2)配重不平衡,存在惯性力;(3)配置平衡块。

48. 锥孔,椭圆形。

49. 外表面比内部冷却的块,造成外表面产生压应力,内部产生拉应力,切出表层后,应力重新分布,形成中凹。

50. (1)走刀 3 次;(2)0.02mm/r。

51. 周节偏差为 0.006mm。

52. (1)垫片的厚度为 $3^{+0.09}_{0}$mm;(2)需两次走刀;(3)重选垫片的厚度为 $3^{+0.051}_{0}$mm。

53. 螺距累积误差为−0.264mm;直径误差为 0.0132mm。

54. 平面度误差为 0.0105mm。

55. 直径误差为 0.112mm。

56. 圆度误差 0.0023mm。

57. 直径误差为 0.032mm,圆柱度误差为 0.016mm,超差;应调整后顶尖位置,使前后顶尖连线与纵导轨平行度误差在 0.0125/1000 以内。

58. 半径误差 0.027mm。

59. 锥形,锥度误差为 0.001mm。

60. (略)

61. 几何形状的误差值为 0.03mm;圆锥形。

62. 几何形状的误差值为 0.006mm;旋转双曲面(鼓形)。

63. 直径误差为 0.01mm,形状为鞍形(利用导轨中段磨削);直径误差为 0.024mm,形状为喇叭形(利用左或右段磨削)。

64. 超差;不超差。

65. 圆度误差为 0.028mm。

66. 同一次安装两孔空间距误差 $O_1O_2=O_3O_4=\pm0.025$mm;两次安装两孔空间距误差 $O_1O_3=O_2O_4=\pm0.035$;$O_1O_4=O_2O_3=\pm0.05$。

67. 工件的直径误差为 0.066mm。

68. 93 件。

69. 鞍形,直径误差为 0.036mm。

70. 工件直径增大值为 0.01mm。

71. 腰鼓形,直径最大误差为 0.0274mm。

72. 外径误差为 0.022mm。

73. 直线度误差为 0.086mm。

74. 工件加工时热膨胀;测量误差为 0.022mm。

75. 孔因温升缩小 0.0126mm，调刀时孔径应按 $\phi=80^{+0.032}_{+0.013}$控制。

76. 倾斜角度为 0.002 度。

77. 平行度误差为 0.028mm。

二、加工误差的统计分析

6. $\sigma=0.06$mm，$C_P=0.44$；车刀的调整误差为 0.04mm。

7. (1)（略）

(2) 合格率 99.12%，废品率 0.88%(可修复)；

(3) $C_P=1.25$，工艺能力尚可，可满足 3%废品率的要求；

(4) 常值系统误差偏大，可通过调刀或继续走刀改进。

8. 废品率为 31.74%。

9. 加工精度为 0.35mm；调刀误差为 0.04mm。

10. 工艺能力系数为 1.39；尺寸均值调到 50.0215mm。

11. 尺寸均值取 20.015mm。

12. 合格率 83.51%，废品率 16.49%；产生废品的原因：一是对刀不准，存在系统误差；二是加工精度差；应消除系统误差，改善工艺条件，使 $6\sigma<T$。

13. 工艺能力系数为 0.9；可修复废品率为 2.28%，不存在不可修复品；重调机床，使尺寸分散中心与公差中心重合可减小废品率。

14. 尺寸分散范围为 0.012mm；平均值为 27.9979mm；均方差为 0.00223mm；偏移值为 0.0054mm。

15.(2)尺寸偏大的轴和偏小的孔都可能是废品；(3)孔的平均尺寸偏小和轴的平均尺寸偏大导致互换装配的配合偏紧。

16. 常值系统误差为 0.03mm；随机误差为 0.15mm；合格率为 78.81%，废品率为 21.19%(可修复)。

17. 加工精度为 0.024mm。

18. 均方差为 0.04mm；调刀误差为 0.006mm。

19. 合格率为 91.42%

20.23 件，可修复。

21.(1)6.68%；(2)钻头引偏，控制钻头与钻套的配合间隙以及钻套的导向长度和其端面与工件的距离。

22.(1)废品率为 11.25%，其中 2.4%可修复；工艺能力系统为 0.56。(2)砂轮退刀；不能满足。

23.(略)

24.(1)小轴无废品；铜套有 22.8 件不可修废品；原因是进刀量偏大；(2)退刀。

25. 工艺过程稳定。

26.(1)尺寸均值为 51.8765mm，均方差为 0.0084mm；

(3)合格率为 91.96%，不可修复废品为 2.56%；工艺能力系数为 0.6；

(4)工艺过程不稳定，是变值系统误差引起的。

27. 工艺过程稳定。

28.(1)进刀－0.05mm，挡块右移 0.18mm；(2)进刀－0.035mm，挡块右移 0.19mm。

29.(1)不能达到要求；(2)16 件。

30.(2)工艺能力系数为 1.1。

31.30.85%。

32.(略)

33.(略)

第五章

第四节

5. (a)A_1、A_2、A_4、A_5、A_7、A_8 是增环,A_3、A_6、A_9、A_{10}是减环;

(b)A_1、B_1、B_2、B_3 是增环,A_2、A_3、B_4 是减环;

(c)C_1、D_1、D_2 是增环,C_2、D_3 是减环。

6. 极值法:封闭环尺寸 $A_0=5^{+0.6}_{-0.1}$mm;概率法:封闭环尺寸 $A_0=5.25\pm0.13$mm。

7. $L=15.95^{+0.05}_{0}$mm。

8. $A=2.86^{0}_{-0.06}$mm。

9. $B=36\pm0.2$mm;$C=16\pm0.2$mm;$D=96\pm0.1$mm。

10. $Z=0.130\sim0.2225$mm;合适。

11. $L=64.334\pm0.05$mm。

12. $H=76^{+0.035}_{0}$mm。

13. $L=40^{+0.19}_{0}$mm。

14. $L_3=40^{0}_{-0.3}$mm。

15. 以 A 为轴向定位,工序尺寸为 $10^{+0.2}_{0}$mm;以 B 为轴向定位,工序尺寸为 $40^{+0.1}_{0.05}$mm;以 M 为径向定位,工序尺寸为 $10^{0}_{-0.5}$mm;以 N 为径向定位,工序尺寸为 $30^{-0.05}_{-0.30}$mm。

16. $90^{+0.145}_{-0.005}$mm。

17. $A=56^{0}_{-0.3}$mm。

18. $L=25^{0}_{-0.06}$mm。

19. 60 ± 0.1mm。

20. $110.2^{0}_{-0.1}$mm。

21. $L_1=14^{+0.14}_{0}$mm;$L_2=12^{+0.1}_{0}$mm。

22. $L_2=120^{+0.05}_{-0.15}$mm。

23. 测外圆下母线至槽底部尺寸为 $8.5^{-0.10}_{-0.30}$mm;内孔上母线至键槽底部的尺寸 $10^{-0.075}_{0.30}$mm。

24. $A_3=5.755^{+0.03}_{0}$mm。

25. (1)$A_1=50^{+0.1}_{0}$mm;$A_2=10^{0}_{-0.1}$mm。

(2)$A_1=50.085^{0}_{-0.07}$mm;$A_2=10.085^{0}_{-0.07}$mm。

26. $A_2=83.54^{0}_{-0.09}$mm。

27. (1)50 ± 0.04mm;130 ± 0.04mm;(2)$A_1=65^{+0.045}_{-0.08}$mm;(3)不能,应复检。

28. $\phi39.951^{0}_{-0.054}$mm;$\phi40.024^{+0.054}_{0}$mm。

29. $\phi32.55^{0}_{-0.15}$mm。

30. 左端轴向尺寸 $19.02^{+0.06}_{0}$mm;中间段轴向尺寸 $26.08^{0}_{-0.04}$mm。

31. 测槽 $R5$ 底部于孔的上边距,工序尺寸为 $10.41^{0}_{-0.10}$mm。

32. (1)封闭环公差 $0.2<$组成环公差 1.2;

(2)减小前两道工序尺寸 $L=52^{0}_{-0.1}$mm;$A=43.9^{+0.1}_{0}$mm。

33. $T=0\pm0.0168$mm。

34. $A_x=86.603\pm0.073$mm;$A_y=50\pm0.073$mm。

35. $A_3=150\pm0.028$mm。

36. $T_A=\pm2'$;$T_D=\pm0.014$mm。

37. $x_1=180\pm0.037$;$x_2=353.21\pm0.037$;$y_1=130\pm0.037$;$y_2=230\pm0.037$。

38. $L_1=60.4_{-0.05}^{0}$；$L_2=22.4\pm0.05$。

39. $L=45.05_{-0.1}^{0}$

40. $L=59.975\pm0.075$。

41. $66.47_{-0.03}^{0}$

42. $L_1=28_{+0.1}^{+0.2}$；$L_1=28_{0}^{+0.2}$。

43. $A_1=10\pm0.1$；$A_2=18_{-0.1}^{+0.05}$；$A_3=20_{-0.05}^{0}$。

44. $H_2=14_{0}^{+0.1}$；$H_3=30_{-0.2}^{0}$；$H_4=22_{-0.3}^{-0.2}$。

45. $A=3.3_{-0.2}^{0}$；$B=29_{-0.1}^{0}$。

46. $L=25_{+0.02}^{+0.07}$；$Z=0.13\sim0.23$。

47. $F=14.65\pm0.05$。

48. $Z=-0.1\sim1$；最小余量不合适；适当放大前工序尺寸。将 $22_{-0.3}^{0}$ 改为 $21.7_{-0.2}^{0}$，$52_{-0.5}^{0}$ 改为 $52_{-0.3}^{0}$。

49. $Z=0.4_{-0.3}^{+0.1}$。

50. $A=9_{-0.1}^{0}$ $C=8.5_{0}^{+0.05}$ $B_{极}=6.1_{-0.3}^{0}$ $B_{概}=6.14_{-0.25}^{0}$。

51. $A=149.97\pm0.04$。

52. $A_1=40.2_{-0.15}^{0}$ $A_2=30_{0}^{+0.05}$ $A_3=5_{0}^{+0.05}$ $A_4=25.1_{0}^{+0.1}$ $A_5=40_{-0.05}^{0}$。

53. (1)(略)

(2)组成设计尺寸 a 的面与孔都以面作为基准是合理的；也可用加工后的面 4 作为基准镗孔，直接保证 a；组成设计尺寸 b 的面 4 与面 5 采用不同基准(面 2 和面 3)加工是不合理的，可采用统一基准或基准重合原则；设计尺寸 h 的定位方案可行，采用面 2 定位更好。

54. $A_2=30_{0}^{+0.05}$；$A_4=25_{0.1}^{+0.25}$。

55. $A_1=25.3_{-0.20}^{0}$；$A_2=10.15_{0}^{+0.10}$；$A_3=5\pm0.1$；$A_4=25\pm0.05$。

56. $A=200\pm0.1$；$B=160_{+0.1}^{+0.4}$。

57. (1)除 $3_{-0.15}^{-0.10}$ mm 是封闭环外，其他尺寸是直接获得的，能保证；(2)11±0.1mm 为封闭环，其公差小于组成环公差，不能保证；(3)进行尺寸换算，以公差大的为封闭环。

58. (1) $D_1=\phi101_{-0.40}^{0}$ mm；$D_2=\phi100_{+0.28}^{+0.35}$ mm。

(2) $t=1_{+0.08}^{+0.24}$ mm。

(3) $X=250_{-0.4}^{0}$ mm；$L=209_{+0.2}^{+0.6}$ mm；$Y=133_{-0.4}^{0}$。

第六节

三、装配尺寸链

9. 0.10～0.35mm。

10. 0.5～1.0mm。

11. 0.02～0.22mm。

12. $\phi20_{-0.05}^{-0.02}$ mm。

13. 0.085mm。

14. 0～0.5mm。

15. 0～0.007mm。

16. 0～0.092mm。

17. 极值法：$A_1=101_{0}^{+0.2}$ mm；$A_2=50_{0}^{+0.2}$；$A_3=A_5=5_{-0.1}^{0}$ mm；$A_4=140_{-0.15}^{0}$ mm。

概率法：$A_1=101_{0}^{+0.46}$ mm；$A_2=50_{0}^{+0.34}$；$A_3=A_5=5_{-0.16}^{0}$ mm；$A_4=140_{-0.08}^{+0.35}$ mm。

18. 极值法：$A_0=13_{-0.62}^{+2.19}$ mm；$T_{A_0}=2.81$mm。

概率法：$A_0=13.785\pm0.634$mm；$T_{A_0}=1.268$mm。

19. (1)$A_1=0^{+0.55}_{+0.05}$mm,不能满足;

(2)$A_4=7^{+0.40}_{+0.35}$mm,$Z_{max}=0.35$mm。

20. 极值法:$A_3=A_5=17^{0}_{-0.018}$mm;$A_4=7^{0}_{-0.01}$mm;$A_6=41^{+0.099}_{+0.05}$mm。

概率法:$A_3=A_5=17^{0}_{-0.02}$mm;$A_4=7^{0}_{-0.02}$mm;$A_6=41^{+0.15}_{+0.02}$mm。

21. $A_2=28^{+0.18}_{+0.08}$mm;修配量为 0～0.43mm;不能选 A_4(公共环)。

22.

组号	间隙尺寸分组(mm)	垫片尺寸及其偏差(mm)	装配后间隙(mm)
1	2.55～2.59	$2.54^{0}_{-0.01}$	0.01～0.06
2	2.59～2.63	$2.58^{0}_{-0.01}$	0.01～0.06
3	2.63～2.67	$2.62^{0}_{-0.01}$	0.01～0.06
4	2.67～2.71	$2.66^{0}_{-0.01}$	0.01～0.06

23. 极限法:$A_1=20^{-0.05}_{-0.10}$mm;$A_2=20^{+0.1}_{0}$mm。

概率法:$A_1=20^{-0.019}_{-0.131}$mm;$A_2=20^{+0.1}_{0}$mm。

24.

组号	调整间隙尺寸(mm)	垫片尺寸及其偏差(mm)
1	$5^{+0.25}_{+0.18}$	$5^{+0.13}_{+0.1}$
2	$5^{+0.18}_{+0.12}$	$5^{+0.07}_{+0.03}$
3	$5^{+0.12}_{+0.06}$	$5^{+0.01}_{-0.03}$
4	$5^{+0.06}_{0}$	$5^{-0.05}_{-0.09}$

25. (略)

26. 极限法:$A_1=34^{+0.10}_{0}$mm;$A_2=A_4=4^{0}_{-0.05}$mm;$A_5=142^{+0.15}_{0}$mm;$A_3=100^{-0.10}_{-0.15}$mm。

概率法:$A_1=34^{+0.20}_{0}$mm;$A_2=A_4=4^{0}_{-0.08}$mm;$A_5=142^{+0.30}_{0}$mm;$A_3=100^{-0.205}_{-0.335}$mm。

27. $A_1=34^{+0.15}_{+0.05}$mm;$A_2=A_4=4^{0}_{-0.05}$mm;$A_3=100^{0}_{-0.15}$mm;$A_5=143^{0}_{-0.15}$mm;纸厚 0.05mm,0～9 张。

28. (略)

29. (略)

30. 极限法:$A_1=30^{0}_{-0.06}$mm;$A_2=5^{0}_{-0.04}$mm;$A_3=43^{+0.16}_{+0.10}$mm;$A_4=3^{0}_{-0.05}$mm;$A_5=5^{0}_{-0.04}$mm。

概率法:$A_1=30^{0}_{-0.12}$mm;$A_2=5^{0}_{-0.10}$mm;$A_3=43^{+0.125}_{-0.025}$mm;$A_4=3^{0}_{-0.05}$mm;$A_5=5^{0}_{-0.10}$mm。

修配法:$A_1=30^{0}_{-0.20}$mm;$A_2=5^{0}_{-0.10}$mm;$A_3=43^{+0.125}_{0}$mm;$A_4=3^{0}_{-0.05}$mm;$A_5=5^{+0.30}_{+0.20}$mm,修配量0～0.40mm。

31. 极限法:$A_1=32.5^{-0.05}_{-0.15}$mm;$A_2=35^{+0.15}_{0}$mm;$A_3=2.5^{0}_{-0.12}$mm;。

概率法:$A_1=32.5^{+0.065}_{-0.115}$mm;$A_2=35^{+0.30}_{0}$mm;$A_3=2.5^{0}_{-0.12}$mm;。

32. $A_1=A_3=8^{0}_{-0.05}$mm;$A_2=133.5^{0}_{-0.05}$mm;$A_K=150^{+0.05}_{-0.05}$mm。

33. (略)

34. $A=1.5^{+0.55}_{-0.45}$mm。

35.

组号	壳体(mm)	阀套(mm)
1	$\phi26^{+0.017}_{+0.014}$	$\phi26^{+0.012}_{+0.009}$
2	$\phi26^{+0.014}_{+0.011}$	$\phi26^{+0.009}_{+0.006}$
3	$\phi26^{+0.011}_{+0.008}$	$\phi26^{+0.006}_{+0.003}$
4	$\phi26^{+0.008}_{+0.005}$	$\phi26^{+0.003}_{+0.000}$
5	$\phi26^{+0.005}_{+0.002}$	$\phi26^{0}_{-0.003}$

36. 配合间隙在0.048～0.054mm的概率为74.58%，可修复和不可修复的概率各为12.71%，可采用分组装配法提高合格率。

37. $A_1=100^{+0.10}_{0}$，$A_2=100^{+0.11}_{+0.05}$。

38. $A_1=20^{+0.095}_{-0.005}$，$A_2=175\pm0.11$。

39. (1)$A_1=10^{+0.1}_{0}$，修配量为0～0.34mm。

(2)实际与要求的封闭环公差带中心重合 $A_1=10^{-0.07}_{-0.17}$mm。

40.

组号	间隙尺寸分组(mm)	垫片尺寸及其偏差(mm)
1	8.5～8.63	$8.45_{-0.02}^{0}$
2	8.63～8.76	$8.58_{-0.02}^{0}$
3	8.76～8.89	$8.71_{-0.02}^{0}$

41.

组号	间隙尺寸分组(mm)	垫片尺寸及其偏差(mm)
1	0.7～0.98	$0.5_{-0.02}^{0}$
2	0.98～1.26	$0.75_{-0.02}^{0}$

42.

组号	活塞销直径(mm)	销孔直径(mm)
1	$\phi36^{0}_{-0.0035}$	$\phi36^{-0.0055}_{-0.0090}$
2	$\phi36^{-0.0035}_{-0.0070}$	$\phi36^{-0.0090}_{-0.0125}$
3	$\phi36^{-0.0070}_{-0.0105}$	$\phi36^{-0.0125}_{-0.0160}$
4	$\phi36^{-0.0105}_{-0.0140}$	$\phi36^{-0.0160}_{-0.0195}$

43.

组号	间隙尺寸分组(mm)	垫片尺寸及其偏差(mm)
1	5～5.14	$5_{-0.02}^{0}$
2	5.14～5.28	$5.14_{-0.02}^{0}$
3	5.28～5.42	$5.28_{-0.02}^{0}$

44. (1)0～0.525mm;

(2)

组号	间隙尺寸分组(mm)	垫片尺寸及其偏差(mm)
1	−3.345～−3.535	$3.845_{-0.01}^{0}$
2	−3.535～−3.725	$4.035_{-0.01}^{0}$
3	−3.725～−3.915	$4.225_{-0.01}^{0}$
4	−3.915～−4.105	$4.415_{-0.01}^{0}$

45.

组号	补偿间隙尺寸(mm)
1	$10.03_{-0.03}^{0}$
2	$10.12_{-0.03}^{0}$
3	$10.24_{-0.03}^{0}$
4	$10.33_{-0.03}^{0}$

46. 极限法:$A_1=94_{0}^{+0.2}$mm;$A_2=24_{-0.05}^{0}$mm;$A_3=25_{-0.12}^{0}$mm;$A_4=41_{-0.12}^{0}$mm;$A_5=4_{+0.87}^{+0.95}$mm。

概率法:$A_1=94_{0}^{+0.4}$mm;$A_2=24_{-0.2}^{0}$mm;$A_3=25_{-0.12}^{0}$mm;$A_4=41_{-0.12}^{0}$mm;$A_5=4_{-0.07}^{+0.24}$mm。

参考文献

[1] 吴兆华,周德俭．金属切削原理与机床．南京:东南大学出版社,1999

[2] 王娜君．金属切削原理试题精选与答题技巧．哈尔滨:哈尔滨工业大学出版社,2000

[3] 姬文芳．机床夹具设计．北京:航空工业出版社,1994

[4] 薛源源．机床夹具设计．北京:机械工业出版社,2000

[5] 许新社,栗金庆．机床夹具设计原理习题集．上海:上海科学技术出版社,1997

[6] 王树兜,陈榕,廖剑中．机械制造工艺学习题分析与计算．福建:福建科学技术大学出版社,1996

[7] 张学政．机械制造工艺学基础习题集．北京:清华大学出版社,1999

[8] 李旦．机械制造工艺学试题精选与答题技巧．哈尔滨:哈尔滨工业大学出版社,1999

[9] 翁世修,吴振华．机械制造技术基础．上海:上海交通大学出版社,1999

[10] 韩洪涛．机械制造技术基础．北京:化学工业出版社,2003

[11] 张世昌,李旦,高航．机械制造技术基础．北京:高等教育出版社,2001

[12] 卢秉恒．机械制造技术基础(第2版)．北京:机械工业出版社,2004

[13] 于骏一,邹青主．机械制造技术基础．北京:机械工业出版社,2004

[14] 冯之敬．机械制造工程原理．北京:清华大学出版社,1998

[15] 张幅润等.机械制造基础.武汉:华中理工大学出版社,1997

[16] 王先运.机械制造工艺学．北京:机械工业出版社,1995

[17] 宾鸿赞,曾庆福．机械制造工艺学．北京:机械工业出版社,1988

[18] 周泽华．金属切削原理(第2版)．上海:上海科技出版社,1993

[19] 韩楚生．机械制造技术基础．重庆:重庆大学出版社,2000

[20] 龚定安,蔡建国．机床夹具设计原理．西安:陕西科学技术出版社,1983

[21] 李益民.机械制造工艺学习题集.哈尔滨:哈尔滨工业大学出版社,1984